今すぐ使えるかんたんEx

Microsoft Surface《サーフェス》

プロ技BESTセレクション

GIHYO SELECTION

Professional Skills

PREMIUM

鈴木隆史 著

Suzuki Takafumi

技術評論社

目次

第1章 Surfaceを使いこなすための基本技

第2章 Surfaceをより使いやすくする カスタマイズ技

第3章 Surfaceでの作業が大きく捗る便利技

第4章 タッチパネルとタッチパッドの便利技

第5章 快適さを増す周辺機器の使いこなし技

第6章 おすすめアプリ&サービスの活用技

注意書き

- 本書に記載された内容は、情報の提供のみを目的としています。したがって、本書を用いた運用は、必ずお客様自身の責任と判断によって行ってください。これらの情報の運用の結果について、技術評論社および著者はいかなる責任も負いません。
- ソフトウェアに関する記述は、特に断りのない限り、2023年5月現在での最新バージョンをもとにしています。ソフトウェアはバージョンアップされる場合があり、本書での説明とは機能内容や画面図などが異なってしまうこともあり得ます。あらかじめご了承ください。
- 本書は以下の環境で動作を確認しています。ご利用時には、一部内容が異なることがあります。あらかじめご了承ください。
  Surface Pro 9
  Surface Pro 8
  Surface Laptop 4
  Surface Laptop Go
  Surface Go 3
  パソコンのOS：Windows 11
- インターネットの情報については、URLや画面などが変更されている可能性があります。ご注意ください。

以上の注意事項をご承諾いただいた上で、本書をご利用願います。これらの注意事項をお読みいただかずに、お問い合わせいただいても、技術評論社は対応しかねます。あらかじめご承知おきください。

第1章

Surfaceを使いこなすための基本技

Microsoft Surfaceは、Windowsを提供しているMicrosoft社の純正パソコンです。本章ではMicrosoft Surfaceの基本操作や初期設定の方法などを解説します。

SECTION 001 基本

Surfaceの特徴を詳しく知る

Microsoft SurfaceはWindowsを提供しているMicrosoft社が設計・開発したWindowsパソコンです。ここではMicrosoft Surface（以降「Surface」と表記）の特徴を解説します。

Surfaceとは

Surfaceとは、Microsoft社が展開しているWindowsパソコンのシリーズのことを指します。Microsoftは以前までは言わずと知れたWindowsというOS（Operating System）やMicrosoft Officeなどのソフトウェアを提供をしている会社で、ハードウェアであるパソコン本体はほかのメーカーが開発・販売をするビジネスモデルでした。
しかし2012年頃からはMicrosoft自身もWindowsパソコンを開発するようになり、それがSurfaceシリーズとして販売されるようになりました。
Surfaceシリーズは、2 in 1パソコンの代名詞でもあるSurface Proをはじめとして高品質で魅力あるラインナップとなっています。
Surfaceシリーズのすべてのモデルには、共通して主に以下のような特徴があります。

・ディスプレイがタッチパネル対応でスマートフォンユーザーにも操作しやすい
・画面アスペクト比が3：2となっていて、画面が縦に長い分Web閲覧やドキュメント編集がしやすい
・Officeが標準搭載なので買ってすぐにWordやExcelが使える

このような特徴から、Surfaceはパソコンの基本の使い方に注力していて多くのユーザーにとって使いやすいデバイスであるといえます。
また、Surfaceシリーズの中でもタブレットにもなるSurface Proシリーズは、パソコン以外の使用用途に対応し、ユーザーの可能性を大きく広げてくれた革新的なデバイスとして広く知れ渡るようになりました。
Microsoft社は「地球上のすべての個人とすべての組織が、より多くのことを達成できるようにする」というミッションを掲げているだけあって、Surfaceシリーズはすべての人にとって創造性と生産性を最大限に高めるデバイスとなっています。

COLUMN　2 in 1パソコンとは？

2 in 1パソコンとは、ノートパソコンとしてもタブレットとしても使える1台2役となるパソコンのことを指します。ユーザーの使いたいシーンに応じてスタイルを変えることができるので、ビジネス、教育、エンターテインメント、クリエイティブな用途など、様々な用途に向いています。また、Windows 11自体もタブレットしての使い勝手を向上させたOSとなってきているので、今Surface Proシリーズのような2 in 1パソコンに注目が集まっています。

▲ Surface のホームページ

▲ Surface のラインナップ

SECTION
002
基本

機種ごとの違いをしっかり把握する

Microsoft Surfaceシリーズでは数種類のパソコン製品がラインナップされています。機種によってそれぞれ特徴があるので自分の目的にあったSurfaceを選びましょう。

主なSurfaceの機種

現在発売されている Surface の機種について解説します。Surface はそれぞれの目的に沿った設計のうえで作られています。Surface の代名詞でもあるタブレット型パソコンの「Pro」シリーズをはじめ、さらに携帯性に優れた「Go」シリーズや、「Pro」シリーズとほぼ同性能のままノート型パソコンにした「Laptop」シリーズ、またはグラフィック系の仕事に適した「Book」シリーズと「Laptop Studio」シリーズなどの複数の機種で展開されています。
自分にとってベストな Surface を選べば、仕事において最適なパフォーマンスを発揮してくれるでしょう。
※ 2023 年 4 月時点での機種紹介となっています。

Surface Pro 9

まずは Surface の代名詞と言えば Surface Pro シリーズ最新作の「Surface Pro 9」です。

2 in 1 でタブレット PC のパイオニアと言ってもよい機種で、机に置いて別売りの Surface ペンを使ってノートのように直接文字や絵を書いたり、キーボードであるタイプカバーを取り外して Web 閲覧をしたり、無段階調節が可能なキックスタンドを立てて動画プレイヤーにするなど、一般的なノート型パソコンではできないことができるパソコンです。

軽量で持ち運びもしやすく、誰にでもフィットする万能 2 in 1 パソコンです。

Surface Laptop 5

Surface Pro 9の処理能力とほぼ同じのまま王道のノート型パソコンのスタイルにしたのが「Surface Laptop 5」です。ノートパソコンとしての使い勝手はもちろんのこと、タッチパネル対応で指で操作したり、高品質なキーボードで長時間のタイピングを楽にしたり、細部までよく作り込まれた高品質なノートパソコンです。液晶サイズも13.5インチモデルと15インチモデルが選べて大画面で作業がしやすい機種です。

一般的なパソコン事務作業が多いユーザーと相性のよい機種です。

Surface Laptop Go 2

「Surface Laptop Go 2」はSurface Laptopシリーズの廉価版のようなシリーズで、Surface Laptopシリーズに近い性能でありながらパーツコストを下げて販売価格が比較的低価格のお求めやすい機種となっています。キーボードには新しい試みが取り入れられていて、[スペース]キーの両隣に存在する[あ]キーと[A]キーで日本語入力と英語入力を切り替えることができます。

筐体もコンパクトでカバンにさっと入れられるサイズ感なので、持ち運びが多いユーザーにも相性がよいでしょう。

COLUMN　SurfaceのGoシリーズとは？

Surface Laptop GoとSurface GoのGoシリーズは「ユーザーがやりたいことを、軽がると実現できるデバイス」をコンセプトとして発売されました。Goと冠するだけあり軽量かつコンパクトでどこにでも持ち運びがしやすさが特徴となっています。

Surface Go 3

「Surface Go 3」は、Surface Pro 9のようにキックスタンドが使えるタブレット型パソコンでありながら、Surface Proよりコンパクトにしてより取り扱いがしやすい機種となっています。最上位スペックではSIMカードが差せて外でもすぐにネット回線につなげることができます。

パソコンを初めて使う小学生くらいの子供や、外出先でメールやWebのチェックだけをする方と相性のよいパソコンです。

Surface Laptop Studio

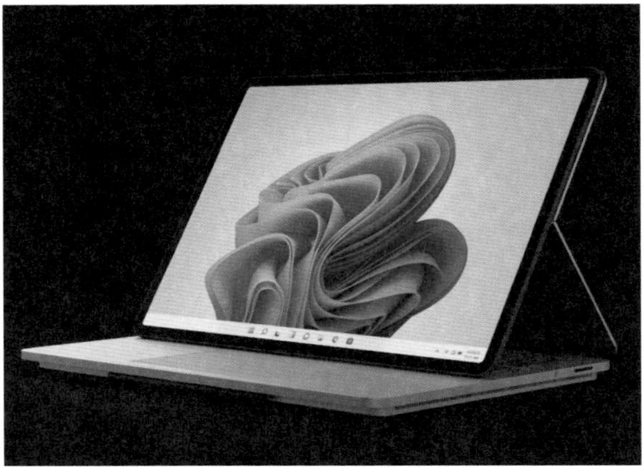

▲引用元 : Microsoft 公式ストアホームページ

「Surface Laptop Studio」は、液晶画面の角度を手前側に傾けることができて動画視聴をしたり完全に倒してキャンバスのように使えたりするパソコンとなっています。上位スペックの機種ではCPUとは別のグラフィックス機構である独立GPUを搭載しているので、グラフィック系の処理に強く、ゲームや動画編集などの作業と相性のよい機種といえます。

Surface Studio 2+

「Surface Studio 2+」は、Surfaceシリーズの中でも唯一のデスクトップタイプのパソコンです。デスクトップタイプではありながらも28インチの大型液晶はタッチパネル対応でタッチ操作やSurfaceペンでの入力を可能とし、また液晶角度を軽い力で自在に調節できるので、一般的なデスクトップパソコン以上のことができるパソコンだといえます。価格は高いですがこの特徴的な液晶に加えて独立GPU搭載や専用マウス・ペン・キーボードが同梱することを考慮するとそれだけの価値を感じられます。プロのイラストレーターの方などに相性のよい機種です。

Surface Pro X

「Surface Pro X」は、CPUにスマートフォンでよく採用されているARMアーキテクチャのMicrosoft独自CPUを搭載していて、スマートフォンのように薄型・軽量で、バッテリー時間も長く、SIMカードを差して外でもネット回線につなげることができます。ただし、そういったメリットがある半面ARMアーキテクチャにより動かないWindowsアプリも存在するため、メールやWebを閲覧したり、Word・Excelなどの Office操作などの基本的なパソコン操作だけをする人におすすめできる機種となっています。

MEMO Surface Duo 2

Surfaceシリーズの中には、OSにAndroidを搭載しているSurface Duo 2という機種も存在します。折りたたみ可能な筐体で2画面液晶が特徴の機種です。Surfaceペンにも対応し、ビデオ通話をしながらペン入力でメモを取るといったことも可能です。

SECTION 003 基本

すぐに使えるように セットアップする

Surfaceを購入して最初に行うセットアップ方法を説明します。ここではWindows 11がプリインストールされているSurface Pro 9を例に説明していきます。

第1章 基本
第2章
第3章
第4章

Surfaceをセットアップする

❶電源ボタンを押して起動すると、初期設定画面から始まります。

❷まずは［日本語］を選択して、

❸［はい］をクリックします。

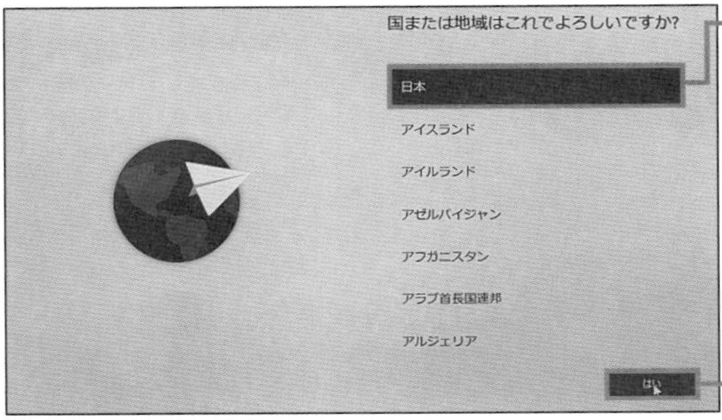

❹国は［日本］を選択し、

❺［はい］をクリックします。

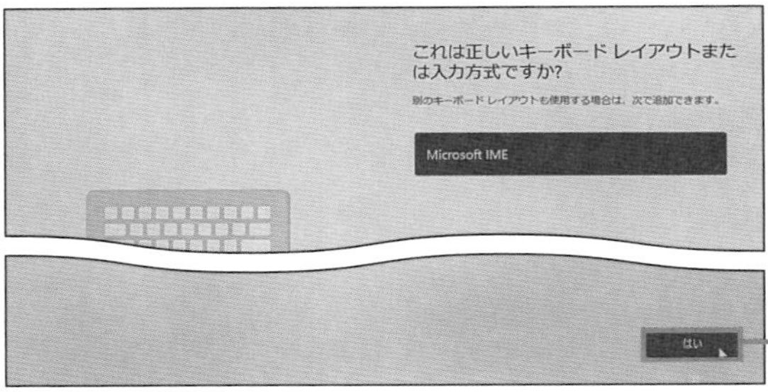

❻キーボードレイアウトは「Microsoft IME」しか出ていないはずですが、［はい］をクリックします。

❼2つめのキーボードレイアウトは、ここでは設定しないので、［スキップ］をクリックします。

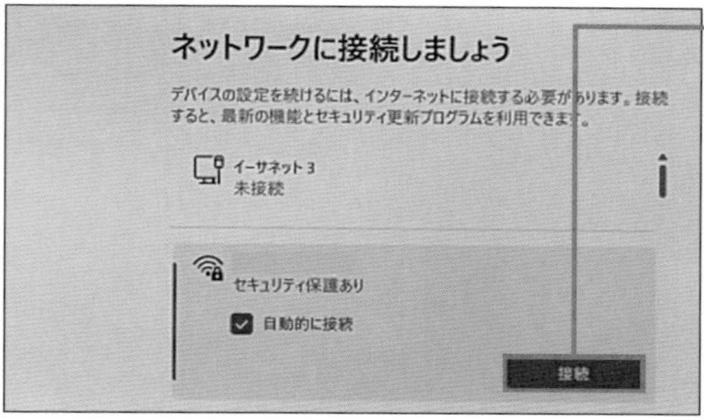

❽ネットワーク接続です。Wi-Fiのアクセスポイントを選択し、[接続] をクリックして、ネットワークに接続します。

MEMO ネットワークの接続

Windows 11 のセットアップでは、ネットワーク接続が必須となりましたので、ここで [接続] をクリックして、自宅や会社の Wi-Fi に接続します (24 ページ参照)。

❾ここで [同意] をクリックして、Windows のライセンス規約に同意します。

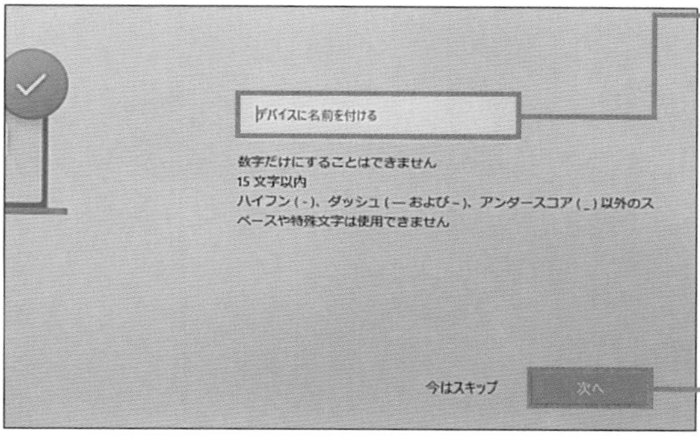

❿デバイスの名前を入力して、

MEMO デバイスの名前

この端末に名前を付けるステップです。筆者はわかりやすいように「SURFACE-PRO-9」と入力しています。ここで、[今はスキップ] を選んだ場合はランダムな文字が設定されます。後で変更も可能です。

⓫[次へ] をクリックします。

⓬Microsoft アカウントを入力して、

⓭[次へ] をクリックします。

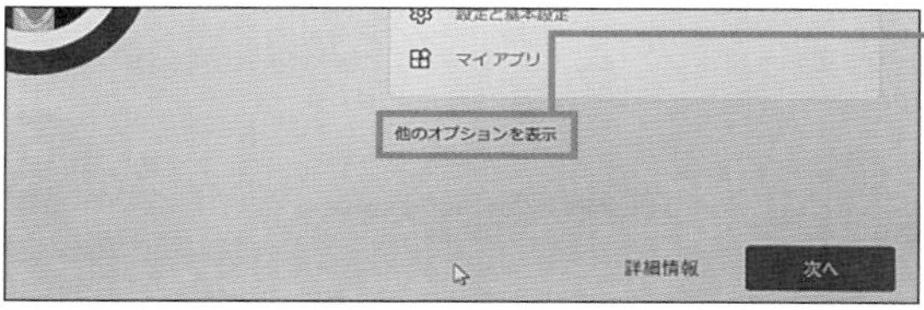

⓮ほかで Windows を使っている場合は、ここでその設定を復元するかどうかを聞かれます。ここでは復元しないものとして、[他のオプションを表示] をクリックします。

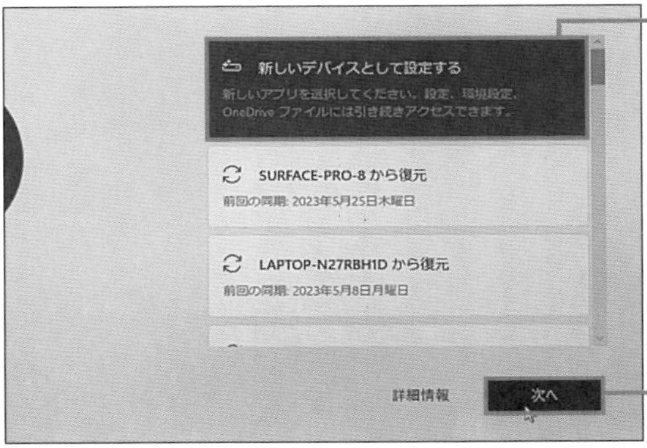

⑮[新しいデバイスとして設定する]をクリックして、

⑯[次へ]をクリックします。

MEMO 復元

ほかの Windows PC で同じ Microsoft アカウントでサインインしている場合は、ここでその設定を復元することができます。よくわからなければ、[新しいデバイスとして設定する]を選択します。

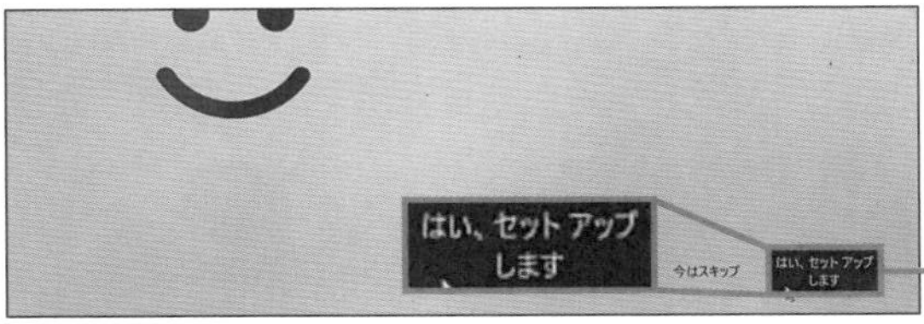

⑰顔認証機能のセットアップです。[はい、セットアップします]をクリックして、登録します。

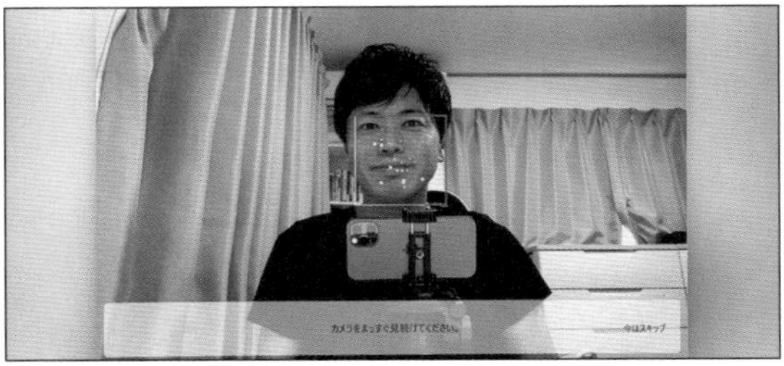

⑱自分の顔を登録します。

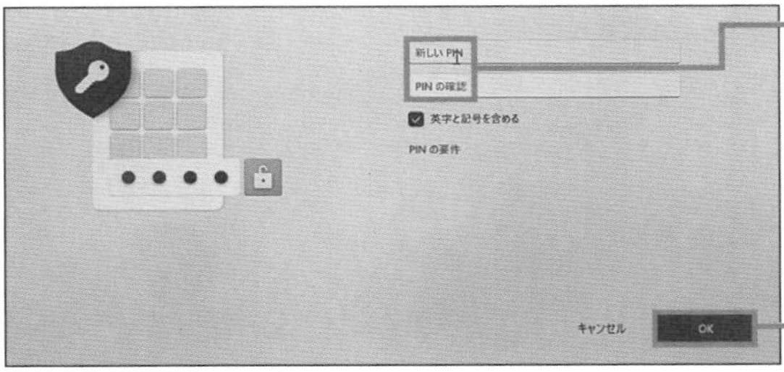

⑲PIN を入力して、

⑳[OK]ボタンをクリックします。

MEMO PIN とは

PIN とはいわゆる文字パスワードのことです。顔認証が効かないときなどに、この PIN でロック解除することができます。任意の数字を入力し、2 つ目の欄に同じ数字を入力します。よりセキュリティを高めたいときは、[英字と記号を含める]にチェックを入れて、英数字で作ったほうがよいでしょう。

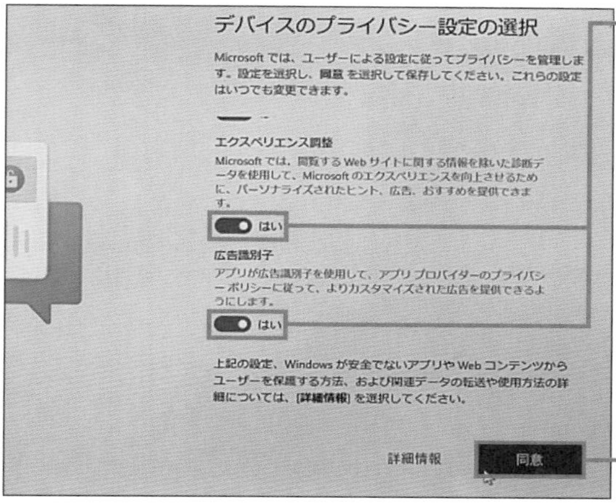
デバイスのプライバシー設定の選択
Microsoft では、ユーザーによる設定に従ってプライバシーを管理します。設定を選択し、同意 を選択して保存してください。これらの設定はいつでも変更できます。
エクスペリエンス調整
Microsoft では、閲覧する Web サイトに関する情報を除いた診断データを使用して、Microsoft のエクスペリエンスを向上させるために、パーソナライズされたヒント、広告、おすすめを提供できます。
はい
広告識別子
アプリが広告識別子を使用して、アプリ プロバイダーのプライバシー ポリシーに従って、よりカスタマイズされた広告を提供できるようにします。
はい
上記の設定、Windows が安全でないアプリや Web コンテンツからユーザーを保護する方法、および関連データの転送や使用方法の詳細については、[詳細情報] を選択してください。
詳細情報
同意

㉑デバイスのプライバシーの選択では、すべて［はい］のままにして、

㉒［同意］をクリックします。

MEMO プライバシーの設定

［デバイスのプライバシー設定の選択］の画面です。ここでは、位置情報や Windows の診断情報などを許可するかどうかを選びます。基本的には、すべて［はい］にします。そのほうが Surface を活用できるし、Windows 診断情報が Microsoft に送られても基本的には問題ないためです。

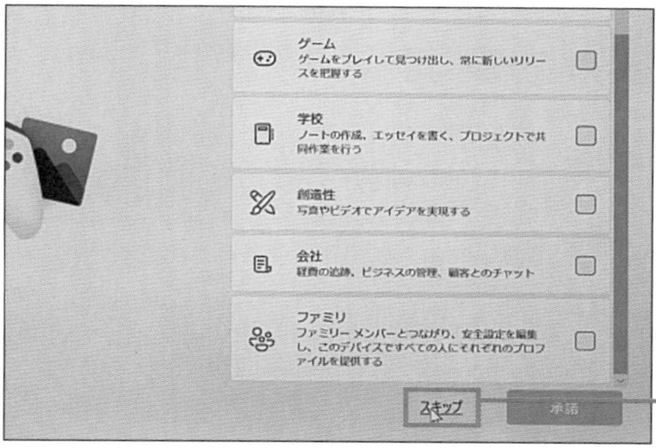
ゲーム
ゲームをプレイして見つけ出し、常に新しいリリースを把握する
学校
ノートの作成、エッセイを書く、プロジェクトで共同作業を行う
創造性
写真やビデオでアイデアを実現する
会社
経費の追跡、ビジネスの管理、顧客とのチャット
ファミリ
ファミリー メンバーとつながり、安全設定を編集し、このデバイスですべての人にそれぞれのプロファイルを提供する
スキップ
承諾

㉓エクスペリエンスのカスタマイズでは、［スキップ］をクリックします。

MEMO エクスペリエンスのカスタマイズ

［エクスペリエンスをカスタマイズしよう］は、Windows をより効果的に使うためのカスタマイズですが、後から設定で変えられるので、ここでは、［スキップ］をクリックします。まずは基本を使いこなすようにしましょう。

このコードは 15 分後に有効期限が切れます。
QR コードなしで手動で続行する
スキップ
次へ

㉔Android スマートフォンへの同期は、［スキップ］をクリックします。後でも設定できます。

NO MAN'S SKY
Effect、STAR WARS™ などのシリーズをお楽しみいただけます。
カタログの参照
以下をクリックすると、えりすぐりの 50 個の人気のゲームが表示されます。
ゲームを参照
今はしない
¥850 に参加

㉕PC Game Pass は、［今はしない］をクリックします。

㉖Windows 11 のデスクトップ画面が表示されます。

SECTION
004
基本

ひととおりの基本操作をマスターする

Windowsのセットアップが完了したらWindowsの基本操作をマスターしましょう。まずはデスクトップ画面に表示されているそれぞれの名称と機能を覚えましょう。

デスクトップ画面にある項目を把握する

デスクトップ画面に表示されている項目は以下のとおりです。

名称	説明
スタート	Windows では、この Windows のロゴマークのボタンからそれぞれやりたいことを始めます。ここからアプリを起動したり検索したりします。
タスクバー	よく使うアプリのショートカットをここに並べられます。Windows 11 からは初期状態では中央揃えとなりましたが、設定で左揃えに変更することもできます。
検索	Windows 内のファイルの検索や、インターネット上の検索がダイレクトに行えます。
タスクビュー	仮想デスクトップ機能を呼び出すボタンです。複数のデスクトップ環境を用意して用途に応じてデスクトップ環境を切り替えられます。
ウィジェット	最新のニュースや天気などの情報をウィジェット形式で表示させる機能です。任意の情報を追加・削除できるほか、表示サイズの変更、表示位置の変更なども行えます。
チャット	Windows 11 では標準でチャット機能が備わっています。Microsoft アカウントでつながっていれば簡単にチャットやビデオ通話を開始できます。
タスクトレイ	常駐するタイプのアプリによってはここに小さなアイコンが格納されます。クリックすると起動中のアプリの操作をすることができます。
クイック設定	ハードウェア系の変更でよく使うものがここで設定可能です。タスクバー上には［ネットワーク］［音量］［バッテリー］の状態がわかるアイコンが並んでいます。
時刻	現在時刻を表示します。クリックすると通知センターが開きます。
デスクトップの表示	現在時刻の右側に小さなスペースには［デスクトップの表示］ボタンがあります。クリックすると今開いているウィンドウをすべて最小化状態にして、デスクトップ画面を表示させます。
デスクトップ	画面全体に広がって表示しているのがデスクトップフォルダーです。ここによく使うファイルやアプリのショートカットを好きなように置くことができます。デスクトップも１つのフォルダーです。

SECTION 005 基本

よく使うアプリをあらかじめピン留めしておく

よく使うアプリをすぐに起動できるようにしておくと、パソコン作業のスピードを上げることができます。よく使うアプリはタスクバーにピン留めするようにしましょう。一番簡単な方法は起動中のアプリからタスクバーにピン留めする方法です。

起動中のアプリをタスクバーにピン留めする

❶アプリを起動するとタスクバーに起動中マークと共に表示されるので、そのアプリアイコンの上で右クリックし、

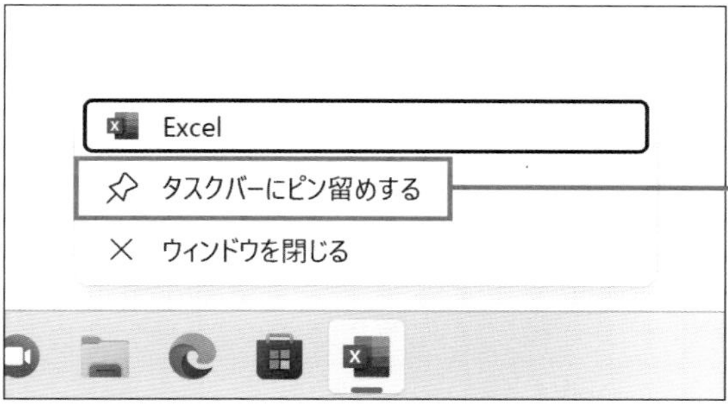

❷[タスクバーにピン留めする]をクリックします。

❸ピン留めされると、常にタスクバー上にアプリが並ぶので起動しやすくなります。

SECTION 006 基本

クイック設定を自在に使いこなす

タスクバー右側の「ネットワーク」「音量」「バッテリー」アイコンが並んでいる領域を「クイック設定」と呼びます。「クイック設定」でできることを覚えておきましょう。

ハードウェア系の変更できる項目を覚える

Wi-Fi の接続先を変えたり、画面の明るさを変えたり、スピーカーの音量を変えたりなどのよく使うハードウェア系の設定はこの「クイック設定」にまとまっています。

クイック設定画面を表示させるときは、タスクバー上のクイック設定の領域をクリックするか、⊞（Windows ロゴキー）+ A のキーボードショートカットでも呼び出すことができます。

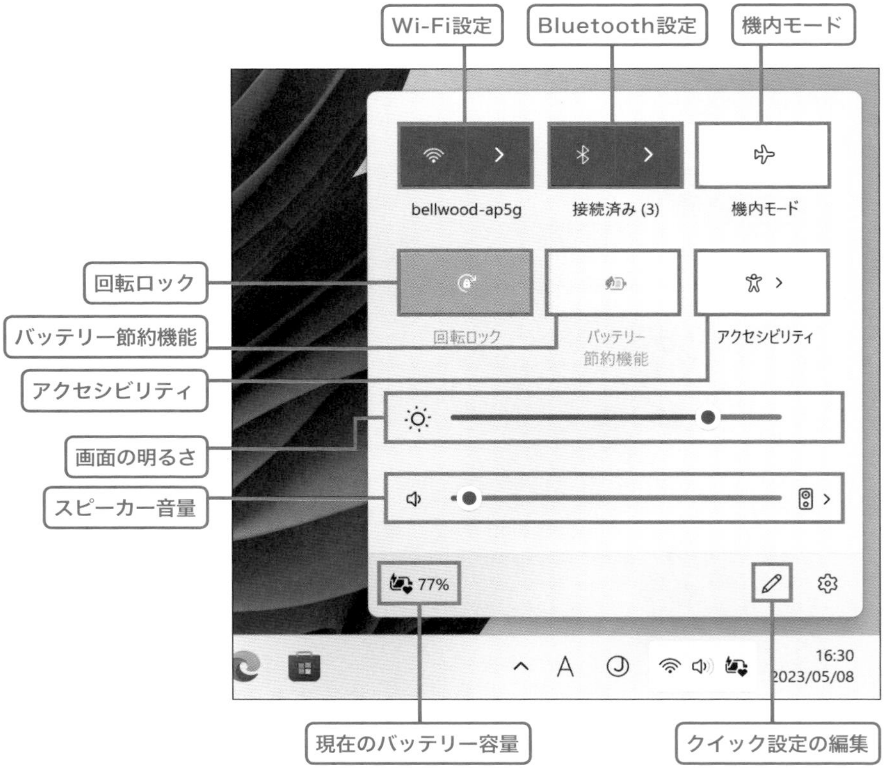

クイック設定に初期状態で表示されている項目とできることは以下のとおりです。表示される項目は、機種によって異なります。

項目	内容
Wi-Fi 設定	Wi-Fi のオン／オフをしたり、Wi-Fi の接続先を変えることができます。
Bluetooth 設定	Bluetooth のオン／オフを変えることができます。
機内モード	オンにすると一切の無線通信（Wi-Fi や Bluetooth）をできないようにします。
回転ロック	オンにすると、デバイスを回転させても画面は回転しないよう固定することができます。
バッテリー節約機能	オンにするとバッテリー持続時間を長くするようにします。バッテリー駆動時のみクリックすることができます。
アクセシビリティ	クリックすると、拡大鏡やナレーターなどのアクセシビリティ設定のオン／オフを変更することができます。
画面の明るさ	画面の明るさを変えることができます。
スピーカー音量	スピーカー音量を変えることができます。
現在のバッテリー容量	現時点でのバッテリー充電量を表しています。

さらにここの項目を追加したり変更したりすることができます。クイック設定パネル下部の［クイック設定の編集］（🖉）→［追加］をクリックすると、追加可能な項目が表われます。

Surface Pro などのタブレット型パソコンを使っている場合は、ここに「回転ロック」を追加しておくと便利です。ソファで横になりながら縦持ちで電子書籍を読みたいときなどに重宝します。

SECTION 007 基本

Wi-Fiに接続して高速通信を満喫する

Surfaceはインターネットに接続することで最大限の力を発揮します。Wi-Fiへの接続方法を確認しましょう。

Wi-Fiに接続する方法

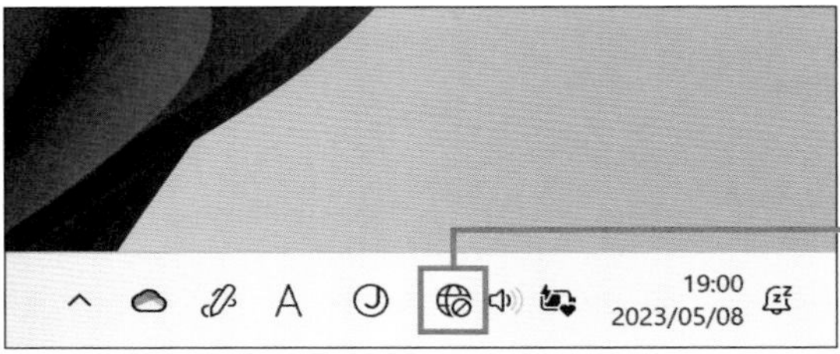

❶ パソコンがインターネットにつながっていない状態だと地球アイコンに通行止めのようなマークになっています。

❷ ここをクリックします。

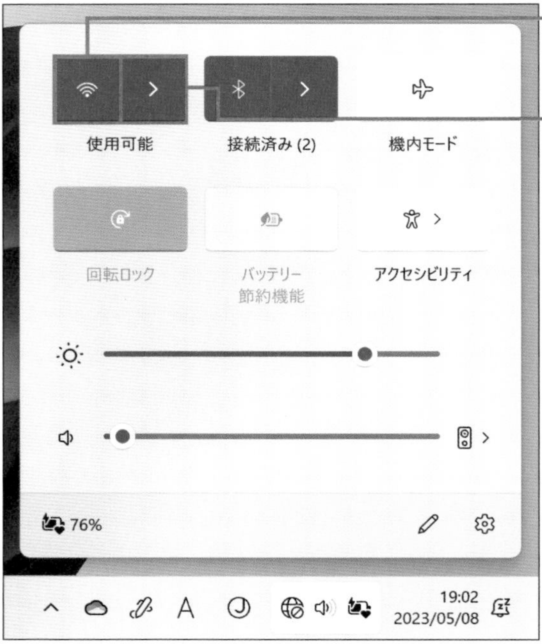

❸ [クイック設定] のパネルが開くので、ここでWi-Fiマークをクリックして、

❹ Wi-Fiが使用可能になったら、>をクリックします。

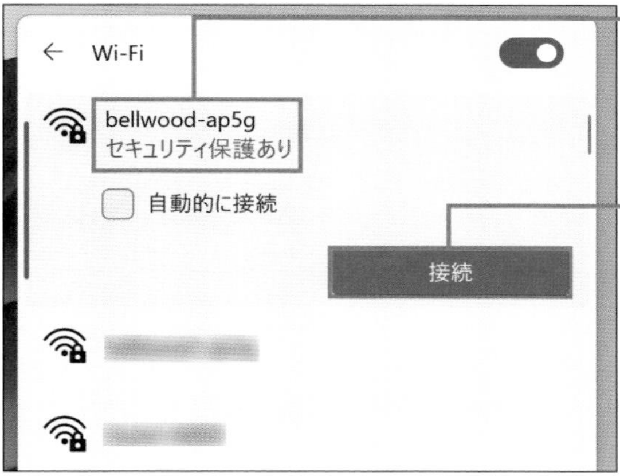

❺パソコンの現在地から見つかる Wi-Fi のアクセスポイント一覧が表示されるので、自宅の Wi-Fi のアクセスポイントであることを確認し、

❻［接続］をクリックします。

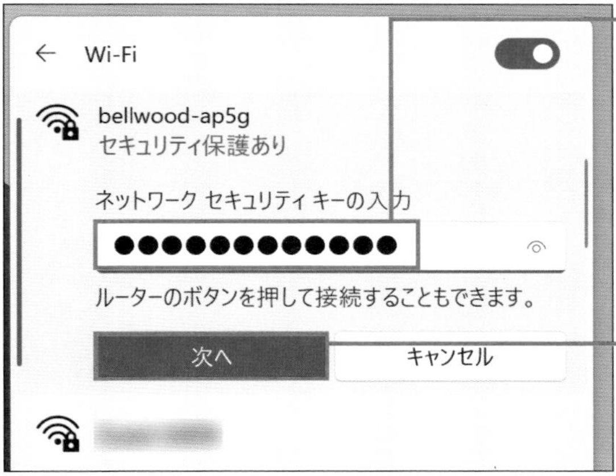

❼Wi-Fi パスワードを入力し、

❽［次へ］をクリックします。

❾「接続済み」と表示されれば、接続完了です。

SECTION 008 基本

便利なBluetooth機器を接続して快適に使う

最近のパソコンの周辺機器はBluetooth接続できる機器が増えました。SurfaceはUSBポートが多い方ではないので、外部マウスや外部キーボードなどを購入する場合はBluetooth接続可能な機器を選ぶとUSBポートを活用できるでしょう。

Bluetoothマウスの接続方法

❶「設定」アプリを起動します。

❷［Bluetooth とデバイス］をクリックし、

MEMO 「設定」アプリの起動

「設定」アプリはスタートメニューからすぐに見つかりますが、⊞+I（アイ）のキーボードショートカットで開くことを覚えておくと便利です。

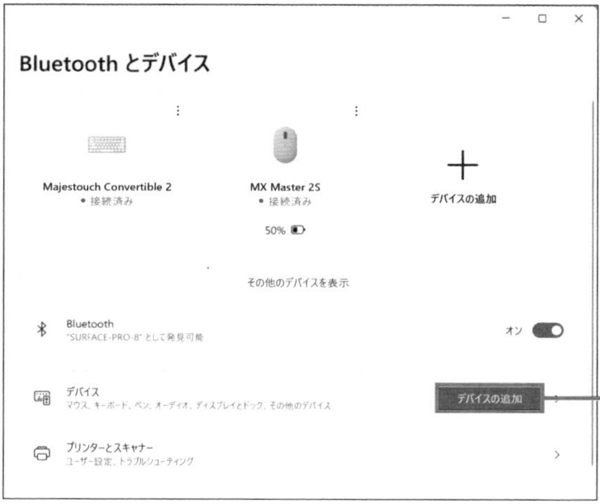

❸［デバイスの追加］をクリックします。

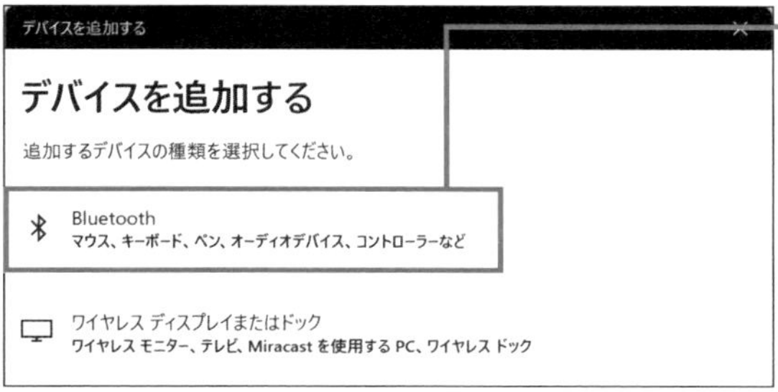

❹ [Bluetooth] をクリックします。

❺ デバイスを追加する画面になり、Bluetooth 接続できる機器を探しにいきます。

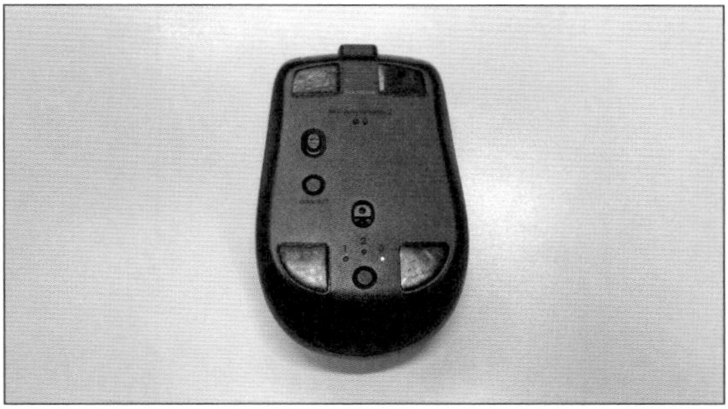

❻ ここでマウスのほうでBluetooth接続モードにします。機器によってその方法は異なります。

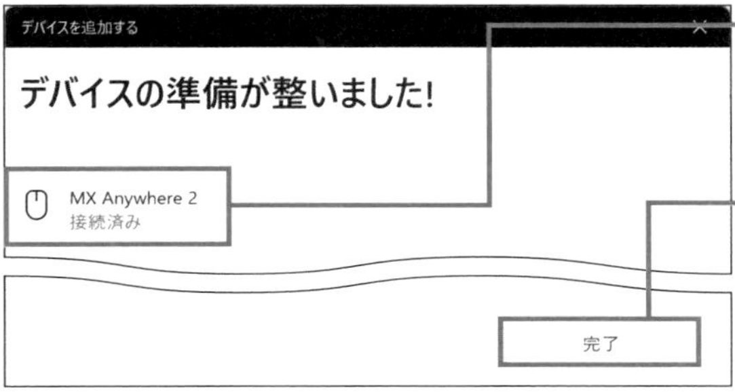

❼ 先ほどの画面にそのマウスの名前が出てくるので、それをクリックして、[接続] をクリックします。

❽ [完了] をクリックすると、接続した Bluetooth 機器が利用できるようになります。

OnePoint **Bluetooth 機器の切断**

接続した Bluetooth 機器アイコン右上のサブメニューボタンから切断することができます。

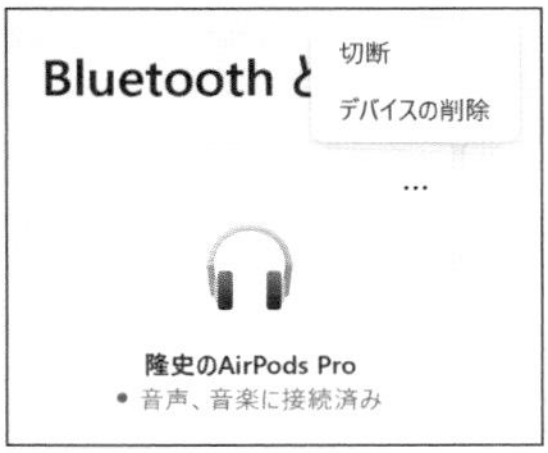

SECTION
009
基本

ほかの端末から必要なデータを引き継いでおく

新しくSurfaceを購入したら古いパソコンのデータを移行する作業があるでしょう。データを移行する機会はデータを整理する機会でもあります。ここではデータを整理すると共にデータを移行する方法を紹介します。

ほかの端末からデータを整理して移行する

筆者がおすすめするデータ整理方法は、以下 2 つの大枠ルールで運用する方法です。

・写真や動画などのファイルサイズの大きいファイルは外付け HDD などの外部ストレージに保存する
・Word・Excel ファイルなどのファイルサイズの小さいドキュメント系ファイルはクラウドストレージに保存する

写真や動画などのファイルは外部ストレージに保存する

昨今ではスマホのカメラ機能により写真や動画を撮る機会がたくさん増えました。それにより写真ファイルや動画ファイルも増えてこれらの保存場所をどうするかが悩みの種であったりします。

こういったサイズの大きいファイルは、最初から外付け HDD や外付け SSD などの外部ストレージに保存するとよいでしょう。

こうしておけば、これから使う Surface の内部ストレージの容量を圧迫することもないし、次にパソコンを買い換えたときにこれら大量の写真・動画ファイルは移行する作業の負担が少なくなるからです。

一般的にサイズの大きいファイルを移動するのは時間もかかるからというのも理由にあります。

また、パソコンの内部ストレージに大量のファイルをためておくと、パソコン自体の動作が遅くなることもあるので、そういった理由からも写真・動画ファイルは最初から外付け HDD 又は外付け SSD に保管するとよいでしょう。

ドキュメント系ファイルはクラウドストレージに保存する

Word や Excel またはテキストファイルなどのドキュメント系ファイルは、Windows 10 や Windows 11 から Microsoft アカウントでサインインすると標準で使える OneDrive や、Google アカウントで使えるようになる Google ドライブなどのクラウドストレージを活用するとよいでしょう。

筆者の OneDrive にはドキュメントファイルやブログ記事などの下書きファイル、そしてインストールするまでもないアプリなどをフォルダーで整理して置いています。

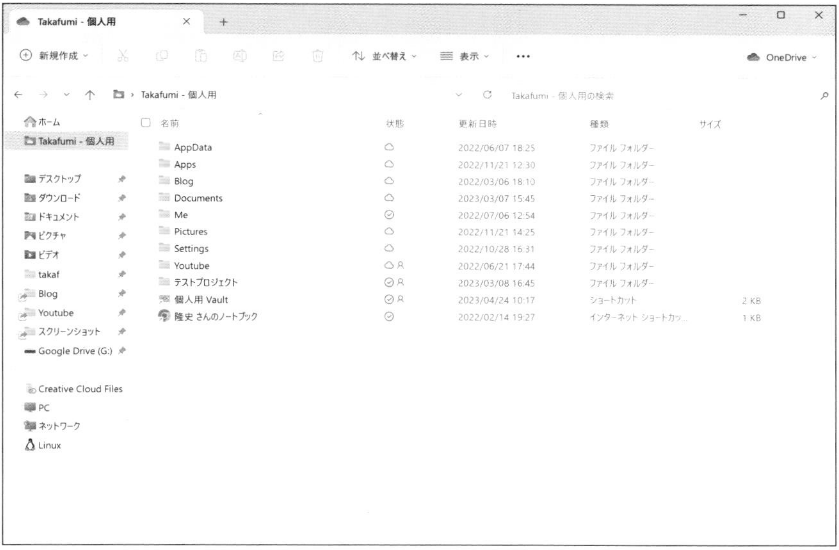

これにより、古いファイルからデータを移行しなくても Microsoft アカウントでサインインさえすればファイルは使えますし、OneDrive にファイルを保存すればいつでもバックアップしていることにもなります。

また、次にパソコンを買い換えたときもすぐに使えるようになるので大変便利です。

SECTION
010
基本

Officeを使えるように セットアップする

日本で発売されているSurfaceシリーズの個人モデルにはすべてOfficeが標準装備となっていて、Surface本体にプリインストールされています。ここではOfficeをセットアップする方法を解説します。

Officeをセットアップする

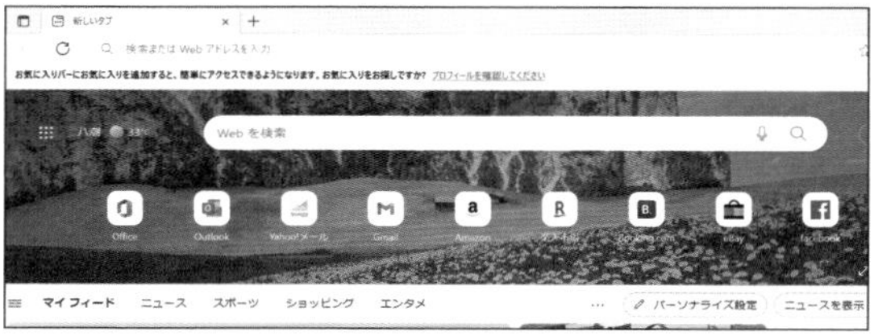
Web を検索
Office
Outlook
Gmail
Amazon
マイ フィード
ニュース
スポーツ
ショッピング
エンタメ
パーソナライズ設定
ニュースを表示

❶ Officeをセットアップするには、Word・Excel・Outlook・PowerPointのどれでもいいのでアプリを起動します。ここではExcelを例に解説します。

Microsoft
Office を取得しました
お使いのデバイスには Office Home & Business 2021が含まれています。
T
アカウントの変更
続行

❷ Excelを起動すると、すぐにOfficeのセットアップが始まります。［続行］をクリックします。

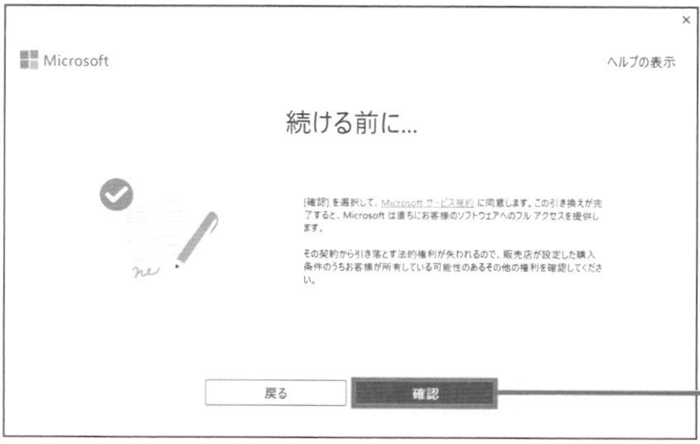
Microsoft
ヘルプの表示
続ける前に...
[確認] を選択して、Microsoft サービス規約 に同意します。この引き換えが完了すると、Microsoft は直ちにお客様のソフトウェアへのフル アクセスを提供します。
その契約から引き落とす法的権利が失われるので、販売店が設定した購入条件のうちお客様が所有している可能性のあるその他の権利を確認してください。
戻る
確認

❸［確認］をクリックします。

Microsoft
ヘルプの表示
お客様の製品が見つかりました
Office Home & Business 2021
プロダクト キーが確認されました
アカウント:
変更
国または地域: 日本
Microsoft 365 と Office に関する情報、ヒント、プランを希望します。プライバシーに関する声明。
戻る
確認

❹アカウントに自分の Microsoft アカウントが表示されていることを確認し、[確認] をクリックします。

Microsoft
ヘルプの表示
正常に完了しました。
Office Home & Business 2021 は Microsoft アカウント にリンクされました
使ってみる

❺Office のライセンスと Microsoft アカウントへの紐付けが完了します。[使ってみる] をクリックします。

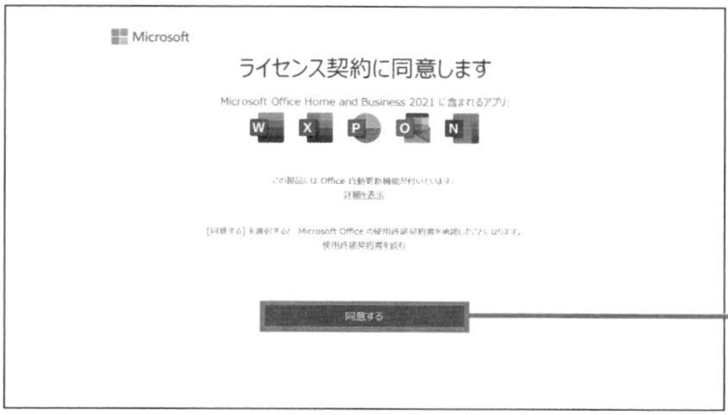
Microsoft
ライセンス契約に同意します
Microsoft Office Home and Business 2021 に含まれるアプリ:
同意する

❻最後に Office のライセンス契約に関しての確認画面で、[同意する] をクリックします。

COLUMN

プロダクトキーを入力して Officeをセットアップする

Surface Pro 9より前のSurfaceでは、Officeのセットアップはプロダクトキーを入力する方式でした。その場合はSurfaceの製品の箱の中にOfficeのプロダクトキーが記載されたカードが同梱してあります。

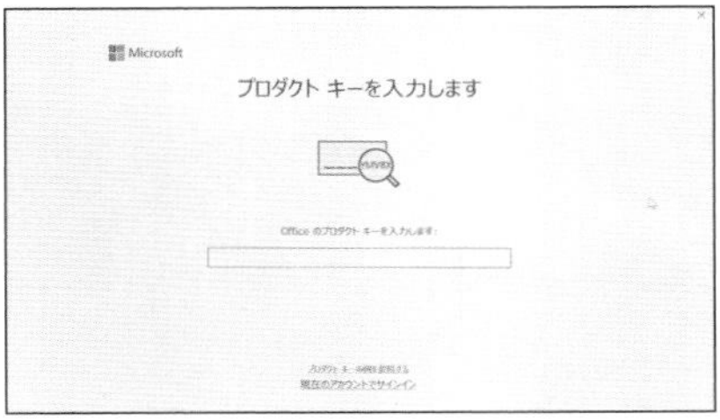

プロダクトキーを入力する方式のOfficeのセットアップでは、Excelなどの何かしらのOfficeを起動して画面を進めるとプロダクトキー入力画面が出てくるので、そこでプロダクトキーを入力するとOfficeが使えるようになります。

また、購入時期によってはOffice 2019からOffice 2021に更新が促される場合があります。その場合は画面の指示にしたがって最新バージョンのOfficeにアップデートしましょう。

第2章

Surfaceをより使いやすくするカスタマイズ技

本章では、Surfaceを使いこなすためのカスタマイズ方法を紹介します。Surfaceをセットアップした直後の状態は万人に合う標準の設定になっているので、本章での内容を参考にして自分好みの設定に変更しておくとSurfaceがより使いやすくなります。

SECTION 011 カスタマイズ

仮想デスクトップで作業を効率化する

仮想デスクトップの機能を使うと1つの画面でも効率的に作業をすることができます。複数の仕事を並行で作業しているなどの状況で仮想デスクトップで画面を分けると効果的です。

仮想デスクトップを作成して画面を切り替える

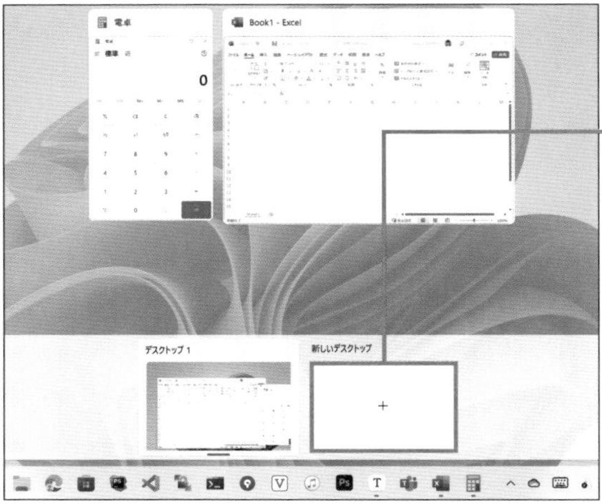

❶ ⊞+ Tab キーを押すと、仮想デスクトップの一覧画面が表示されます。

❷ 画面下部のほうに［新しいデスクトップ］があるので、それをクリックします。

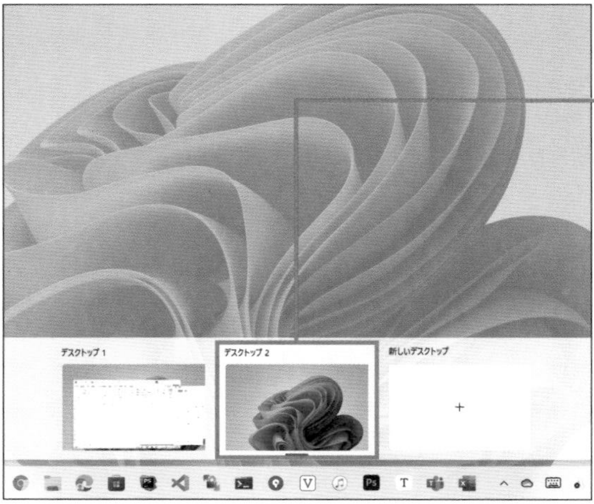

❸「デスクトップ 2」が増えます。

❹［デスクトップ 2］をクリックすると、

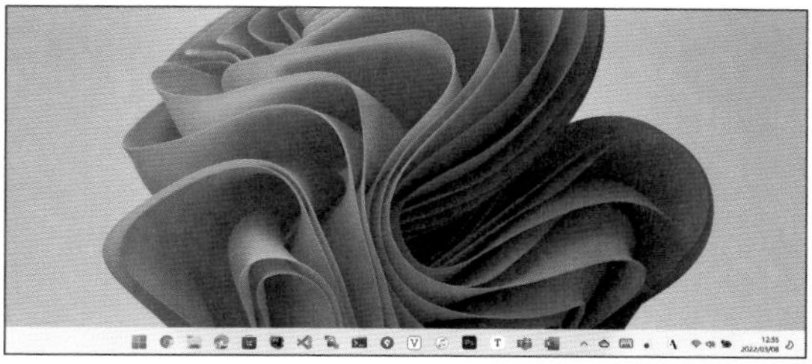

❺「デスクトップ 2」の画面に切り替わります。

❻新しく作ったデスクトップ画面なので、アプリなど何も開かれていない状態です。

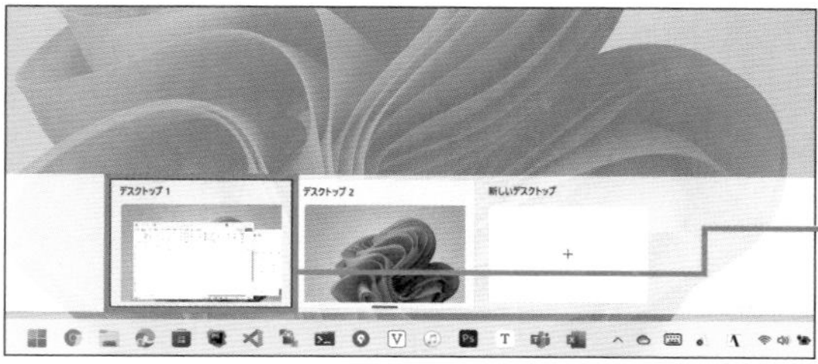

❼「デスクトップ 1」に戻りたいときは、再度、⊞+ Tab キーを押し、仮想デスクトップ一覧画面を表示して、

❽[デスクトップ 1] をクリックします。

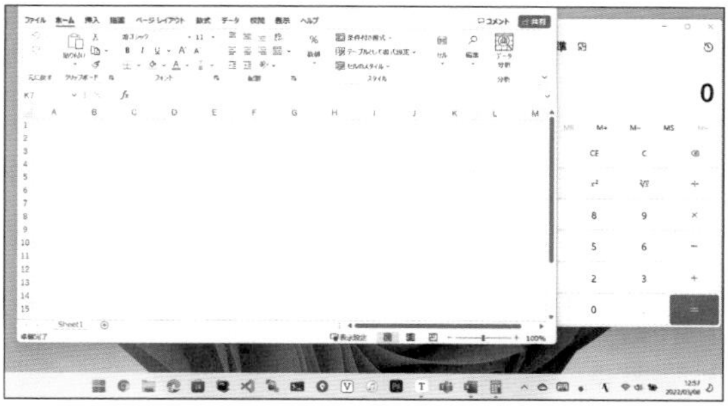

❾「デスクトップ 1」に切り替わります。

OnePoint キーボードショートカットを使って仮想デスクトップを切り替える

仮想デスクトップを使いこなすにはキーボードショートカットで操作するのがベストです。特に⊞+ Ctrl と左右キーですばやく仮想デスクトップを切り替えると効率的です。仮想デスクトップ操作のキーボードショートカット一覧は以下のとおりです。

操作	キーボードショートカット
仮想デスクトップの一覧表示	⊞+ Tab キー
仮想デスクトップの作成	⊞+ Ctrl + D キー
仮想デスクトップの切り替え（右側に切り替わる）	⊞+ Ctrl + → キー
仮想デスクトップの切り替え（左側に切り替わる）	⊞+ Ctrl + ← キー
現在開いている仮想デスクトップを閉じる	⊞+ Ctrl + F4 キー

SECTION 012 カスタマイズ

デスクトップの背景を好きな画像に変更する

デスクトップの背景は自分の好きな画像に変更することができます。スマホで撮影した写真や、インターネットからダウンロードしてきた画像でも設定可能です。

デスクトップの背景を変更する

❶ デスクトップの任意の場所で右クリックします。

❷ ショートカットメニューが表示されるので、[個人用設定]をクリックします。

❸ [背景] をクリックします。

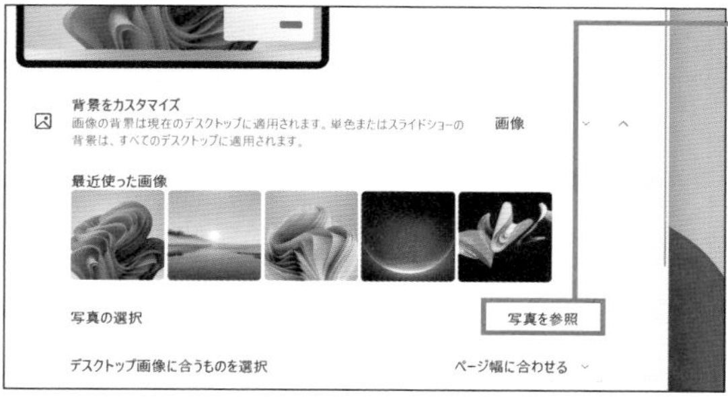

❹ここでは自分の好きな写真に変えてみます。[写真を参照]をクリックします。

MEMO 好きな写真を選択

「最近使った画像」に並んでいるWindowsから標準で用意されている画像を選択してもいいですし、「写真の選択」で自分の好きな写真を選択することもできます。

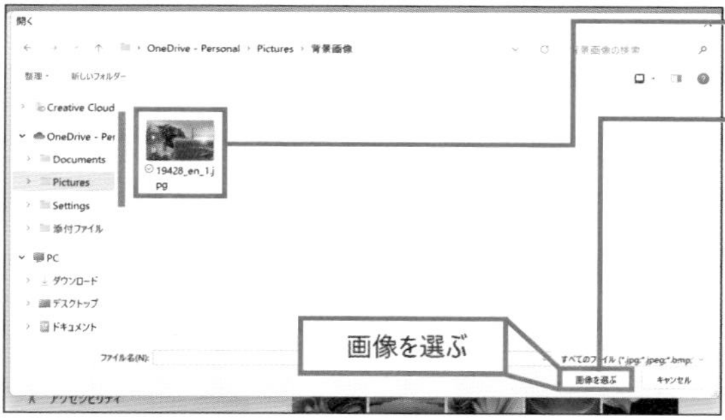

❺あらかじめ保存してあった画像をクリックして、

❻[画像を選ぶ]をクリックして、選択します。

MEMO OneDriveの写真

このような画像はパソコンが壊れたり買い換えたりしたときのために、OneDriveのPicturesフォルダーに入れておくとよいでしょう。

❼デスクトップの背景を変えることができました。

COLUMN 背景画像の格納場所

Windowsに最初から同梱されている背景画像は以下のフォルダーに格納されています。

C:¥Windows¥Web¥Wallpaper

筆者はWindows標準の背景画像が好きで、その中からデスクトップ上のファイルが見やすくなる画像を選んでいます。

SECTION 013 カスタマイズ

画面が勝手に暗くならないようにする

Windowsには省電力も兼ねて画面を勝手に暗くする機能があります。場合によっては暗くて見づらくもなるので、その機能はオフにできることを覚えておきましょう。

照明が変化したときの明るさ自動調整をオフにする

❶「設定」アプリを開いて、

❷［システム］をクリックし、

❸［ディスプレイ］をクリックします。

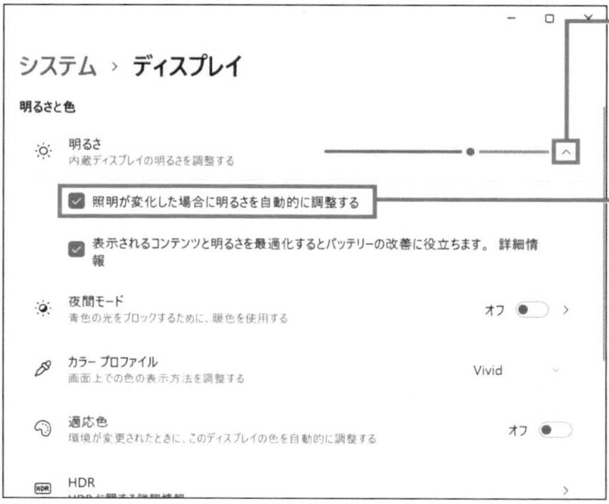

❹［明るさ］の右端にある ⌄ をクリックすると、

❺サブメニューが開きます。

❻［照明が変化した場合に明るさを自動的に調整する］がオンになっていると、部屋の照明が明るいときは画面が明るくなり、部屋の照明が暗いときは画面が暗くなります。

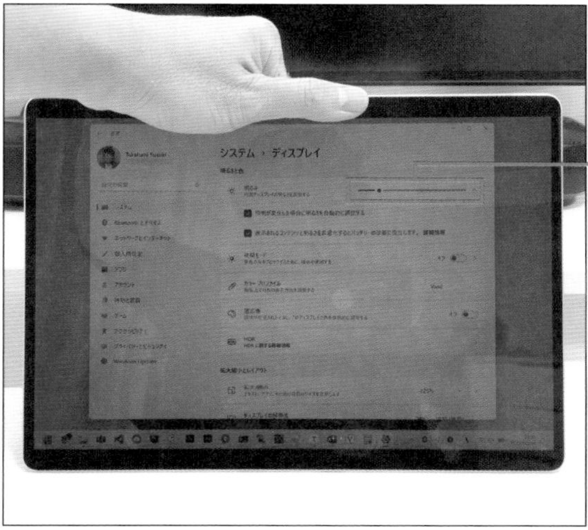

❼試しにオンになっている状態で照明センサーのある画面上部の枠を手で隠してみましょう。

❽画面が暗くなるとともに［明るさ］のスライダーが下がっていくのがわかります。

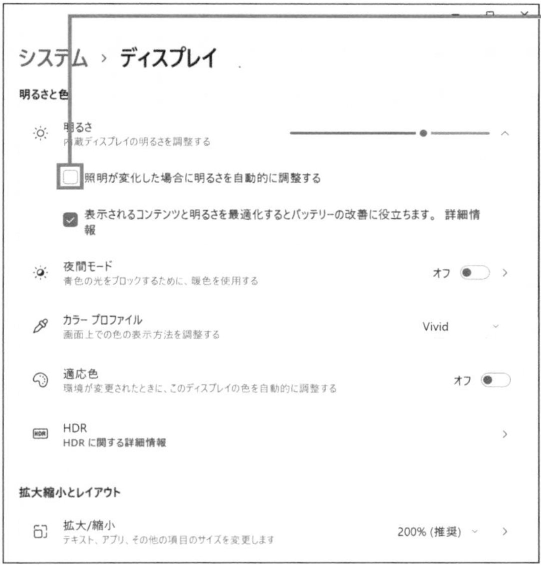

❾このように画面が勝手に暗くなる挙動を止める場合は、［照明が変化した場合に明るさを自動的に調整する］をオフにします。

❿これで部屋の照明に応じて画面の明るさが変わることはなくなります。ただし、この機能はバッテリー時間を延ばすことにも寄与しているので必要に応じて切り替えるようにしましょう。

OnePoint　画面の明るさとバッテリーの関係

ノートパソコンでバッテリー時間に大きく関係するのが画面の明るさです。画面を明るくしすぎるとバッテリー電力を大きく消費しバッテリー切れが早くなります。近くに電源がなくどうしてもバッテリー時間を延ばしたいときは自分が見えるくらいの明るさに設定するとよいでしょう。

SECTION 014 カスタマイズ

アクセシビリティ機能で誰でも使いやすくする

Windows 11はどんな人でも使いやすいOSとするためにアクセシビリティが強化されています。Windows 11にはどのようなアクセシビリティがあるか確認しましょう。

第1章
第2章 カスタマイズ
第3章
第4章

アクセシビリティ機能を確認する

アクセシビリティのメニューは「設定」アプリの［アクセシビリティ］メニューにまとまっています。

メニュー名	説明
テキストのサイズ	Windowsに表示される文字の標準サイズを変えることができます。 小さい画面で文字が読みにくいときに変更します。
視覚効果	透明効果やアニメーション効果などの主に操作の見た目をよくする設定があります。
マウス ポインターとタッチ	マウスポインターのスタイルやサイズを変えることができます。 初期状態のマウスでは見づらいときに変更します。
テキスト カーソル	文字入力時のカーソルの位置を示すテキストカーソルを見やすくすることができます。
拡大鏡	デスクトップの一部拡大することができる拡大鏡機能の設定です。
カラーフィルター	視覚障害のある方のために画面上の色を見やすくしたり区別しやすくしたりします。
コントラストテーマ	弱視の方のためにコントラスト配色にして明確な色に変えることができます。
ナレーター	画面上の文字を読み上げてくれる機能の設定です。
オーディオ	ステレオサウンドをモノラルサウンドに変えるなどの音に関する設定です。
字幕	動画の字幕に関する設定です。
音声認識	音声入力機能などの音声認識の設定です。
キーボード	アクセシビリティに関するキーボードショートカットをカスタマイズする設定です。
マウス	マウスの代わりにキーボードのテンキーを使用してマウスポインターを移動する機能の設定です。
視線制御	視線で操作する設定です。ただしこちらの機能を使うには別途アイトラッキングデバイスが必要です。

アクセシビリティ機能をクイック設定で切り替える

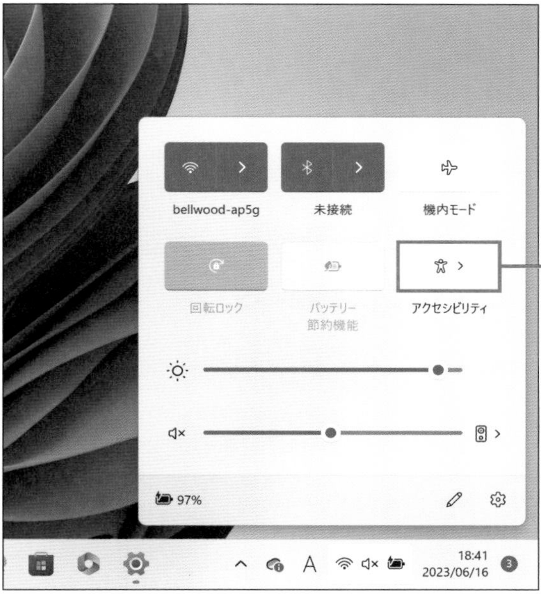

❶一部のメニューは、［クイック設定］の［アクセシビリティ］からオン・オフすることができます。

❷⊞＋A キーを押して、

❸［アクセシビリティ］をクリックします。

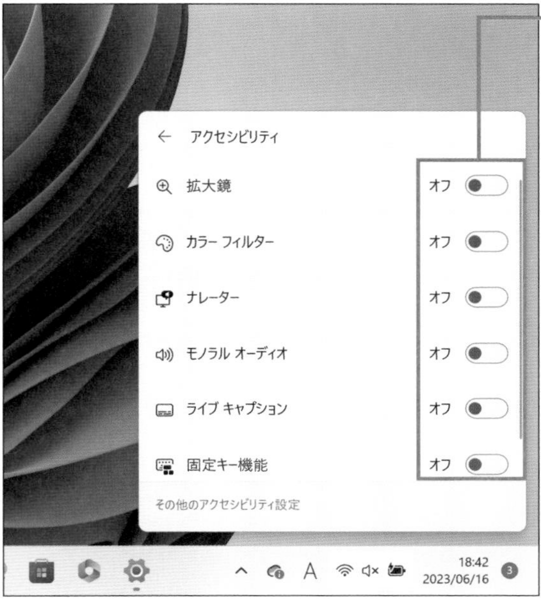

❹それぞれの項目の［オフ］をクリックすると、オンになります。

MEMO 詳しい機能の説明

アクセシビリティのそれぞれの機能は別セクションにて詳しく解説します（42ページ以降を参照）。

SECTION 015 カスタマイズ

文字を大きく表示して楽に読めるようにする

「設定」アプリですべての文字サイズを大きくすることができます。基本の文字サイズを大きくすることで全体的に文字が楽に読めるようになります。

テキストのサイズを変更する

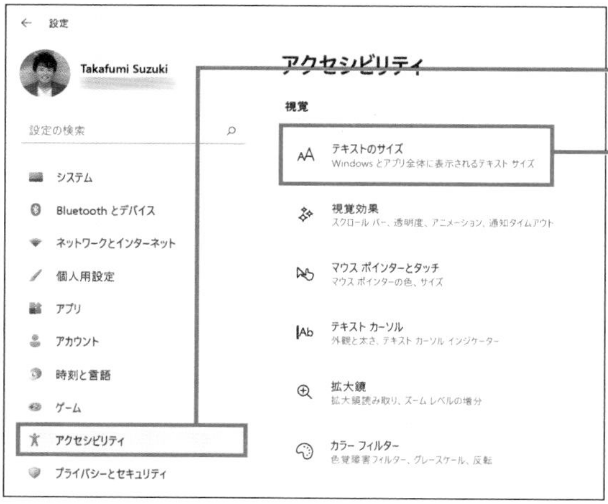

❶「設定」アプリを開いて、

❷［アクセシビリティ］をクリックし、

❸［テキストのサイズ］をクリックします。

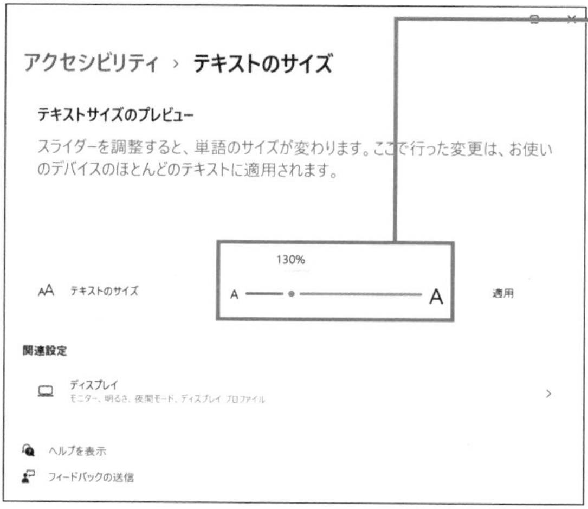

❹［テキストのサイズ］の項目でスライダーを動かせる箇所があるので、それをドラッグして、右に動かします。

MEMO プレビュー

同時に［テキストサイズのプレビュー］で文字の大きさを確認することができます。

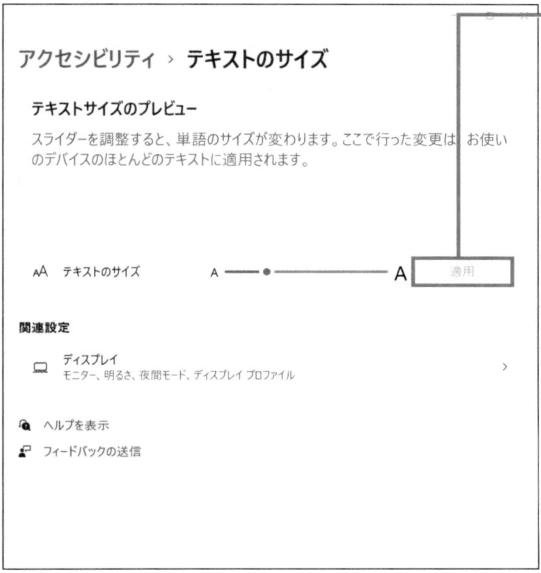

❺自分の好みの文字サイズになったら、［適用］ボタンをクリックします。

❻「設定」アプリのメニュー文字なども大きくなったのがわかります。

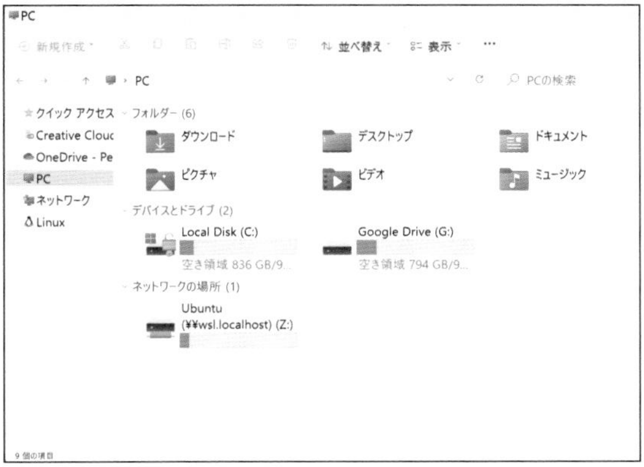

❼エクスプローラーも文字だけ大きくなっているのがわかります。

OnePoint　適切な文字サイズ

この機能はアプリによっては対応していなかったり文字サイズが大きくなることでレイアウトが崩れたりすることもあります。それらも加味して筆者がいくつかの文字サイズを試したところ、120%くらいが程よい大きさで未対応のアプリでもレイアウトが崩れにくいと感じました。

SECTION 016 カスタマイズ

拡大鏡で画面上の小さい項目を見やすくする

Windowsの画面上で小さくて見づらい項目があるときは、拡大鏡機能を使うとその部分だけ大きく表示することができます。キーボードショートカットでさっと使えるようになると便利です。

拡大鏡機能を使う

Windows の拡大鏡機能を使うと以下のような画面になります。これを使うのに一番簡単なのはキーボードショートカットです。⊞キーと + キーを押すと拡大鏡モードになります。連続して押すとさらに拡大していきます。戻したいときは⊞キーと − キーを押すと拡大率が下がって元に戻ります。

こちらの機能はキーボードショートカットで覚えておいたほうがいい理由があります。それは、タイピングし続けていると誤って⊞+ + を押してしまい予期せぬときに拡大鏡機能で拡大してしまい焦ることがあるからです。ですが、この⊞+ − で戻せることを知っておけば落ち着いて元に戻すことができます。筆者はこれを知るまで毎回拡大した画面で解除方法を調べていました。

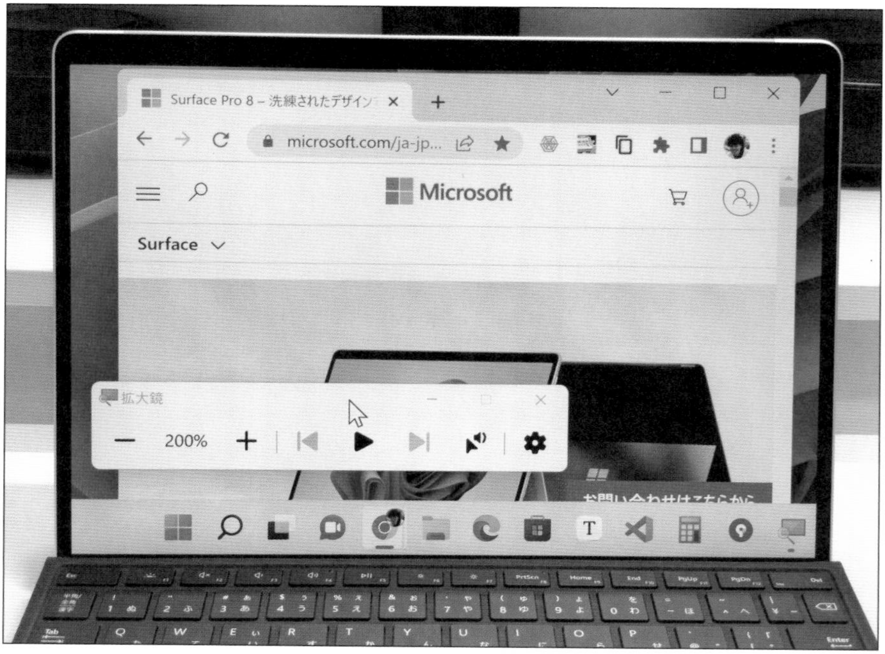

SECTION 017 カスタマイズ

マウスポインターの色やサイズを見やすくする

マウスポインターは初期状態の白い矢印から変えることができます。仕事上のプレゼンのときやビデオ会議のときによく目立つポインターに変更すると、見ている人にとって今どこを指しているかがわかりやすくなります。

マウスポインターのスタイルを変える

❶「設定」アプリを開いて、

❷［アクセシビリティ］をクリックし、

❸［マウスポインターとタッチ］をクリックします。

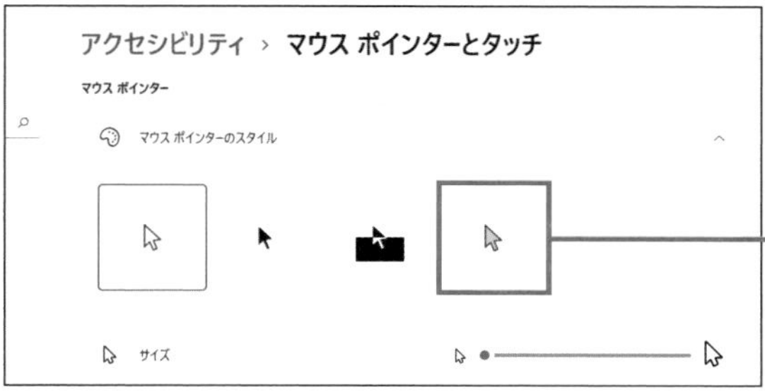

❹ここで、マウスポインターのスタイルとサイズを変えることができます。

❺［マウスポインターのスタイル］から任意のもの（ここでは一番右端）をクリックし、

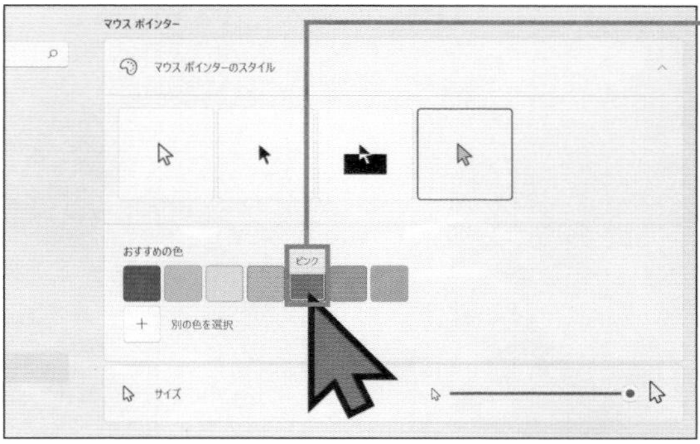

❻［おすすめの色］から色（ここでは［ピンク］）をクリックして、選択します。

❼マウスポインターの色を変えてサイズも変更すると、Windowsの画面上で誰かに何かを説明するときにわかりやすくなります。

SECTION 018 カスタマイズ

見やすいコントラストテーマに設定する

コントラストテーマを変えれば、視覚障がい者やロービジョン・弱視の方でも見やすい配色に変更することができます。

コントラストテーマを設定する

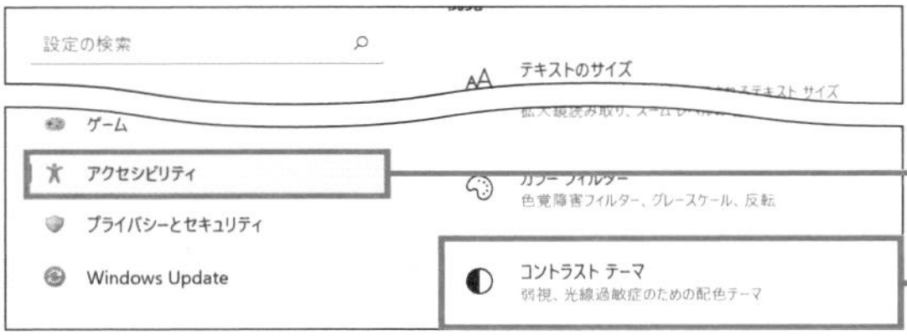

❶「設定」アプリを開いて、

❷［アクセシビリティ］をクリックし、

❸［コントラストテーマ］をクリックします。

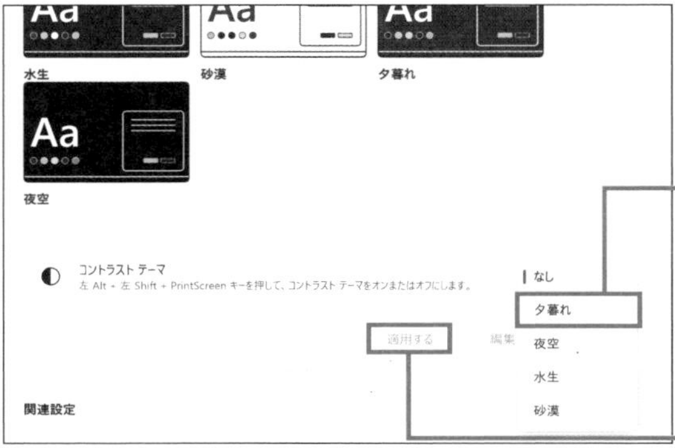

❹［コントラストテーマ］の項目で［なし］［夕暮れ］［夜空］［水生］［砂漠］に変えることができます。

❺ここでは「夕暮れ」にしてみます。［夕暮れ］を選択して、

❻［適用する］ボタンをクリックすると、

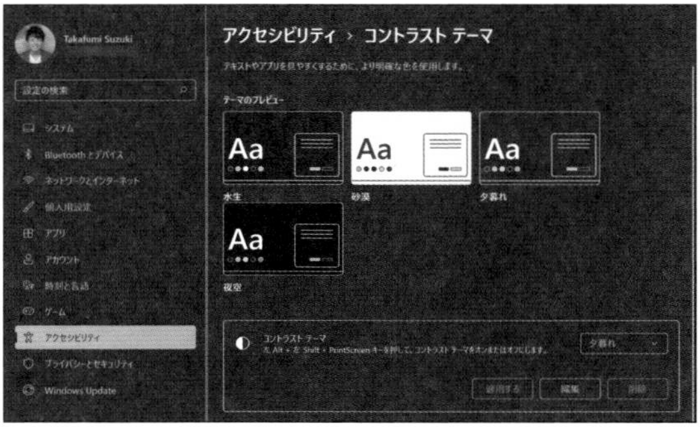

❼画面全体がハイコントラストな色に変わります。

SECTION 019 カスタマイズ

オリジナルのコントラストテーマを作成する

コントラストテーマの設定は標準で用意されている配色からさらに任意の配色に変更することができます。より自分の見やすい配色に変更してみましょう。

新しいテーマとして保存する

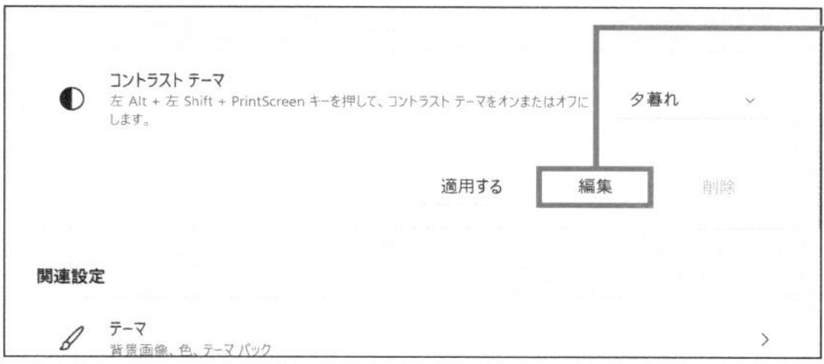

❶ 46 ページの画面で、[編集] ボタンをクリックします。

MEMO ベースとなる配色

テーマのプレビューに出てきた配色の中でもっとも自分の好きな配色に近いものを選びます。ここでは [夕暮れ] を選択しています。

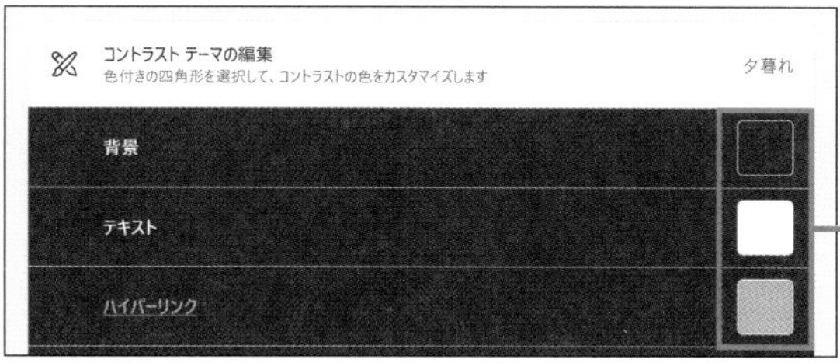

❷ 夕暮れのテーマをベースとして任意の配色に変更します。

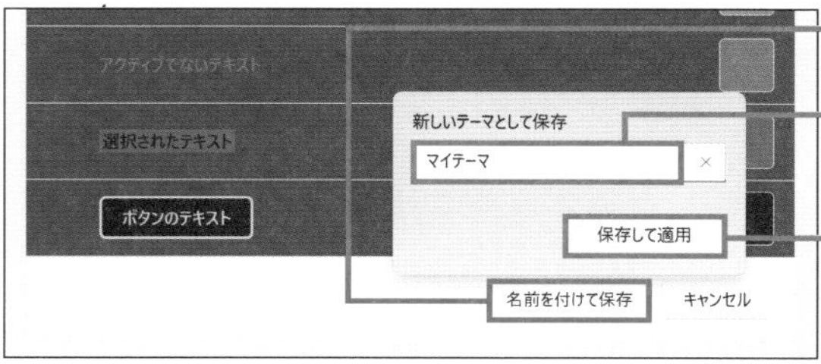

❸ 好みの配色に設定したら、[名前を付けて保存] をクリックします。

❹ このテーマの名前 (ここでは「マイテーマ」) を入力して、

❺ [保存して適用] をクリックします。

❻ Windows に反映されました。

SECTION 020 カスタマイズ

カラーフィルターで見分けやすい配色に調整する

カラーフィルターを使用すると、画面上の色が見やすくなり区別しやすくなります。画面上の色が区別しにくい場合に利用してみましょう。

カラーフィルターを設定する

❶「設定」アプリを開いて、

❷［アクセシビリティ］をクリックし、

❸［カラーフィルター］をクリックします。

❹カラーフィルターのトグルスイッチをオンにすると、

❺カラーフィルターが有効になります。

フィルターの種類

カラーフィルターは 6 種類あります。Windows 標準の色だと区別しづらい場合は、カラーフィルター機能を使って見やすい色に変更しましょう。

赤緑（緑色弱、緑色覚異常）

赤緑（赤弱、赤色覚異常）

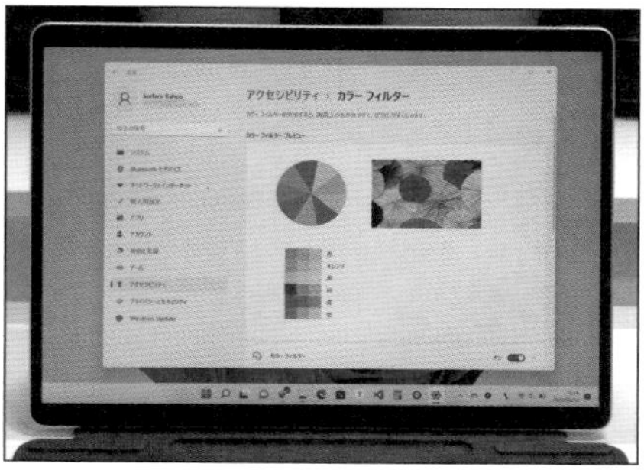

青黄（三型色覚）

グレースケール

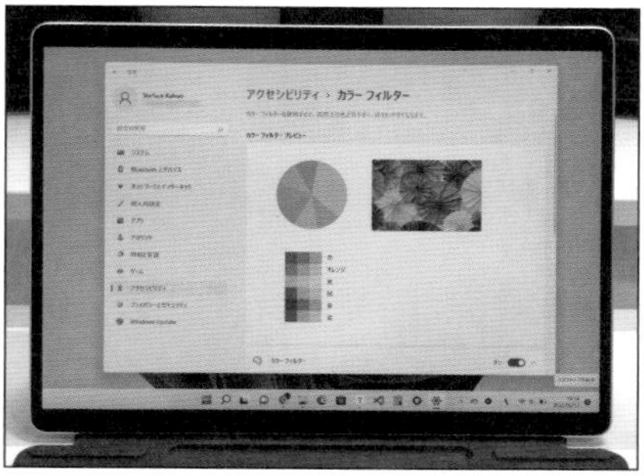

グレースケール反転色

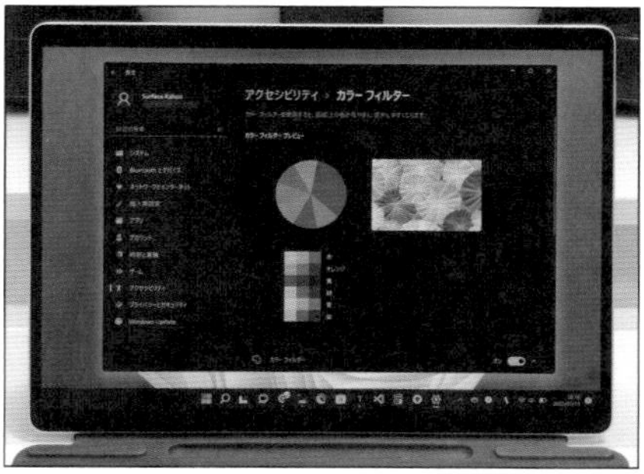

反転色

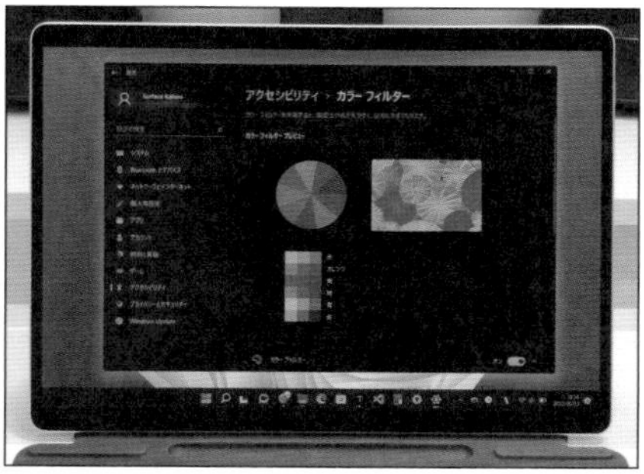

SECTION 021 カスタマイズ

ナレーターに画面の内容を読み上げさせる

ナレーター機能を使うと、画面上に表示された文字を読み上げてくれます。ナレーターを起動するにはキーボードショートカットを使うと便利です。

第1章
第2章 カスタマイズ
第3章
第4章

ナレーターを起動して文字を読み上げさせる

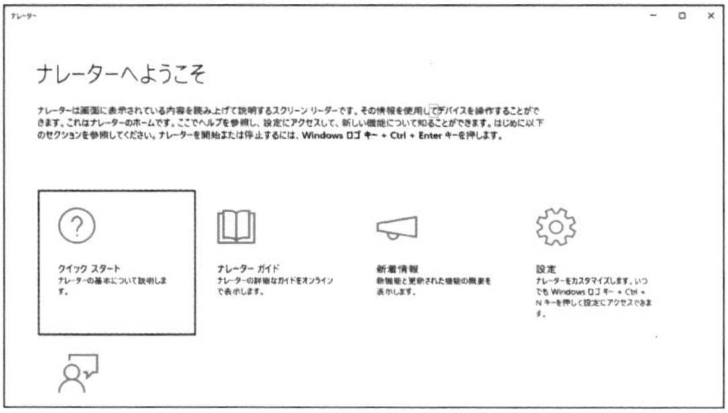

❶ Ctrl + ⊞ + Enter キーを押すと、

❷ ナレーター機能を起動することができます。

❸ カーソルでクリックすると、

❹ クリックしたものはすべて読み上げてくれます。

MEMO ナレーター機能の終了

ナレーター機能が起動中にもう一度 Ctrl + ⊞ + Enter キーを押すと、ナレーター機能は終了します。

COLUMN ナレーター機能の無効化

ナレーター機能が不要の場合はキーボードショートカット自体を無効にしておくとよいでしょう。「設定」アプリの［アクセシビリティ］→［ナレーター］を開いて、［ナレーターのキーボードショートカット］をオフにすると、以後キーボードショートカットでナレーター機能が起動することはなくなります。

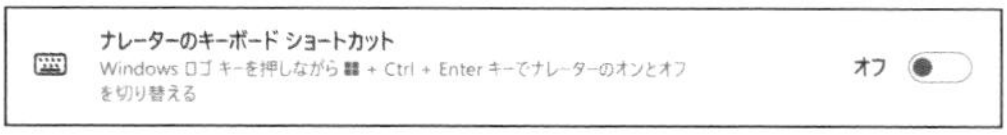

SECTION
022
カスタマイズ

音をモノラル出力に切り替えて聞きやすくする

スピーカーからの音をモノラルにしたほうが聞こえやすくなることがあります。片方のイヤホンしか使えない状況や、片耳が聞こえにくいという人に便利な設定です。

モノラルオーディオを有効にする

モノラルオーディオとは２つのスピーカーから同じ音が聞こえる設定のことをいいます。標準の設定ではステレオオーディオとなっていて、音源にもよりますが２つのスピーカーから別々の音が聞こえます。状況に応じてモノラルオーディオを有効にすることができます。モノラルオーディオが有効になると、Surface 本体のスピーカーからはもちろんのこと、イヤホンをつなげたときの音もモノラル出力となります。

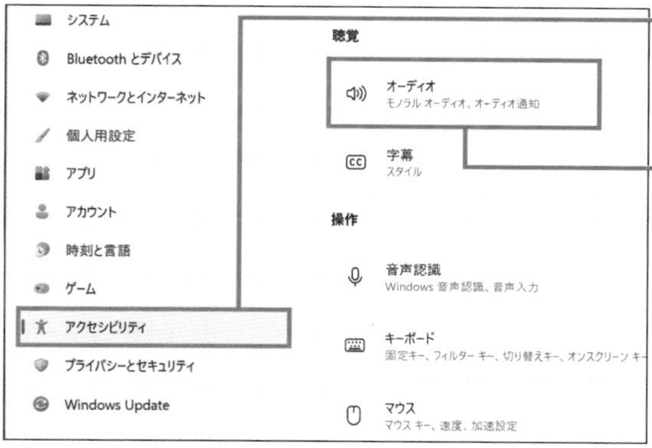

❶「設定」アプリを開いて、

❷［アクセシビリティ］をクリックし、

❸［オーディオ］をクリックします。

❹［モノラルオーディオ］の項目でスイッチをオンにすると、

❺モノラルオーディオが有効になります。

SECTION 023 カスタマイズ

同時押しでなくても キー操作できるようにする

一般的に同時押しで使う Ctrl キーや Shift キーは、Windowsの設定で同時押しでなくても使うことができます。同時押しがしにくい場合は固定キー機能を有効にしてみましょう。

固定キー機能を有効にする

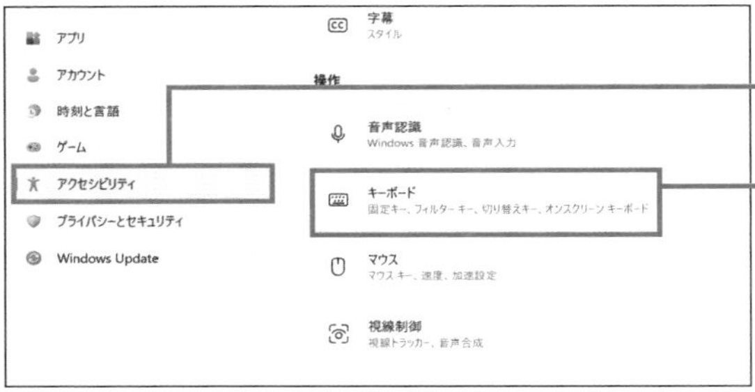

❶「設定」アプリを開いて、

❷［アクセシビリティ］をクリックし、

❸［キーボード］をクリックします。

❹［固定キー機能］の項目でスイッチを［オン］にします。

OnePoint ビープ音を参考にする

固定キー機能を有効にすると、たとえば、ファイルを保存するときのキーボードショートカットで Ctrl ＋ S キーを同時押しするときに、Ctrl キーを押して離したあとに S キーを押しても保存されるようになります。これは Shift 、Ctrl 、Alt 、⊞キーにおいて適用されます。この機能が有効になっているときは Shift キーなどの装飾キーを押したときにビープ音が鳴るのでそれを聞き分けて使うとよいでしょう。

SECTION 024 カスタマイズ

文字を音声で入力できるようにする

Windowsはマイク直接しゃべりかけた音声でそのまま文字入力する機能を備えています。日本語も対応していて認識精度も上がっているので効果的に活用していきましょう。

音声で文字を入力する

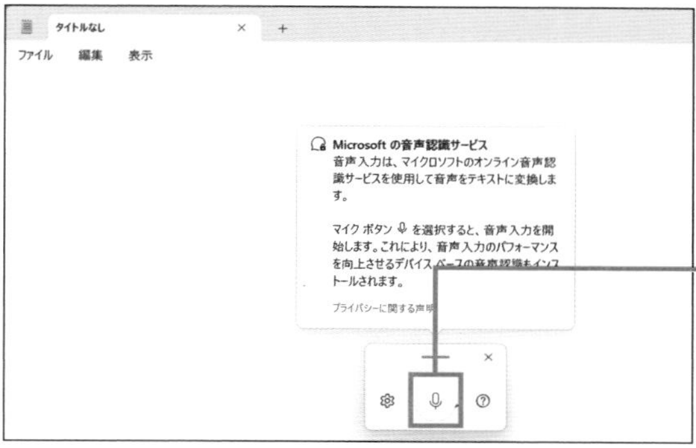
タイトルなし
ファイル
編集
表示
Microsoft の音声認識サービス
音声入力は、マイクロソフトのオンライン音声認識サービスを使用して音声をテキストに変換します。
マイク ボタン を選択すると、音声入力を開始します。これにより、音声入力のパフォーマンスを向上させるデバイス
トールされます。
プライバシーに関する

❶何か文字入力できるところにカーソルを移動して、

❷⊞＋Ⓗキーを押すと、

❸音声認識ウィンドウが起動します。

❹マイクのアイコンをクリックし、

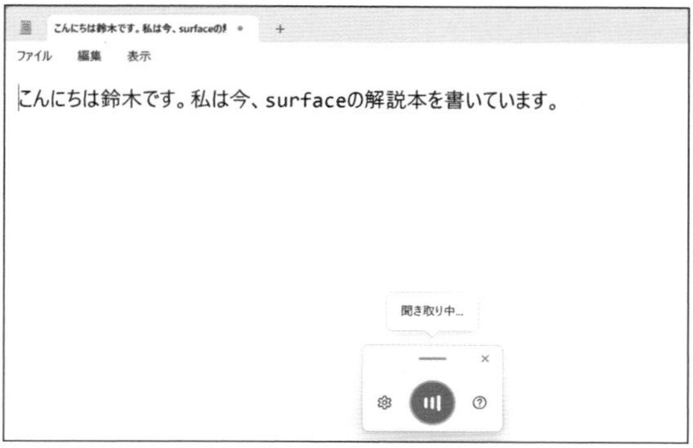
こんにちは鈴木です。私は今、surfaceの
ファイル
編集
表示
こんにちは鈴木です。私は今、surfaceの解説本を書いています。
聞き取り中...

❺その状態でSurfaceにしゃべりかけるとそれが文字入力となります。

OnePoint 効率的な文章入力

句読点や改行などは対応していないので適宜キーボード入力も組み合わせると効率的です。筆者も試したところ日本語でも音声認識精度はかなり高いことに驚きました。完璧な文章作成には厳しいとは思いますが、考えたことをしゃべってとりあえず文字入力したいときに便利な機能です。

SECTION
025
カスタマイズ

キーボードバックライトを使いやすい明るさにする

Surfaceはキーボードの明るさを変えることができます。場所によっては明るさを落とせばバッテリー持続時間を延ばすことができるでしょう。

キーボードの明るさを変更する

Surface のキーボードの明るさは F1 キーで変更することができます。

F1 キーを押すごとに明るさを調節できます。

このとき左下の Fn キーが光っているかどうかで挙動が変わるのでご注意ください。

Fn キーが光っていないときは F1 キーを押すだけで切り替えられます。

Fn キーが光っているときは従来の F1 から F12 のファンクションキーが有効になっている状態なので、そのときは Fn キーを押しながら F1 キーを押す必要があります。

MEMO キーボードバックライト機能非搭載機種

Surface Laptop Go シリーズなどはキーボードバックライト機能は非搭載です。その場合上記のような F1 キーのキーボードバックライトのアイコンは印字されていません。

Surface Pro では 3 段階の明るさを変えられます。

SECTION
026
カスタマイズ

左利きでも使いやすいように設定する

マウスは左利きの人でも使いやすいように右クリックを主ボタンに変更することができます。この機能を使う場合は左右対称なマウスを使うとよいでしょう。

マウスの主ボタンを右にする

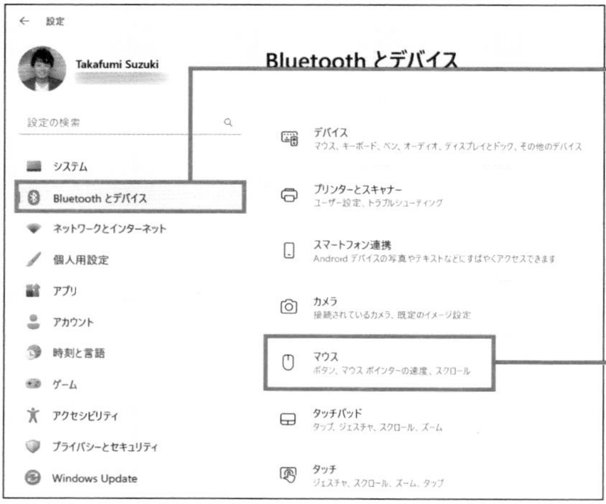

❶「設定」アプリを開いて、

❷ [Bluetooth とデバイス] をクリックし、

❸ [マウス] を開きます。

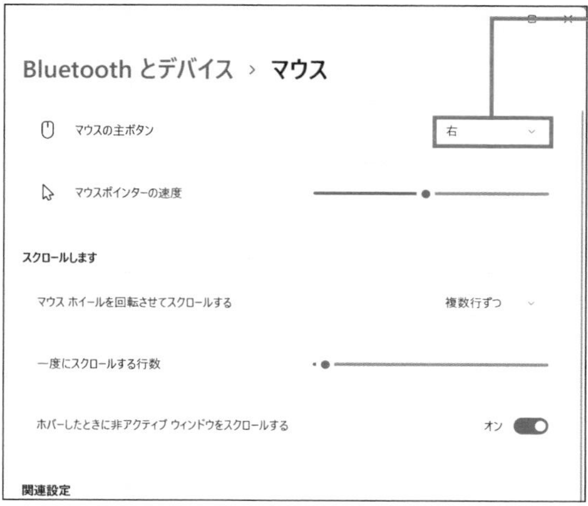

❹ [マウスの主ボタン] を [右] に切り替えると、

❺ マウスの右が主キーとなり、左がサブメニューを出すときに使うキーとなります。

SECTION
027
カスタマイズ

日本語IMEをカスタマイズして使いやすくする

文字入力システムである日本語IMEにはさまざまなカスタマイズがあります。自分の使いやすい設定にして効率的な文字入力ができるようにしましょう。

日本語IMEの設定画面を表示する

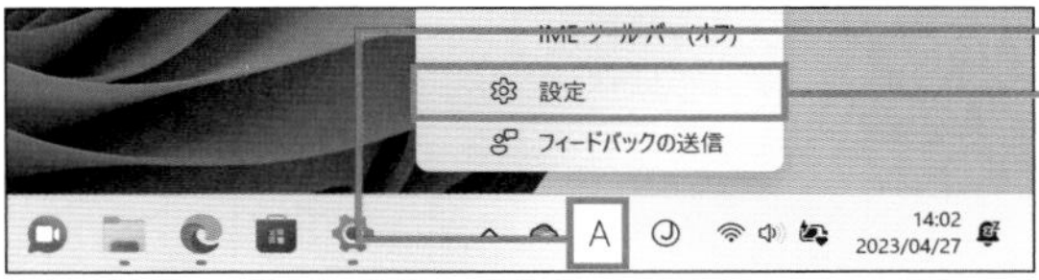

❶タスクバーの［あ］や［A］のところを右クリックして、

❷［設定］をクリックすると、

❸Microsoft IME（本書では「日本語IME」と表記）の設定メニューが表示されます。

COLUMN　日本語IMEのカスタマイズ一覧

日本語IMEの「IME（アイ・エム・イー）」とはInput Method Editorの略で、日本語の文字入力システムのことを指します。それぞれの項目では以下の設定を行うことができます。詳しい使い方は58ページ以降で解説します。

項目	説明
全般	文字種類や予測変換など入力文字に関する設定です。
キーとタッチのカスタマイズ	キーの割り当てやタッチキーボードなどキー入力に関する設定です。
学習と辞書	よく使う単語の登録や入力履歴消去などの設定です。
デザイン	IME候補ウィンドウの色やフォントサイズなどの設定です。
使用状況データの収集	誤変換や予測変換の精度を上げるための設定です。

SECTION 028 カスタマイズ

よく使う単語をすぐ入力できるように登録する

よく使う単語は辞書登録すると文字入力が格段に捗ります。長い単語や変換しにくく単語は積極的に登録してタイピング時間を短縮してみましょう。

辞書に単語を登録する

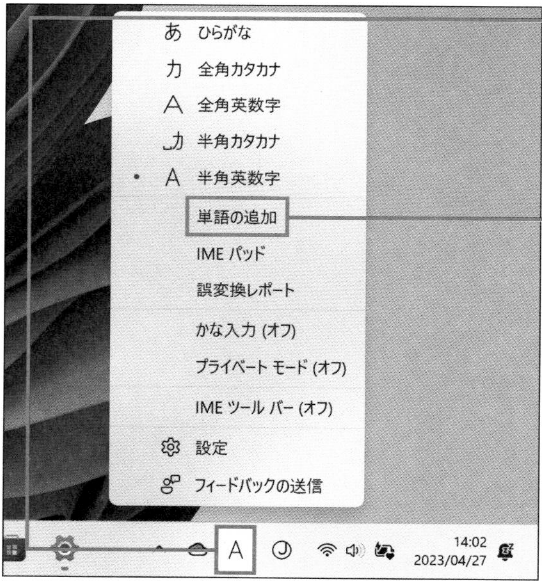

❶タスクトレイにある［A］または［あ］の表示されている箇所で右クリックし、

❷［単語の追加］をクリックします。

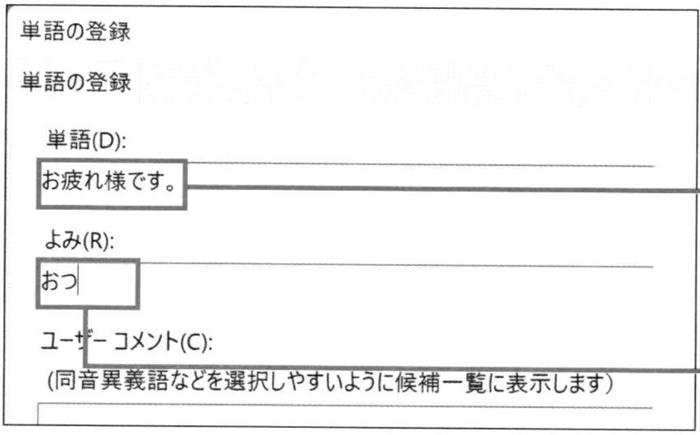

❸［単語の登録］ウィンドウが開くので、ここで単語を登録します。

❹たとえば、「おつ」と入力したら「お疲れ様です。」に変換されるようにするには、［単語］に「お疲れ様です。」と入力し、

❺［よみ］に「おつ」と入力して、

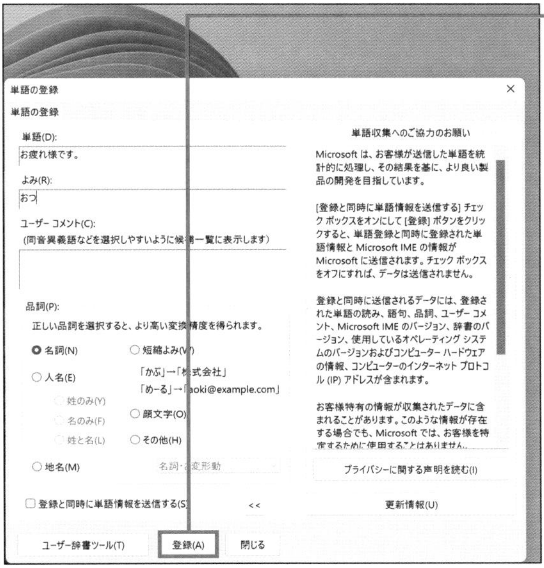

単語の登録
単語の登録
単語(D):
お疲れ様です。
よみ(R):
おつ
ユーザー コメント(C):
(同音異義語などを選択しやすいように候補一覧に表示します)
品詞(P):
正しい品詞を選択すると、より高い変換精度を得られます。
名詞(N)
短縮よみ(V)
「かぶ」→「株式会社」
「めーる」→「aoki@example.com」
人名(E)
姓のみ(Y)
名のみ(F)
姓と名(L)
顔文字(O)
その他(H)
地名(M)
名詞・サ変形動
登録と同時に単語情報を送信する(S)
<<
ユーザー辞書ツール(T)
登録(A)
閉じる
単語収集へのご協力のお願い
Microsoft は、お客様が送信した単語を統計的に処理し、その結果を基に、より良い製品の開発を目指しています。
[登録と同時に単語情報を送信する] チェック ボックスをオンにして [登録] ボタンをクリックすると、単語登録と同時に登録された単語情報と Microsoft IME の情報が Microsoft に送信されます。チェック ボックスをオフにすれば、データは送信されません。
登録と同時に送信されるデータには、登録された単語の読み、語句、品詞、ユーザー コメント、Microsoft IME のバージョン、辞書のバージョン、使用しているオペレーティング システムのバージョンおよびコンピューター ハードウェアの情報、コンピューターのインターネット プロトコル (IP) アドレスが含まれます。
お客様特有の情報が収集されたデータに含まれることがあります。このような情報が存在する場合でも、Microsoft では、お客様を特定するために使用することはありません。
プライバシーに関する声明を読む(I)
更新情報(U)

❻ [登録] をクリックします。

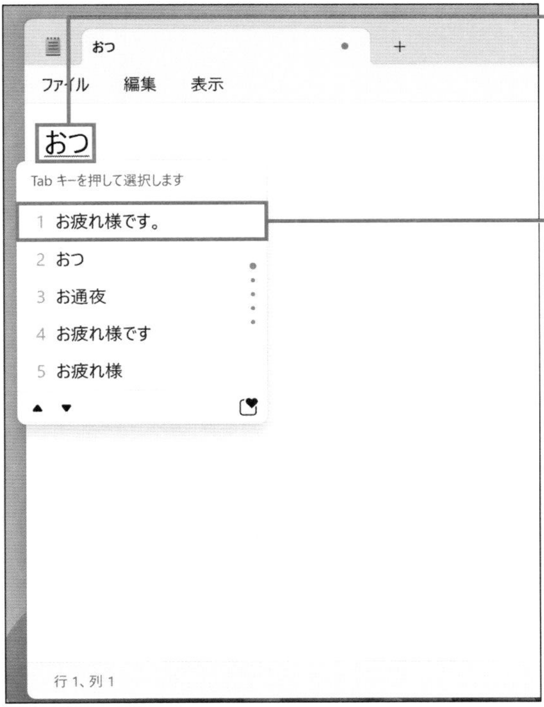

おつ
ファイル
編集
表示
おつ
Tab キーを押して選択します
1 お疲れ様です。
2 おつ
3 お通夜
4 お疲れ様です
5 お疲れ様
行 1、列 1

❼「おつ」と入力するだけで、

❽ 変換候補に「お疲れ様です。」が出てくるようになります。

SECTION 029 カスタマイズ

大量の単語を一度にまとめて登録する

よく使う単語の登録はテキストファイルを使って一括登録することができます。あらかじめテキストファイルとして保存しておけば、パソコンが変わっても登録単語を使いまわすことができます。

複数の単語をまとめて登録する

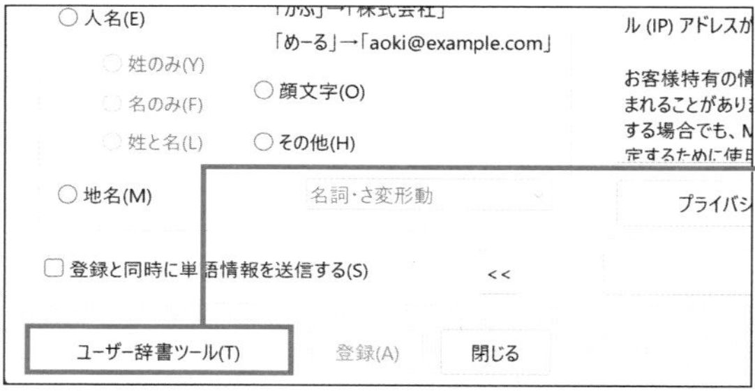

❶ 58ページの内容を参考にして、［単語の登録］ウィンドウを表示します。

❷［ユーザー辞書ツール］をクリックします。

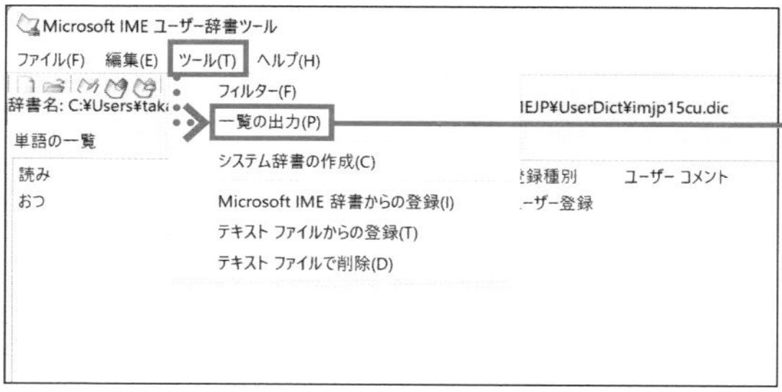

❸ 前セクションの操作で単語が1つ登録されているはずなので、ここで［ツール］→［一覧の出力］の順にクリックします。

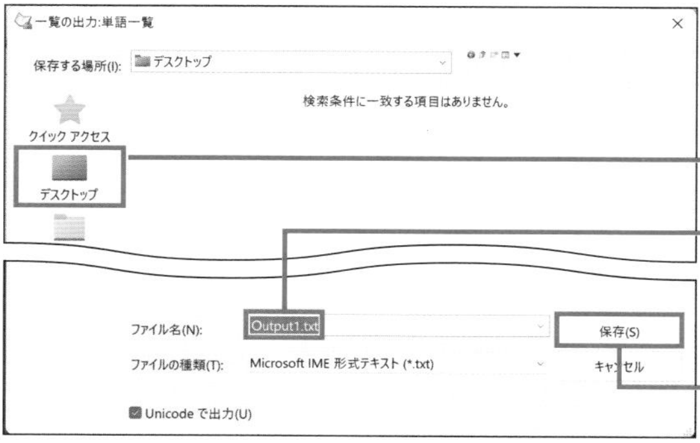

❹ txtファイルを保存するダイアログボックスが出現するので、

❺ デスクトップなど任意の場所に保存します。ここでは、［デスクトップ］をクリックし、

❻ ファイル名（ここでは「output.txt」）を入力して、

❼［保存］→［終了］の順にクリックします。

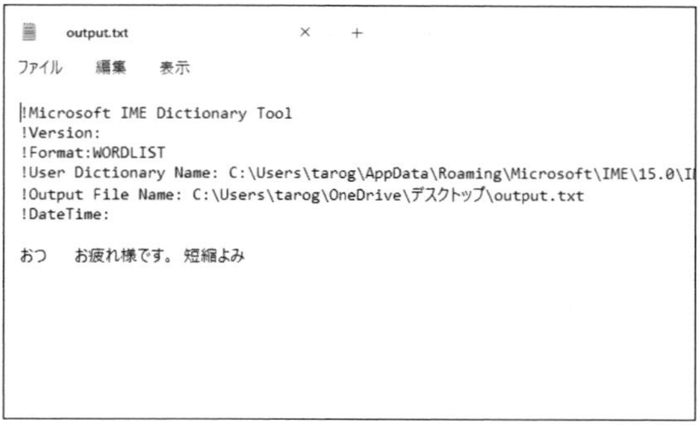

8 保存されたファイルを「メモ帳」アプリで開きます。

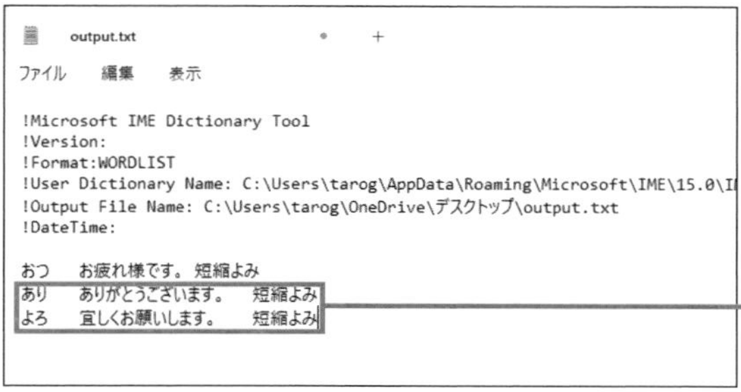

9 今まで登録した内容が入っているので、その下に登録したい文字を入力して、保存します。

MEMO タブ文字を挟む

文字の区切りには Tab キーを押して、タブ文字を挟みます。

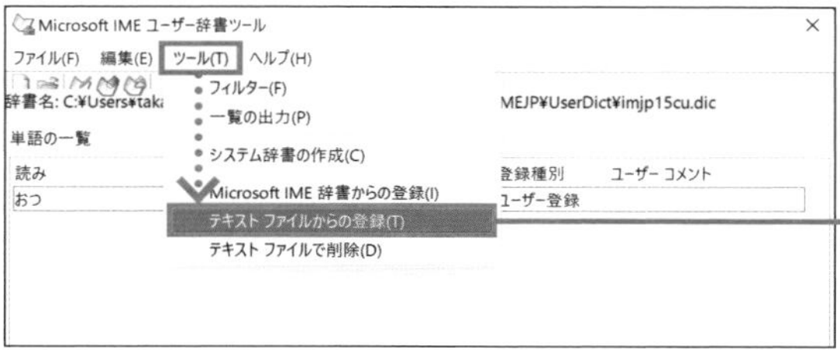

10 ユーザー辞書ツールで、[ツール] → [テキストファイルからの登録] をクリックして、

11 先ほど入力して保存したファイルを指定します。

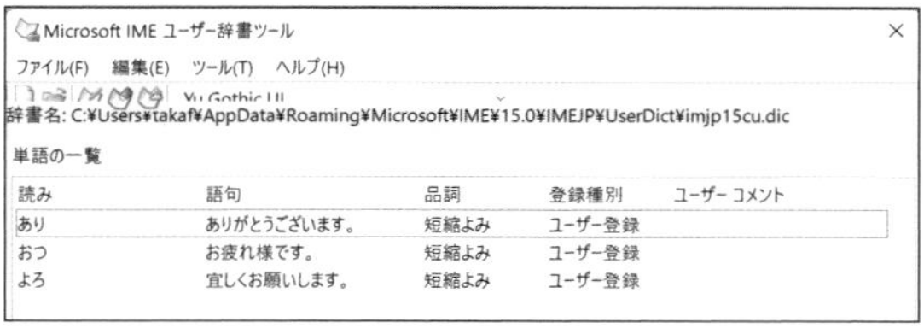

12 一括でまとめて登録することができました。

OnePoint 登録単語のクラウド保存

登録文字のテキストファイルを OneDrive 上に保存しておけば、パソコンを買い換えたときに Microsoft アカウントでサインインするだけですぐに取り出せて一括登録もしやすくなります。

SECTION
030
カスタマイズ

登録しておいた単語を編集する

ユーザー辞書ツールに登録した単語は編集することができます。誤った変換をしている場合は編集して修正しましょう。

第1章
第2章 カスタマイズ
第3章
第4章

登録しておいた単語を編集する

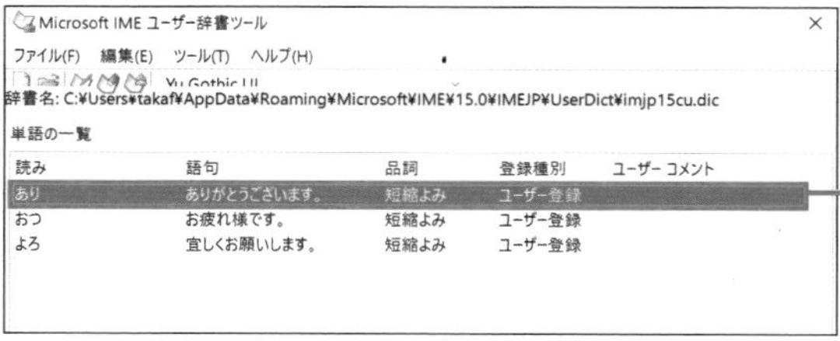

❶ 60ページの内容を参考にして、ユーザー辞書ツールを表示します。

❷ 編集したい項目をダブルクリックします。

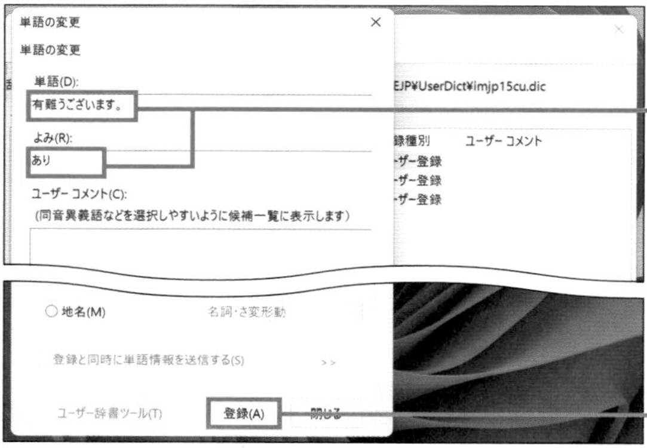

❸［単語の変更］ダイアログボックスが表示されるので、

❹［単語］や［よみ］を変更して、

❺［登録］ボタンをクリックします。

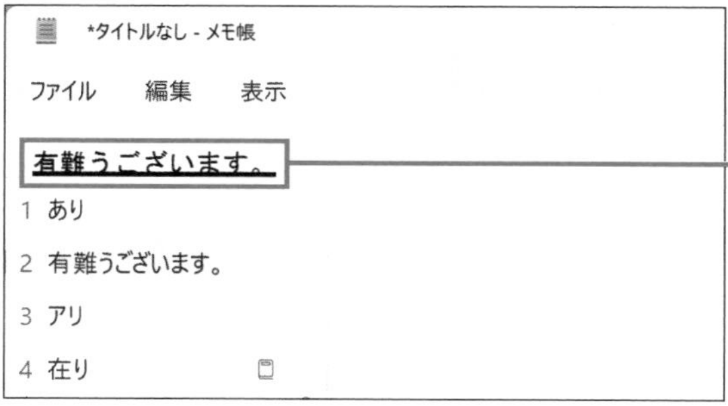

❻「あり」と入力して、変換すると、

❼「有難うございます。」が出るようになりました。

SECTION
031
カスタマイズ

よく閲覧するWebページをアプリ化しておく

Webサイトによっては簡単にアプリ化することができます。よく閲覧するWebサイトがこれに対応している場合はアプリ化するとよりアクセスしやすくなります。ここではTwitterを例にしてWebアプリのインストールを解説します。

Webページをアプリ化する

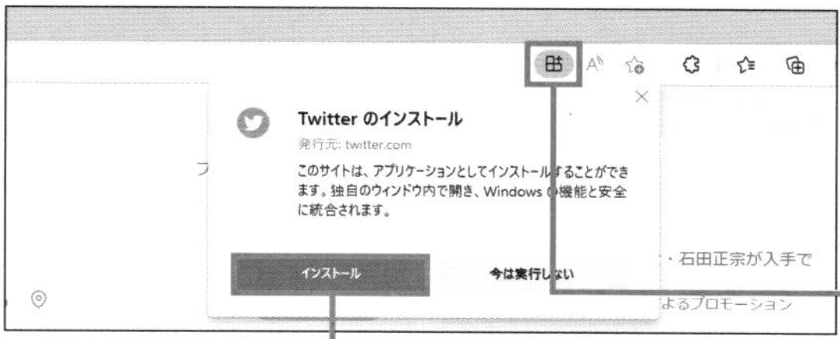

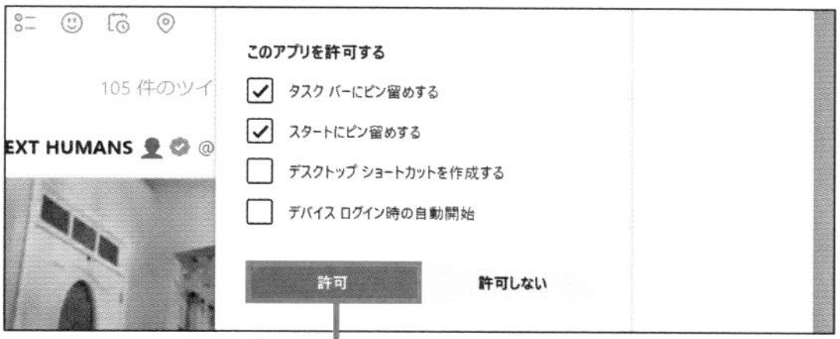

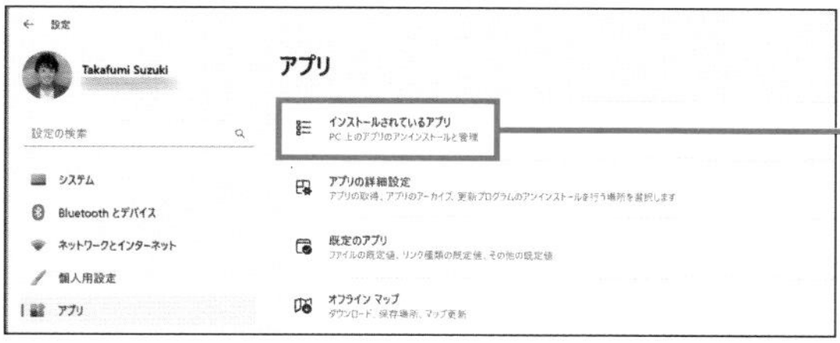

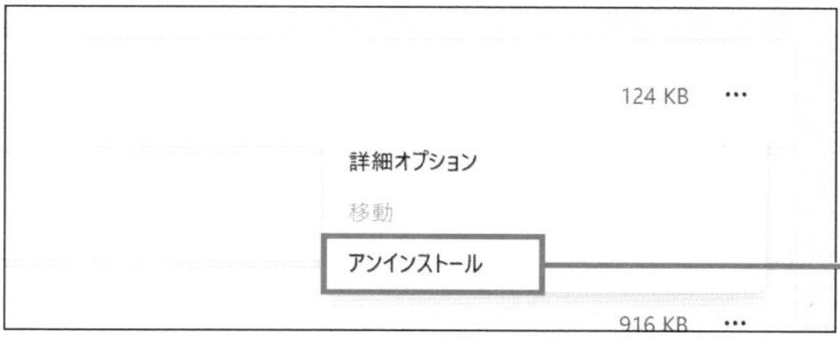

❶ Webサイト側がアプリ化に対応している場合、検索バーの右側にWebアプリインストールボタンが現れます。

❷ TwitterのWebサイトを開いて、

❸ アドレスバーの右側にある［インストール］ボタンをクリックし、

❹［インストール］をクリックします。

❺ Webアプリとしてインストールされて Webアプリが開きます。

❻ タスクバーのピン留めやデスクトップショートカットの作成などを選んで、［許可］をクリックします。

❼ アンインストールしたいときは「設定」アプリの［アプリ］→［インストールされているアプリ］をクリックし、

❽ 対象アプリのサブメニューボタンをクリックして、［アンインストール］をクリックします。

SECTION 032 カスタマイズ

ブラウザーの設定を別のパソコンと共有する

ブラウザーに保存しているブックマークやパスワードなどの設定はクラウドに安全に保存できます。複数のパソコンを使う場合やリセットする場合に非常に便利な機能です。

ブラウザーの設定を同期する

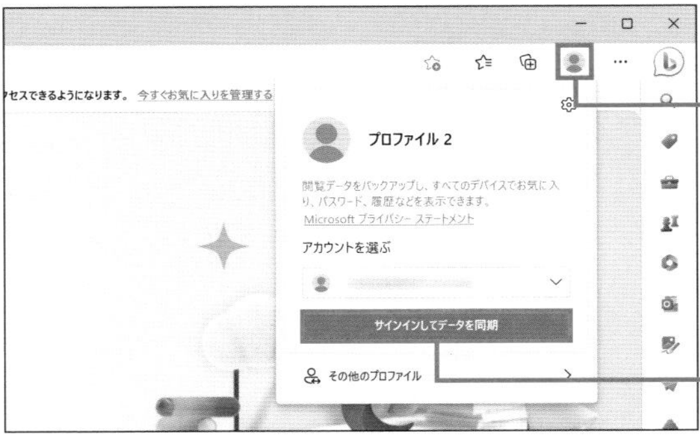
セスできるようになります。 今すぐお気に入りを管理する
プロファイル 2
閲覧データをバックアップし、すべてのデバイスでお気に入り、パスワード、履歴などを表示できます。
Microsoft プライバシー ステートメント
アカウントを選ぶ
サインインしてデータを同期
その他のプロファイル

❶ Microsoft Edge を開き、

❷ 右上の人物アイコンをクリックして、

❸ すでにこの Surface に Microsoft アカウントでサインインしていれば、自分のアイコンが出てくるのでそれを選択して、

❹ ［サインインしてデータを同期］をクリックします。

簡単にアクセスできるようになります。お気に入りをお探
個人用 2
同期していません
すべてのデバイスでお気に入り、パスワード、その他のブラウザー データを取得できます。
Microsoft プライバシー ステートメント
同期を有効にする
ウォレット
Microsoft Rewards

❺ ［同期を有効にする］をクリックします。

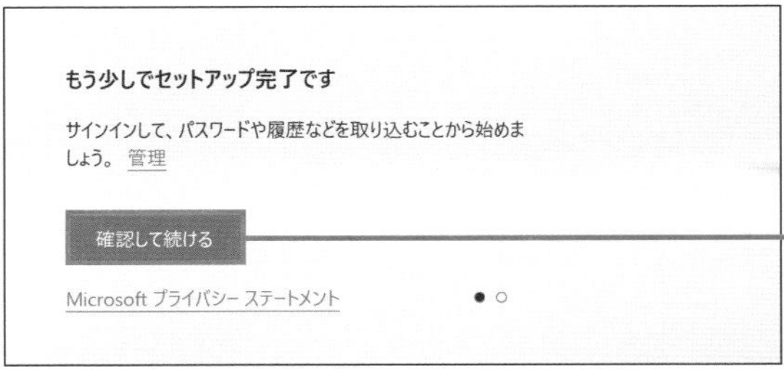
もう少しでセットアップ完了です
サインインして、パスワードや履歴などを取り込むことから始めましょう。 管理
確認して続ける
Microsoft プライバシー ステートメント

❻ ［確認して続ける］をクリックします。

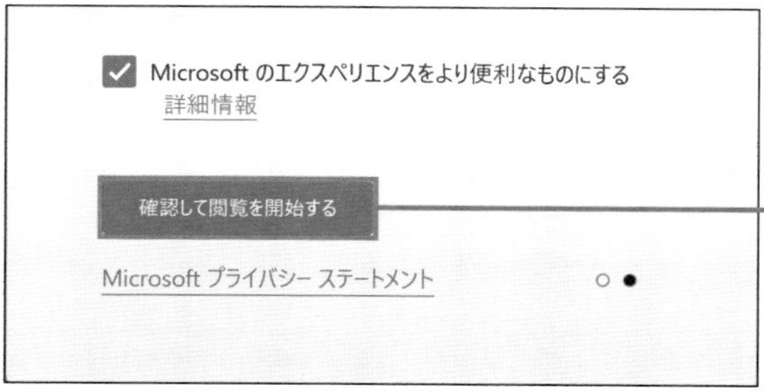
Microsoft のエクスペリエンスをより便利なものにする
詳細情報
確認して閲覧を開始する
Microsoft プライバシー ステートメント

❼［確認して閲覧を開始する］をクリックします。

ようこそ
Edge
edge://welcome
閲覧を開始するか、
テーマを使用して Microsoft Edgeをカスタマイズして自分を表現する
テーマを使用すると、スタイルに合わせてブラウザーの色を変更できます。右側のオプションの数から選択します。
全体的な外観
システムの既定
ライト
ダーク
タブのレイアウト
水平
垂直
テーマを選ぶ
既定
アイシー ミント
ティール

❽以降はEdgeの初期設定です。ご自分の好みに応じて設定しましょう。

MEMO　ブックマークのインポート

すでにGoogle ChromeをSurfaceにインストールしている場合、この時点でGoogle Chromeよりブックマークがインポートされます。

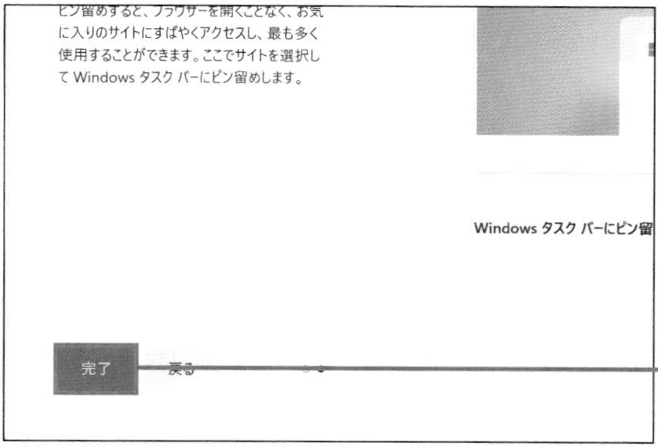
ピン留めすると、ブラウザーを開くことなく、お気に入りのサイトにすばやくアクセスし、最も多く使用することができます。ここでサイトを選択して Windows タスク バーにピン留めします。
Windows タスク バーにピン留
完了
戻る

❾最後に［完了］をクリックすると、設定は完了です。

COLUMN　同期機能の利用

Microsoft Edgeでサインインして同期機能を有効にしておけば、別のパソコンのMicrosoft Edgeでもまったく同じブックマークやパスワードを使うことができます。このブラウザーの同期機能によりパソコンを変えてもあまり困らなくなりました。このような同期機能は現在のブラウザーには実装されていることが多いです。筆者はGoogle Chromeで同期機能を利用しています。

SECTION 033 カスタマイズ

デフォルトで使いたいアプリを設定する

Windowsの初期設定ではデフォルトのWebブラウザーはMicrosoft Edgeになっています。これを自分のよく使うアプリに変更することができます。ここでは、Google Chromeに変更して、リンクを開くときはGoogle Chromeが起動するようにします。

第1章
第2章 カスタマイズ
第3章
第4章

既定のWebブラウザーをGoogle Chromeに変更する

❶「設定」アプリを開いて、

❷［アプリ］をクリックし、

❸［既定のアプリ］クリックします。

❹検索欄に「http」と入力すると、

❺Microsoft Edgeが出てくるので、それをクリックします。

MEMO 切り替え前に

「切り替え前に」という画面が表示されたら、ここでは、［強制的に変更する］をクリックします。

❻すでに Google Chrome がインストール済みの場合は、ここで Google Chrome が出てくるので、それをクリックします。

❼既定の Web ブラウザーを Google Chrome に変更すると、たとえば、デスクトップ上に置かれた Web ページへのリンクアイコンも Google Chrome のアイコンに変わります。

❽その Google Chrome のアイコンをダブルクリックすると、

❾Google Chrome による Web ページを開きます。

MEMO 既定のアプリ

以降、インターネットのリンクをクリックすると、Google Chrome で開くようになります。

SECTION 034 カスタマイズ

不要なアプリを削除して動作を軽くする

パソコンの動作が重くなる原因として不要なアプリがインストールされたままになっていることが挙げられます。不要なアプリは削除してパソコンの動作を軽くしましょう。

不要なアプリを削除する

❶「設定」アプリを開いて、

❷［アプリ］をクリックし、

❸［インストールされているアプリ］クリックします。

❹アプリ一覧が出てきますが、アプリ名の昇順で並んでいるのでどれを消せばいいかわかりづらい状態です。

❺並べ替えで［インストール日付］をクリックして、古い順に並べてみます。

❻ここではしばらく使ってなかった Mozilla Firefox をアンインストールします。右のメニューボタンをクリックし、

❼［アンインストール］をクリックします。

❽Mozilla Firefox のアンインストーラーが起動し、最後まで進めると、アンインストールされて、アプリ一覧からなくなります。

OnePoint　削除するアプリ

このように以前インストールしたけど使ってないアプリや、サイズの大きい順に並べて見つかる大容量のアプリなどを削除して、パソコン動作を軽くすることができます。

SECTION 035 カスタマイズ

拡張子や隠しファイルを確認できるようにする

Windowsの初期状態ではファイル名拡張子は非表示となっています。ファイル名拡張子は常時表示するようにしておけばセキュリティ意識を高められます。

ファイル名拡張子を表示する

ファイル名拡張子は表示させておかないと危険です。誤ってよく知らない .exe ファイルなどを開いていまうとウイルス感染する可能性があるからです。そのためファイル名拡張子は常時表示する設定にしてファイルの種類を意識するようにしましょう。初期状態のままだとファイル名には .exe などの拡張子まで表示されておらずそのファイルが何なのかがわかりにくくなっています。

ファイル名拡張子を表示する方法は Windows 10 以前は少しわかりにくいところにあったのですが、Windows 11 ではエクスプローラーのメニューからすぐ設定できるようになりました。

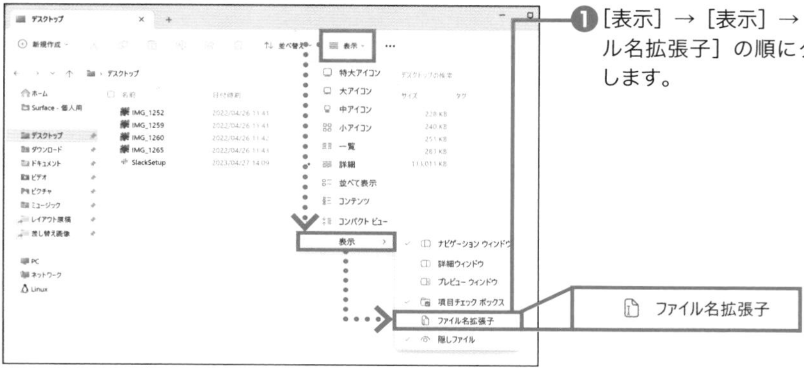

❶[表示] → [表示] → [ファイル名拡張子] の順にクリックします。

❷ファイル名拡張子として.exeが表示されるようになりました。

MEMO .exe ファイルに注意

信頼できる.exeファイルなら開いても大丈夫ですが、出所のわからない.exeファイルはよく確かめてから開くようにしましょう。

隠しファイルを表示する

Windowsには隠しファイルや隠しフォルダーというものがあります。ファイル名拡張子の表示方法と同様に、エクスプローラーのメニューで表示することができます。

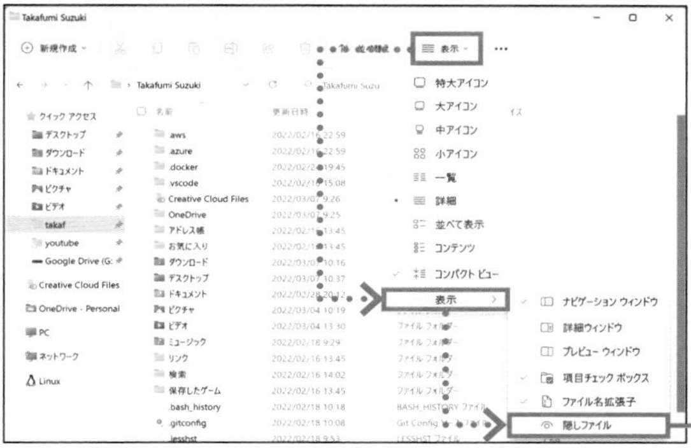

❶［表示］→［表示］→［隠しファイル］の順にクリックします。

❷隠しファイルや隠しフォルダーが表示されるようになります。

OnePoint 隠しフォルダーの AppData

ユーザーフォルダーの直下には「AppData」という隠しフォルダーが存在して、各種アプリの設定やデータがここに格納されています。なお、一般的なパソコン作業であれば、隠しフォルダーや隠しファイルは普段表示していなくてもほとんど問題ありません。

SECTION 036 カスタマイズ

音を出せないときは フラッシュで通知を受ける

Windowsではフラッシュする方法でも通知を受け取ることができます。音が出せない場所ではフラッシュによる通知を有効に変更しましょう。

フラッシュによる通知を有効にする

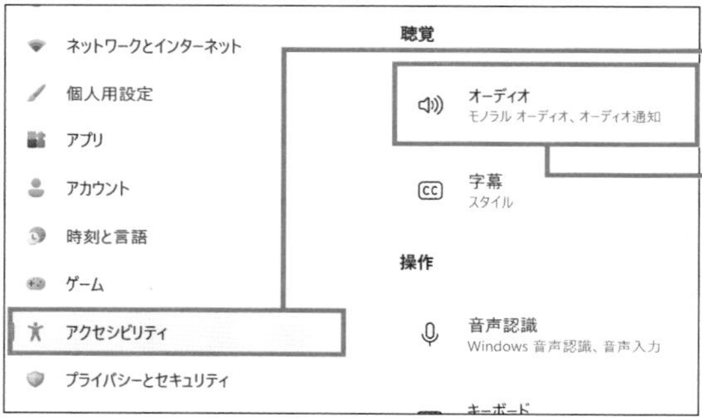

❶「設定」アプリを開いて、

❷［アクセシビリティ］をクリックし、

❸［オーディオ］をクリックします。

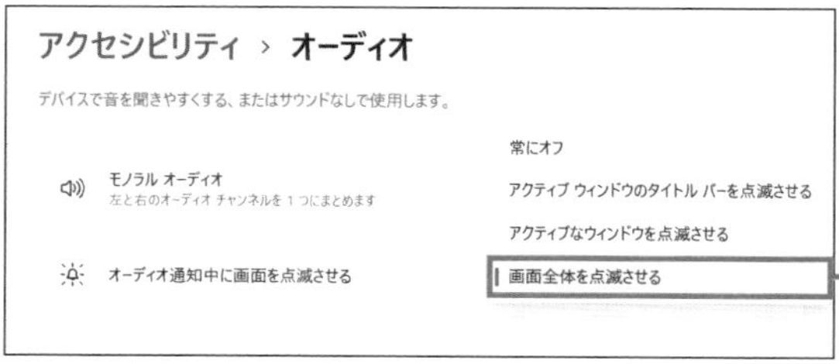

❹［オーディオ通知中に画面を点滅させる］の項目のドロップダウンリストで［画面全体を点滅させる］を選択します。

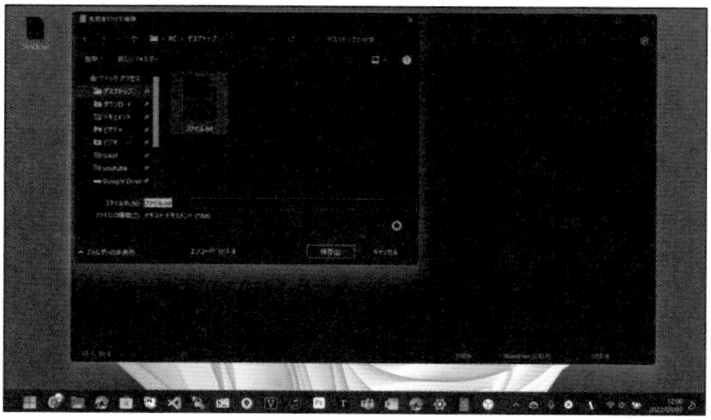

これで通知や警告音があるときは画面がフラッシュ（点滅）することでお知らせしてくれます。たとえば、同じファイルで保存しようとすると通常は警告音のみですが、この機能が有効な場合は、画面全体の色が変わって通知してくれます。

SECTION
037
カスタマイズ

通知の表示時間を長くして見落としを防ぐ

デスクトップ右下に現れる通知ポップアップは場合によっては長い時間で見たいときがあります。表示時間を変更して通知の見落としを防ぐようにしましょう。

通知ポップアップの表示時間を変更する

通知ポップアップとは、たとえば、デスクトップ画面のスクリーンショットを撮ったあとや、新規メールを受信したときなどに右下に現れる小さなウィンドウのことを指します。

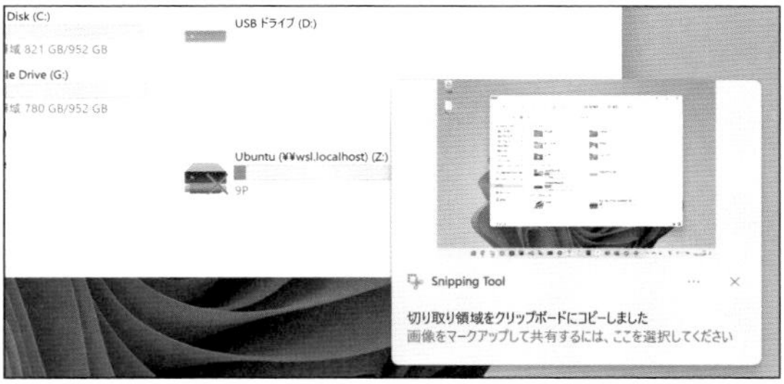

Windows の初期状態では、この通知ポップアップのデフォルトの表示時間は 5 秒に設定されています。これをより長い時間に変更してみます。

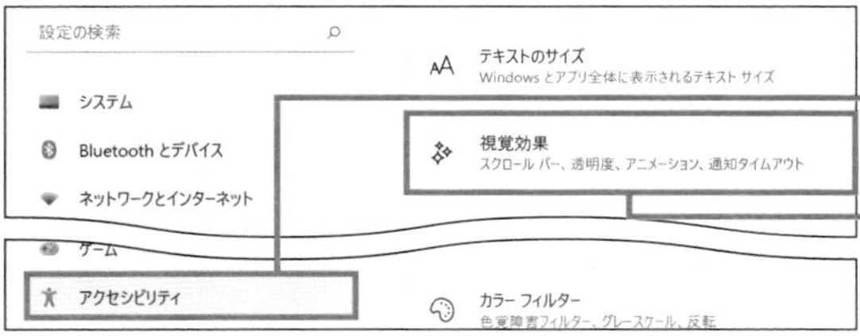

❶「設定」アプリを開いて、

❷［アクセシビリティ］をクリックし、

❸［視覚効果］をクリックします。

❹［この時間が経過したら通知を破棄する］の項目のドロップダウンリストでお好みの長さの秒数に変更します。

SECTION 038 カスタマイズ

夜間モードで目にやさしい画面にする

ディスプレイの設定で夜間モードにすることで目にやさしい画面にすることができます。就寝前は夜間モードを使ってなるべくブルーライトを抑えた画面にしたほうがよいでしょう。

夜間モードを有効にする

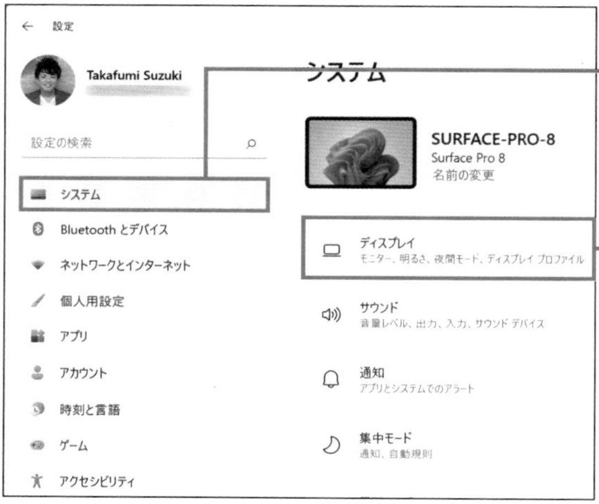

❶「設定」アプリを開いて、

❷［システム］をクリックし、

❸［ディスプレイ］をクリックします。

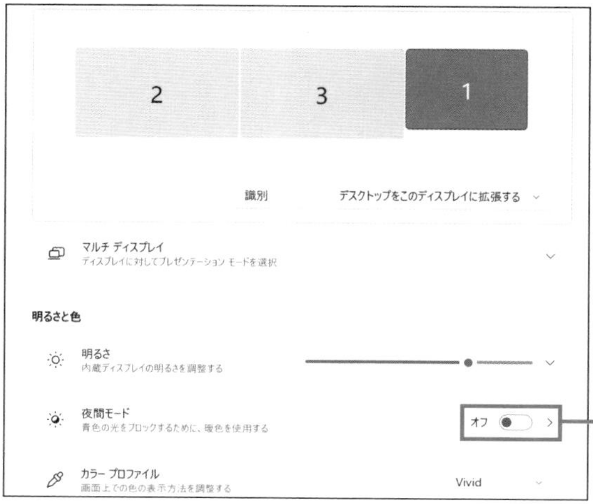

❹［夜間モード］の項目でスイッチを［オン］にします。

以下は画面を直接撮影した写真です。夜間モードのスイッチを［オン］にするとブルーライトが抑えられた色に変わっていることがわかります。

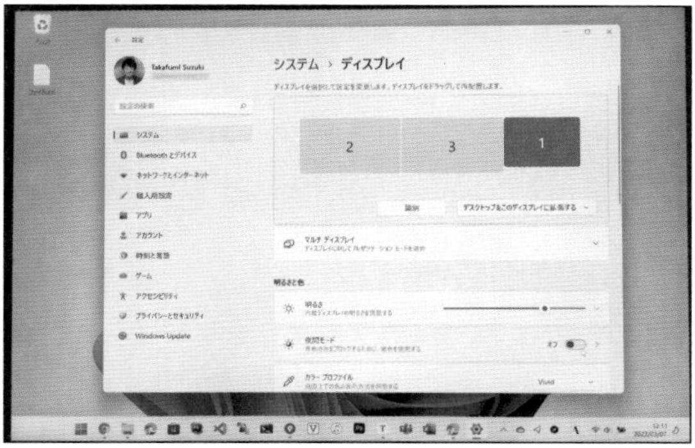

◀夜間モードオフ

◀夜間モードオン

［夜間モード］の項目の右にある＞をクリックすると、より細かい設定を変更することができます。強さを変えることでより黄色みがかった色にしたり、時間指定で自動的に夜間モードを有効にしたりすることができます。

SECTION 039 カスタマイズ

応答不可モードで目の前の作業に没頭する

通知ポップアップは、ときとして今やっている作業の集中を妨げることもあります。応答不可モードを使って余計な通知は見せないようにすることができます。

第1章
第2章 ・カスタマイズ・
第3章
第4章

応答不可モードを有効にする

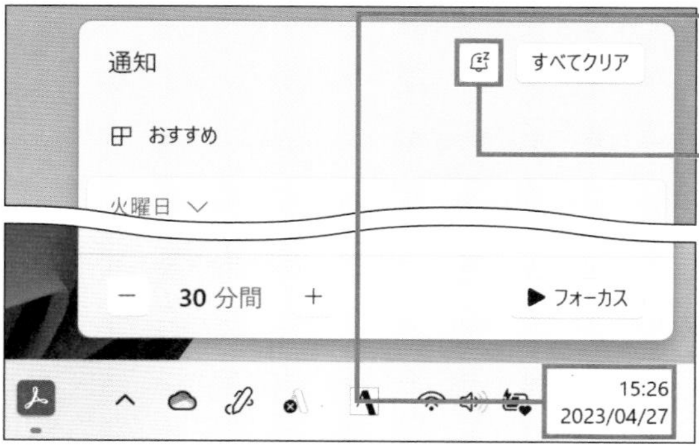

❶ タスクバーの一番右の時刻をクリックして通知センターを開き、

❷ ［応答不可］ボタンをクリックすると、

MEMO 通知センターのショートカット

通知センターは⊞＋Nキーで開くこともできます。

❸ 時刻の右にアイコンが表示されて応答不可モードになり、通知を抑えることができます。

OnePoint 多すぎる通知を応答不可モードで遮断する

筆者はこの応答不可モード機能を多用しています。Windows 10 からデスクトップ通知するものが増えて、この通知ポップアップによって作業を中断させられることがあるためです。本当に作業に集中したいときは、パソコンもスマホも両方通知をオフにして作業が途切れないようにすることを心掛けています。

優先通知を設定する

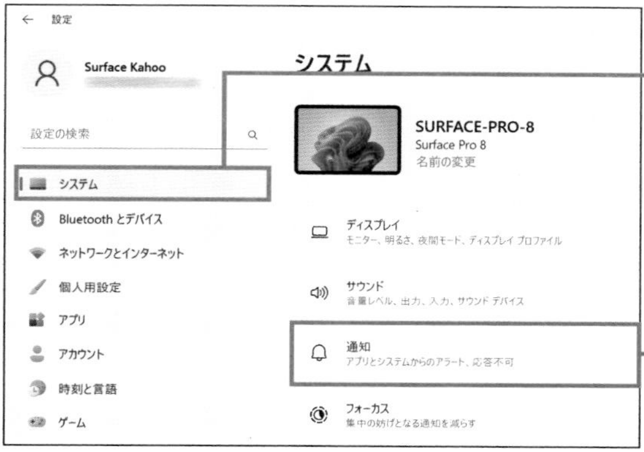

❶「設定」アプリを開いて、

❷［システム］をクリックし、

❸［通知］をクリックします。

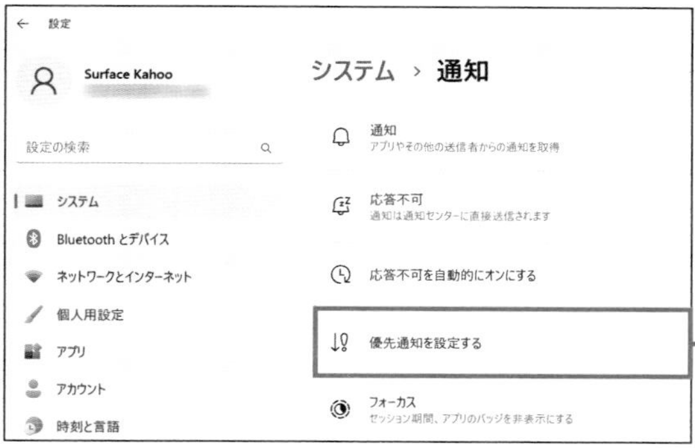

❹［優先通知を設定する］をクリックします。

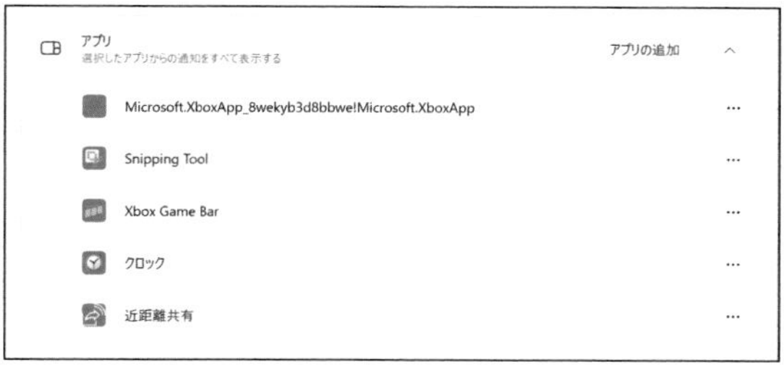

❺［アプリ］の項目で応答不可モードでも通知できるアプリを追加・削除することができます。

OnePoint Windows 11 のバージョン 21H2 までは集中モード

この応答不可機能は、以前までは集中モードという名称で、オン／オフの切り替えをクイック設定で行っていました。

SECTION 040 カスタマイズ

プライベートモードでプライバシーを守る

文字入力時の予測変換は、個人情報に関わるものも表示されたりします。プレゼンなどで人前で使うときはそのような情報を出さないようにしたり、記憶させないようにすることができます。

第1章
第2章 •カスタマイズ•
第3章
第4章

プライベートモードを有効にして入力履歴を保存しないようにする

Windows はそのパソコンを使っている人に最適化されるように随時文字入力の情報を保存しています。たとえば、個人名を一度入力すると、次からはその頭文字を入力しただけで予測変換候補に表示されます。共用で使っているパソコンなどは、一時的に入力履歴として保存されないようにしたほうがよいでしょう。

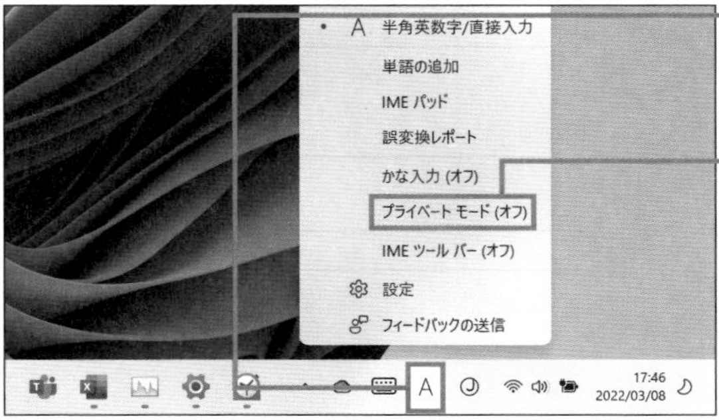

❶タスクバーにある［A］または［あ］のところを右クリックし、

❷表示されるメニューで［プライベートモード（オフ)］をクリックします。

❸プライベートモードが有効になり、「A」または「あ」のところに盾のマークが付きます。この間は入力履歴として保存されません。

入力履歴を消去する

プライベートモードを有効にしただけでは以前に保存された入力履歴はまだ残っています。共用のパソコンとして利用したあとなどは入力履歴を消去するとよいでしょう。

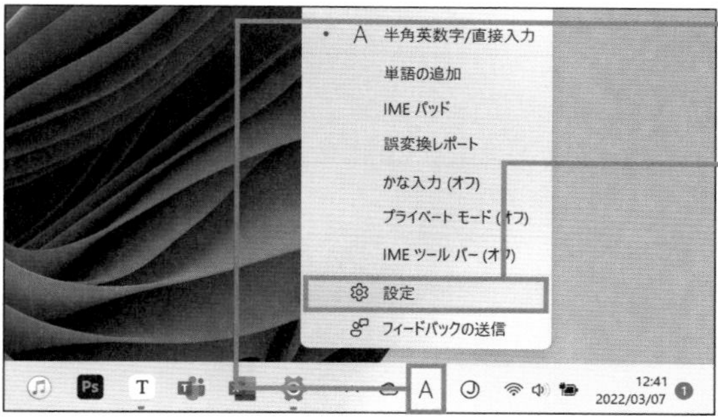

❶タスクバーにある［A］または［あ］のところで右クリックをし、

❷表示されるメニューで［設定］をクリックします。

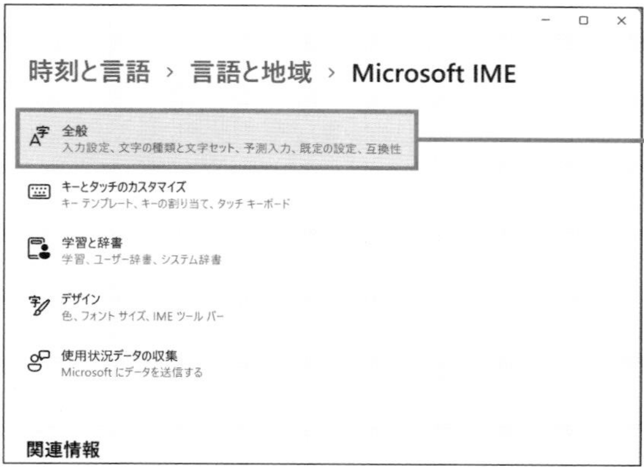

❸［全般］をクリックします。

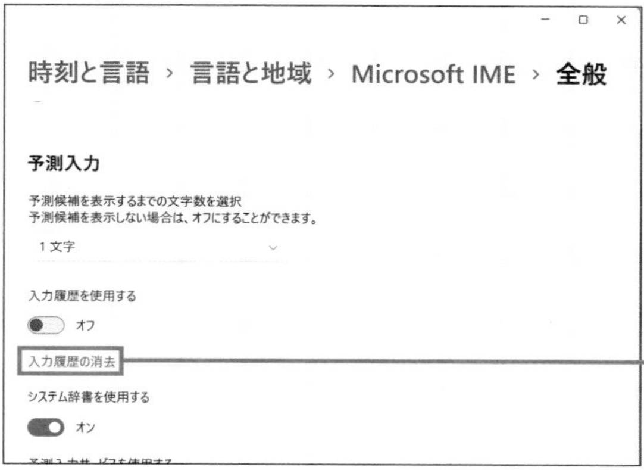

❹［入力履歴の消去］をクリックすると、入力履歴が消去されます。

SECTION 041 カスタマイズ

機内モードで飛行機での移動中に利用する

飛行機の中では電波を発しないように機内モードにすることが求められます。Windows 11にも機内モードという機能はあるので、さっと機内モードに切り替えができるようにしましょう。

機内モードを有効にする

❶ ⊞ + A キーを押すと、

❷ [クイック設定] が表示されます。

❸ [機内モード] をクリックします。

❹ 機内モードが有効になり、あらゆる通信が遮断されます。

MEMO タイプカバー

機内モードの間は、Surface に接続している USB 無線マウスや Bluetooth イヤホンなども使えなくなります。Surface Pro ではこのようなときに有線接続であるタイプカバーがあると便利です。

SECTION 042 カスタマイズ

デスクトップアイコンを一時的に隠す

ファイルやアプリショートカットなど散らかりがちなデスクトップ上のアイコンは一時的に隠すことができます。誰かにデスクトップ画面を見せるときに便利な機能です。

デスクトップアイコンを表示しない

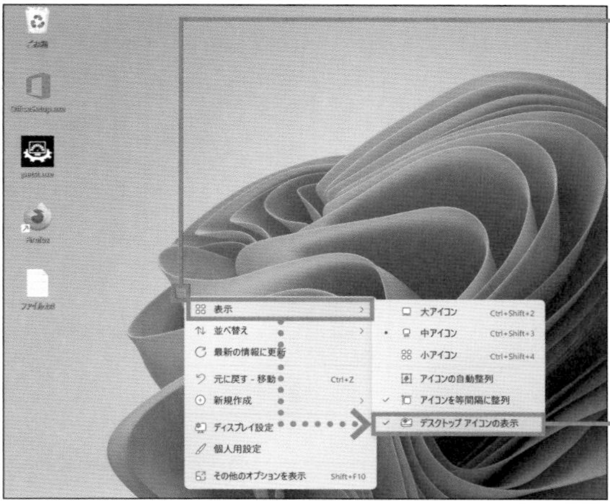

❶ デスクトップの任意の場所で右クリックし、

❷ 表示されるメニューから、［表示］→［デスクトップアイコンの表示］の順にクリックします。

❸ ゴミ箱アイコンを含めすべてのアイコンが非表示となりました。

MEMO 再表示する

再度表示させたいときは、同様の手順で操作すれば表示されます。

OnePoint プレゼンするときに利用

プレゼンするときやライブ配信するときなど、誰かにデスクトップ画面を見せるときに大変便利な機能です。筆者も YouTube 撮影などでデスクトップ画面を映すときによく使っています。

SECTION 043 カスタマイズ

バッテリーへの負担をできるだけ軽減する

バッテリーの負担を減らすことでバッテリー持続時間を延ばすことができます。外出先で使うことが多い方はこの機能を覚えておいてバッテリー切れに備えましょう。電源モードを変えることでアプリの電力の使い方が変わります。

電源モードを変更する

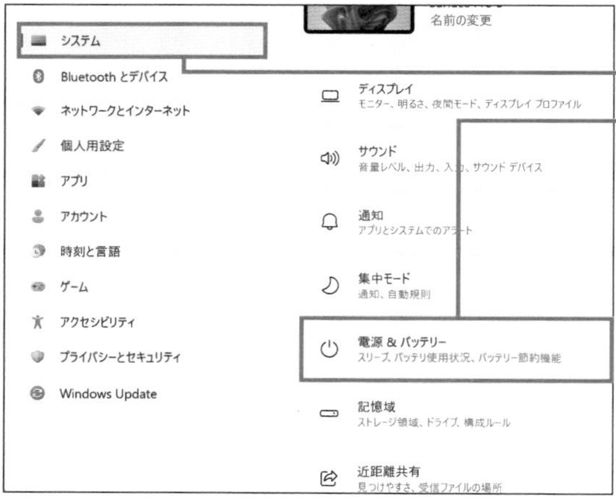

❶「設定」アプリを開いて、

❷［システム］をクリックし、

❸［電源＆バッテリー］をクリックします。

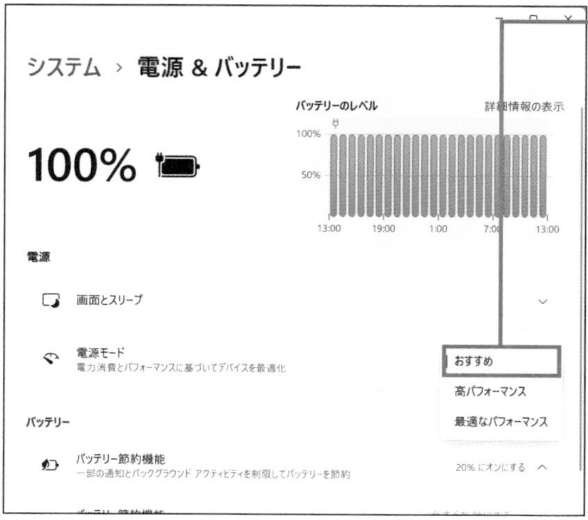

❹［電源モード］の項目で、「おすすめ」を選択すると、通常使用では CPU 処理を抑えてバッテリー時間を延ばし、負荷のかかる作業をするときだけ自動的に CPU 処理を上げてくれます。

MEMO 電源モード

電源につながっていて、ゲーム、動画編集、画像編集などの CPU パワーが必要な作業をするときは、「高パフォーマンス」や「最適なパフォーマンス」がおすすめです。

バッテリー節約モードを有効にする

Windows の初期状態では、バッテリー残量が 20% を下回ったときに自動的にバッテリー節約モードになりますが、このバッテリー節約モードは明示的に有効にすることができます。

❶「設定」アプリを開いて、

❷［システム］をクリックし、

❸［電源＆バッテリー］をクリックします。

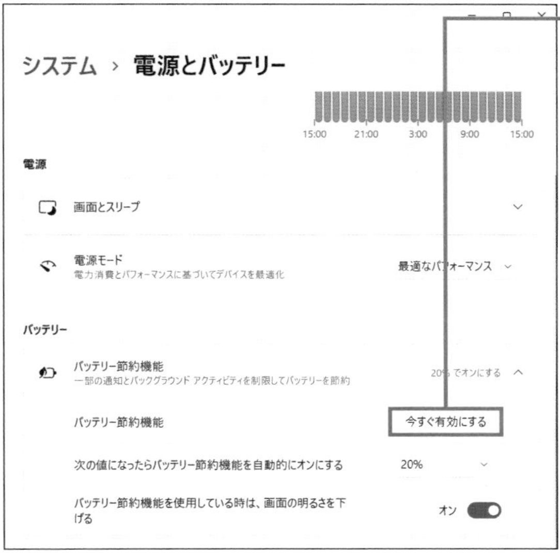

❹［バッテリー節約機能］の項目を開いて、［バッテリー節約機能］の項目で［今すぐ有効にする］をクリックします。

OnePoint バッテリー節約機能

バッテリー節約機能は、バッテリー残量がたくさんあるときでもバッテリーを節約する動きをしてくれます。このとき、［バッテリー節約機能を使用している時は、画面の明るさを下げる］をオンにすれば、液晶の輝度を下げてよりバッテリー持続時間を延ばすことができます。画面の明るさはバッテリーを多く消費する大きな要因となっています。

SECTION
044
カスタマイズ

アップデートのタイミングを自由に設定する

Windows Updateは基本的には自動で動き出してWindowsが更新されます。設定によりWindows Updateが動き出すタイミングを一時停止することができます。

第1章
第2章 カスタマイズ
第3章
第4章

Windows Updateの動作タイミングを一時停止する

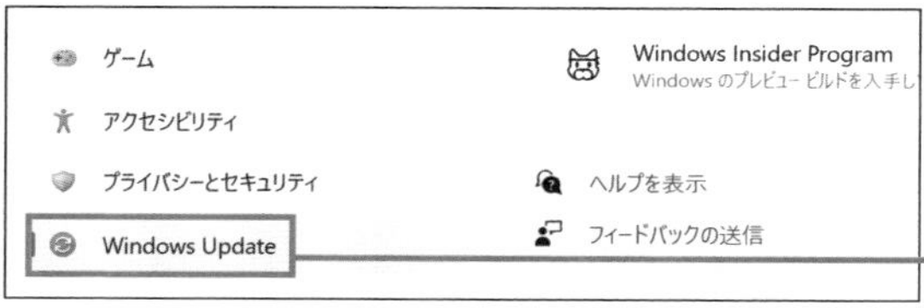

❶「設定」アプリを開いて、

❷[Windows Update] をクリックし、

❸[更新の一時停止] の項目で一時停止します。ここでは、[1 週間一時停止する] を選択します。

MEMO 指定期間

「更新の一時停止」のドロップダウンリストの指定期間で Windows Update を一時停止することができます。

❹Windows Update の一時停止状態になります。

❺[更新の再開] をクリックすると、一時停止を解除することができます。

SECTION 045 カスタマイズ

スリープになるまでの時間を自由に設定する

Windowsで何も操作しない時間が続くと自動的に画面の電源を切ったりスリープにしたりすることができます。セキュリティ面やバッテリー持続時間にも影響するので自分に合った時間に設定しましょう。

画面の電源を切る時間とスリープになるまでの時間を変更する

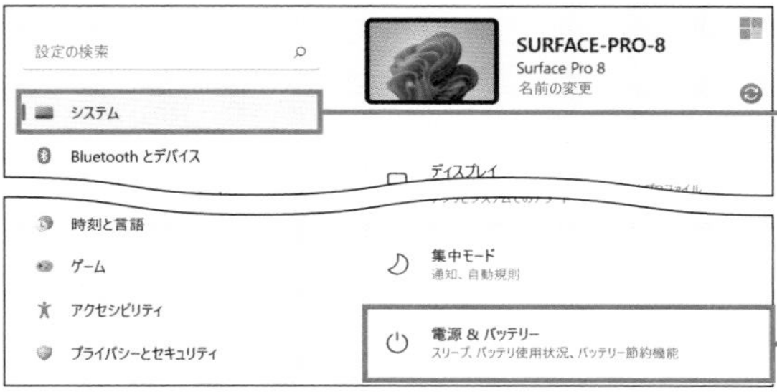

❶「設定」アプリを開いて、

❷［システム］をクリックし、

❸［電源＆バッテリー］をクリックします。

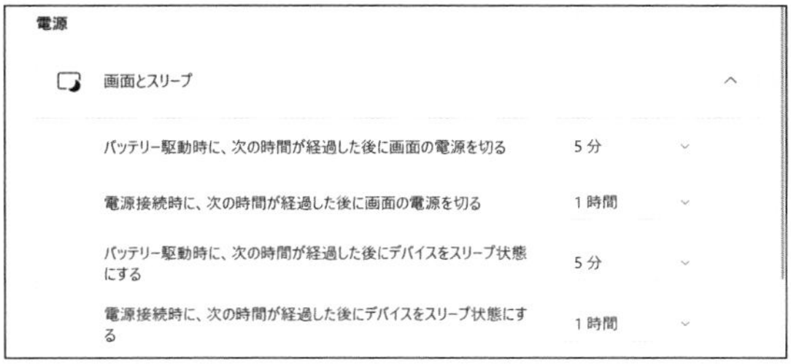

❹［画面とスリープ］の項目を開くと、

❺バッテリー駆動時と電源接続時の画面の電源を切る時間とスリープ状態になる時間を変更できます。

OnePoint 設定する時間

基本的にバッテリー駆動のときは、画面の電源を切る時間とスリープ状態になる時間を短くしておくと、パソコンの消費電力を抑えられてバッテリー持続時間を延ばすことができます。
ただ、すぐに画面の電源が消えたりスリープ状態になるようだと使い出すときにいちいちサインインを求められたりして使い勝手が悪くなることもあるので、自分の使い方に合った時間に設定するとよいでしょう。
電源接続時はバッテリー持続時間を気にすることがないため、基本的には長めにしておきます。
ただし、席を離れてデスクトップ画面が開いた状態のままだと画面上のものを見られたり最悪勝手に操作されて悪用される可能性もありセキュリティ的によろしくないので短めにするのも１つの手です。
筆者はSurfaceをデスクトップ化して常時電源接続していることが多いので長い時間に設定して、席を離れるときは、⊞＋Ⓛキーで Windows をロックする癖を付けてなるべくほかの人が触れないようにしています。

SECTION 046 カスタマイズ

電源ボタンの動作を使いやすいものにする

電源ボタンを押したときの挙動を変えることができます。利用シーンに応じて電源ボタンだけでスリープにできる設定をしておくと使いやすくなります。電源ボタンの動作はコントロールパネルより変更可能です。

電源ボタンの動作を変更する

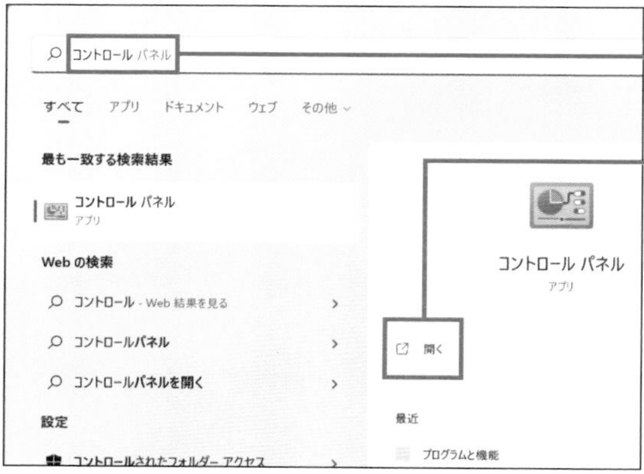

❶スタートメニューを開いて、

❷「コントロール」と入力すると、

❸すぐに［コントロールパネル］が出てくるので、［開く］をクリックします。

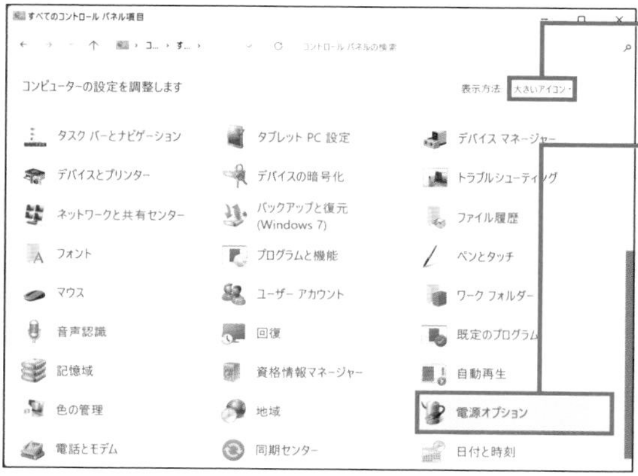

❹表示方法を［大きいアイコン］または［小さいアイコン］にして、

❺［電源オプション］をクリックします。

MEMO スタートとは

タスクバー上の Windows アイコンのボタンをスタートと呼びます。Windows XP までは「スタート」と書かれたボタンがあり、Windows 7 以降 Windows アイコンだけのボタンとなりましたが、昔の Windows からの名残で今もスタートボタンと呼ばれることもあります。キーボードの⊞キーでもスタートメニューを表示することができます。

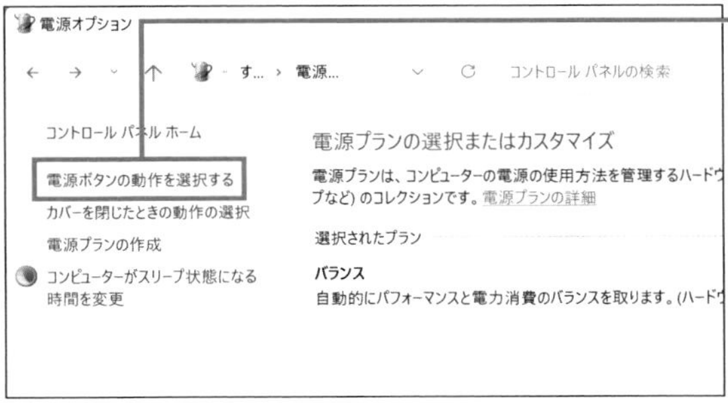

❻［電源ボタンの動作を選択する］をクリックします。

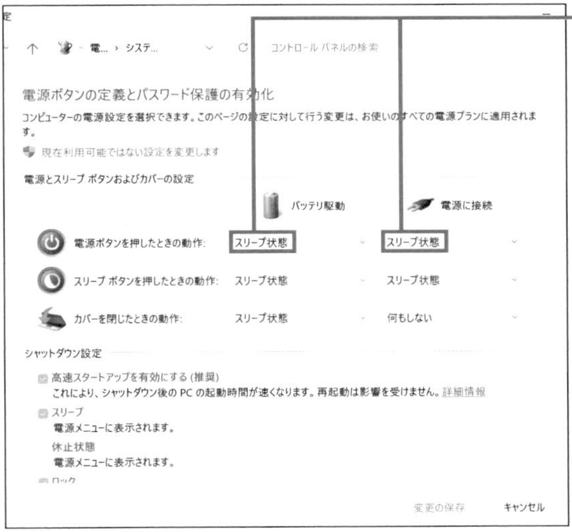

❼［電源ボタンを押したときの動作］をここでは、［スリープ状態］に変更します。

OnePoint 電源ボタン押したときの動作

手順❼の画面で電源ボタンやカバーを閉じたときの動作を変えられます。スリープボタンは Surface にはないので気にしなくてよいです。基本的には電源ボタンを押したときの動作は［スリープ状態］がよいと思います。
筆者は、最近の Windows パソコンで作業を終えるときはシャットダウンするよりもスリープをおすすめしています。次に作業するときに前回終了したときのウィンドウが開いたままですぐに再開できるからです。
また、外出時の移動時間が長い方は、バッテリー駆動時の電源ボタンを押したときの動作は［休止状態］でもよいでしょう。スリープ状態だとメモリには電力を残したままとなり微弱ながらバッテリーを消費しますが、休止状態の場合はメモリの中身を一時的に SSD に移動させるのでその分バッテリー消費はしません。
ただ、休止状態は再開するときに SSD からメモリにデータを復元するので起動に時間がかかるデメリットもあります。
このあたりは自分に合った設定にするのがよいでしょう。

COLUMN

Surfaceアプリを使用する

Surfaceには、Surface本体の状態確認やハードウェア関連のカスタマイズをするための「Surface」アプリが存在します。
「Surface」アプリでは、以下の内容を確認・設定することができます。

・Surface本体のデバイス状態の確認
・スマート充電の設定
・Windows Updateの確認
・保証内容の確認
・Surface専用アクセサリの確認
・Surfaceペンの筆圧設定

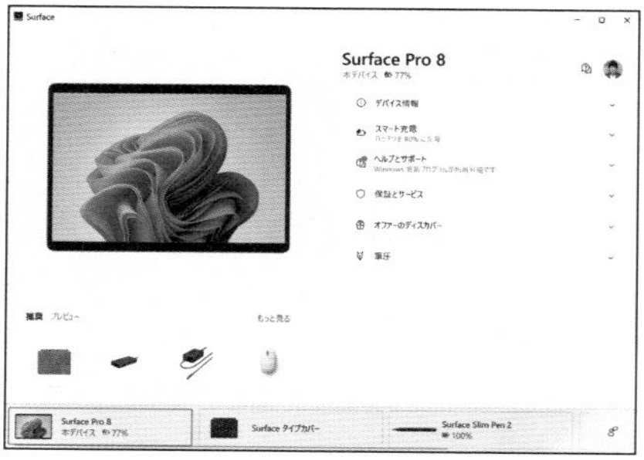

筆者のお気に入りの機能は「スマート充電」です。
スマート充電とは、バッテリーの最大充電量を80%に抑えてバッテリー劣化を抑える機能です。Surfaceが長時間充電器に接続されているときや、本体の温度が高温になっているときに自動的にオンとなります。
筆者はSurfaceを充電器に接続して使うことが多いので、この機能が標準で備わっていて重宝しています。
また、スマート充電はバッテリーが20%未満になったりバッテリーを頻繁に使用したりする場合に、自動で一時的に無効化されて100%まで充電できるようになりますが、この「Surface」アプリの［スマート充電］の項目で［100%に充電する］をクリックすれば手動で無効化することができます。
コンセントがしばらく利用できない状況が続くとわかっているときはこのアプリでスマート充電を無効にしておくとよいでしょう。

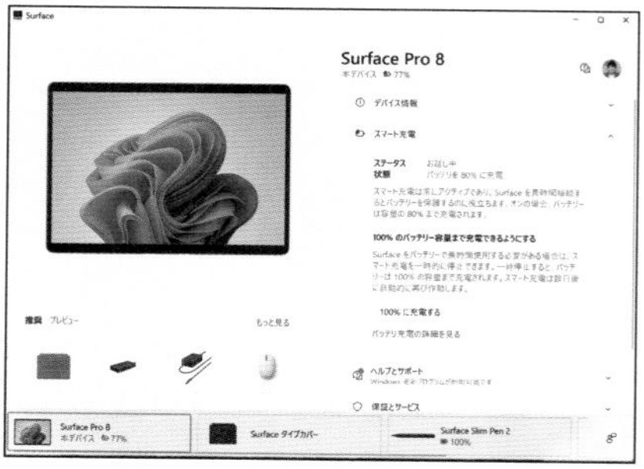

第3章

Surfaceでの作業が大きく捗る便利技

本章では、Surfaceを使ったパソコン作業が大きく捗る便利技を紹介します。スマートフォンとの連携や、Windows 11の新機能を使った方法など、作業時間が短縮する便利な方法を解説しています。一つ一つの作業効率を高めることで全体の作業時間に大きな差が生まれるでしょう。

SECTION 047 便利技

Surfaceとスマートフォンを連携させて使う

Windows 11はスマートフォンと接続してさまざまな機能を連携することができます(2023年5月現在)。スマートフォンのカメラで撮影した写真を同期したり、電話をかけたりすることができます。ここではWindows 11とAndroidスマートフォンの連携方法を解説します。

SurfaceとAndroidスマートフォンをBluetoothで接続する

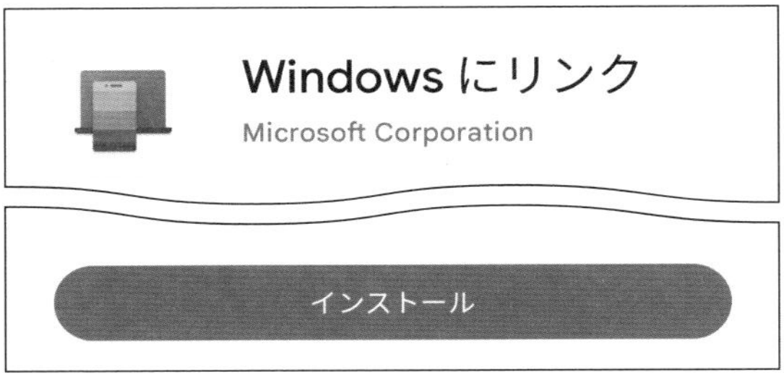

❶あらかじめ、Google Play ストアを開いて「Windows にリンク」をインストールします。Google Play ストアで検索すると、すぐに見つかります。

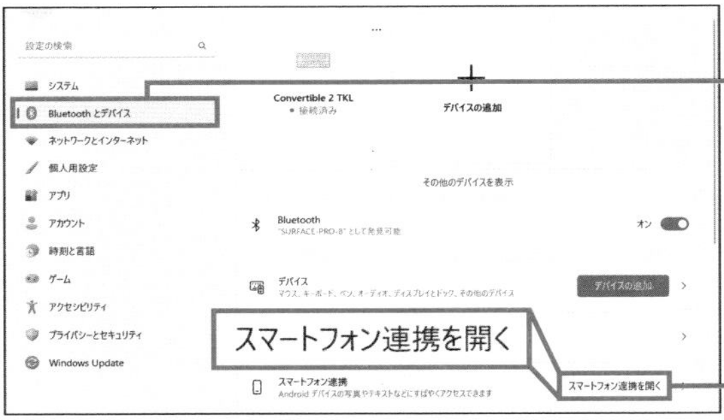

❷「設定」アプリを開いて、

❸[Bluetooth とデバイス] をクリックし、

❹[スマートフォン連携を開く] をクリックします。

❺「Windows にリンク アプリの準備ができました」にチェックを入れて、

❻[QR コードでペアリング] をクリックします。

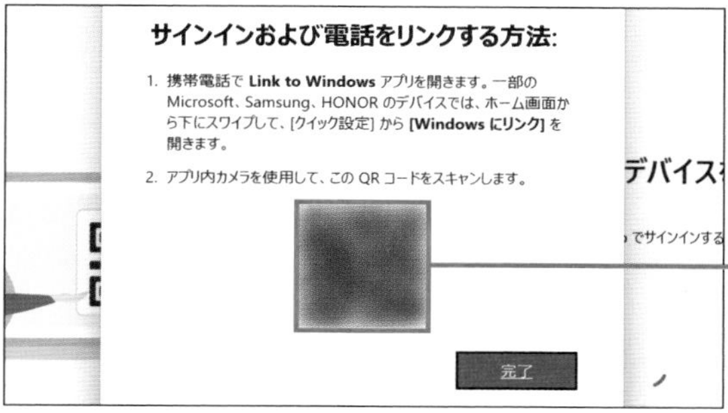
サインインおよび電話をリンクする方法:
1. 携帯電話で Link to Windows アプリを開きます。一部の Microsoft、Samsung、HONOR のデバイスでは、ホーム画面から下にスワイプして、[クイック設定] から [Windows にリンク] を開きます。
2. アプリ内カメラを使用して、この QR コードをスキャンします。
完了

❼ QR コードが出てくるので、これを「Windows にリンク」アプリを開いて読み取ります。

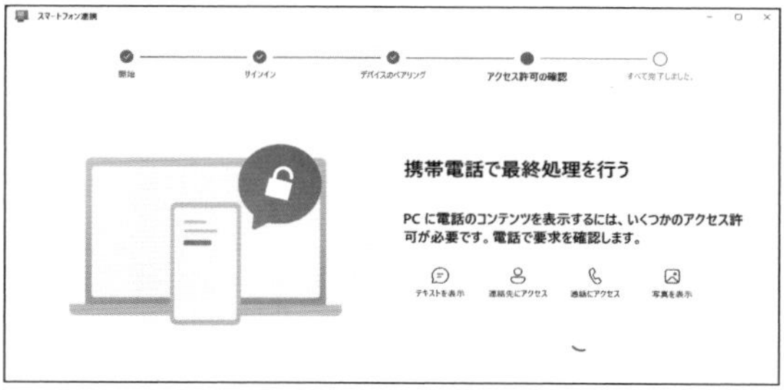
携帯電話で最終処理を行う
PC に電話のコンテンツを表示するには、いくつかのアクセス許可が必要です。電話で要求を確認します。

❽ Android スマートフォン側でいくつかの許可を促されるのでそれに従います。

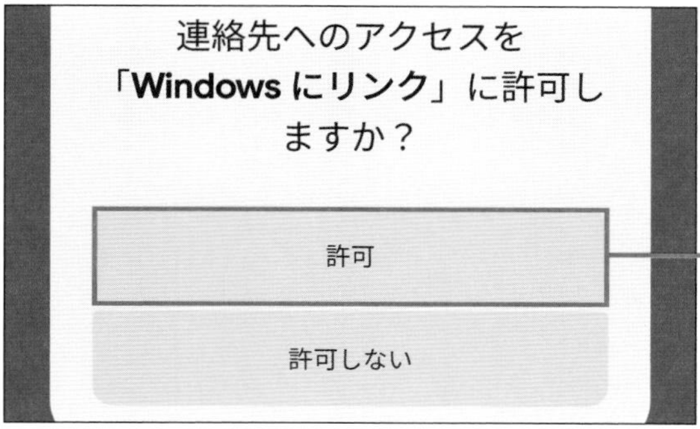
連絡先へのアクセスを「Windows にリンク」に許可しますか？
許可
許可しない

❾ Android スマートフォンには許可が求められるダイアログが開くので、許可していきます。

スマートフォンと PC はリンクされています!

❿ 最後に左の画面になれば接続は完了です。Android スマートフォンのほうにも同様の画面が表示されます。

MEMO **タスクバーにピン留め**

Android スマートフォンと連携を多用する場合は、「スマートフォン連携」アプリをタスクバーにピン留めしておくとよいでしょう。

Surfaceから電話をかける

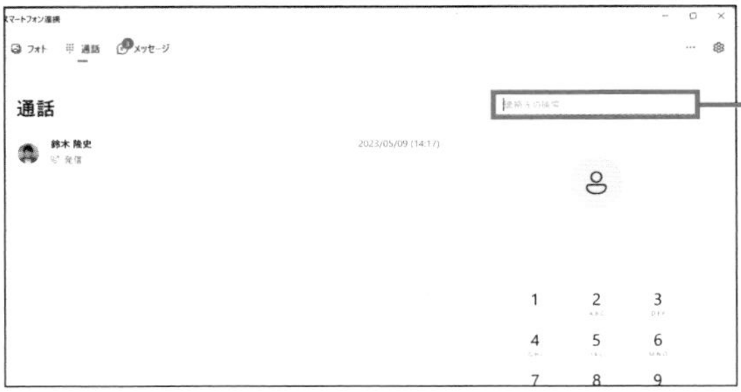

❶ Surface から電話をかけるには、[連絡先の検索] ボックスに名前を入力します。

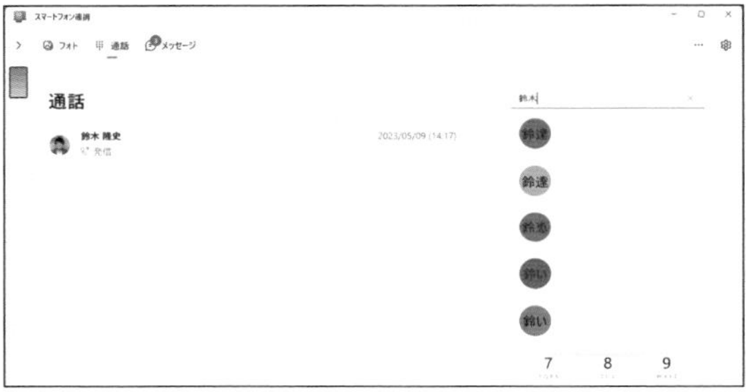

❷ あらかじめ連絡先の同期に許可している場合に限り、検索にヒットする連絡先が表示されます。

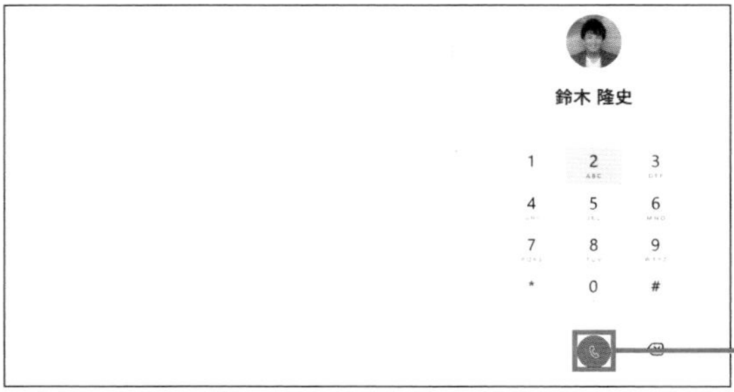

❸ 目的の連絡先が見つかったら、選択すると、名前と電話番号が表示されます。

❹ 電話マークをクリックすると、電話をかけることができます。

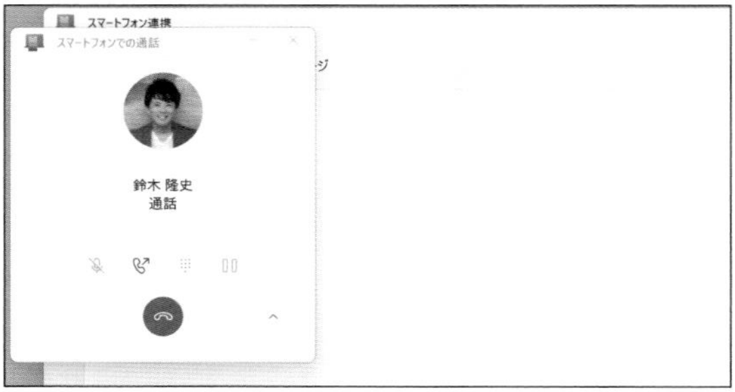

❺ Surface 上で Android スマートフォンと連携して電話をすることができました。

スマートフォンで撮影した写真をSurfaceに取り込む

❶ Windows 11 と Android スマートフォンを連携していると、Android スマートフォンで撮影した写真を有線ケーブルでつなげることなく取り込むことができます。

❷「スマートフォン連携」アプリの［フォト］クリックすると、Android スマートフォンのアルバムの中に入っている画像一覧を閲覧できます。

❸ 画像をクリックすると、

❹ 拡大した画像を確認できます。

❺ パソコンに取り込みたい場合は、画像一覧からドラッグ＆ドロップで取り込むことができます。

MEMO すばやく取り込める

USB ケーブルを接続して取り込むよりもすばやく取り込むことができます。

SECTION 048 便利技

ウィジェットから すばやく情報収集する

Windows 11ではウィジェット機能が復活しました。ウィジェットからは天気情報や最新のニュース情報などを確認できます。ショートカットですばやく起動できてちょっとした情報収集に便利です。

ウィジェットを表示する

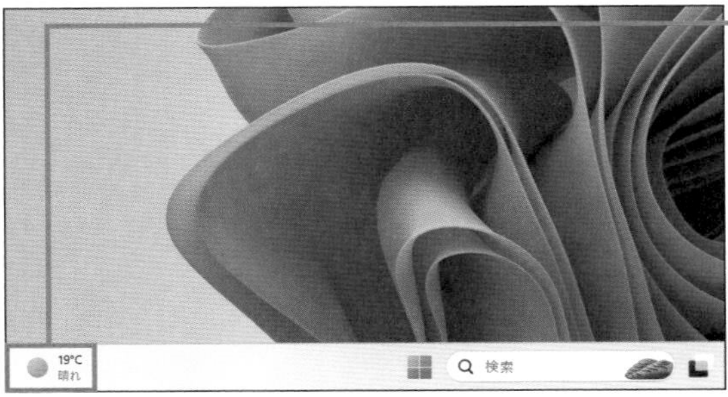
19°C
晴れ
検索

❶ウィジェットを表示するには、タスクバー左下に表示されている［ウィジェット］ボタンをクリックします。

MEMO 天気の情報

場合によっては天気情報を表示しているときもあります。

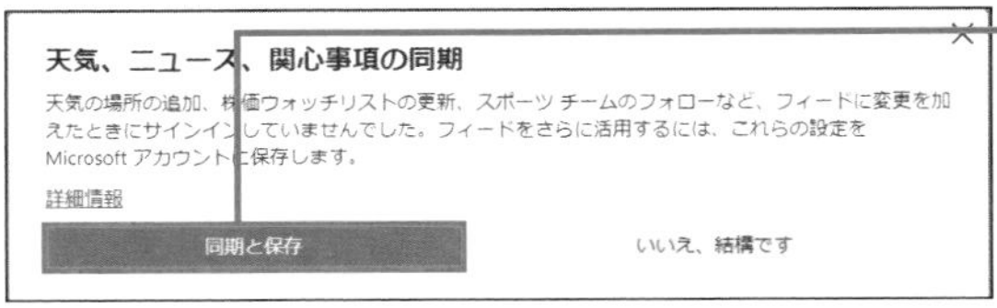
天気、ニュース、関心事項の同期
天気の場所の追加、株価ウォッチリストの更新、スポーツ チームのフォローなど、フィードに変更を加えたときにサインインしていませんでした。フィードをさらに活用するには、これらの設定を Microsoft アカウントに保存します。
詳細情報
同期と保存
いいえ、結構です

❷「同期」に関する画面が表示されたら、ここでは［同期と保存］をクリックします。

20°C
G20 OSAKA SUMMIT 2019
トップニュース
検索

❸画面左側からウィジェットウィンドウが表示され、天気情報や株価情報、トップニュースなど役立つ情報が表示されます。

ウィジェットボタンを非表示にする

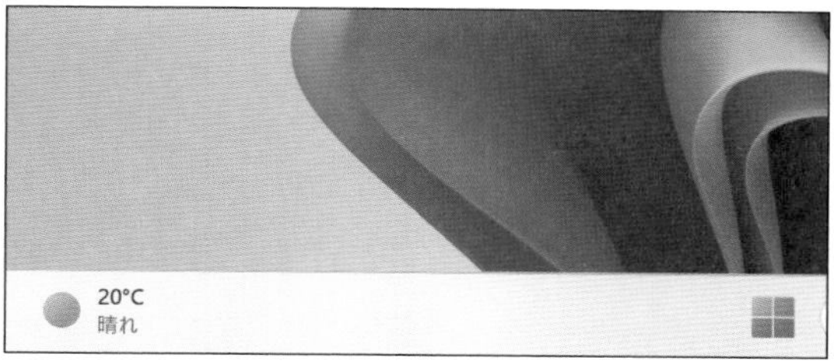

❶ウィジェットボタンが天気情報を表示しているときはタスクバー上の領域を占有することになります。たくさんのアプリをタスクバーに並べる場合はこのウィジェットボタンは非表示にしたほうがよいでしょう。

❷ウィジェットボタンを非表示にするには、タスクバーの任意の場所で右クリックし、

❸［タスクバーの設定］をクリックします。

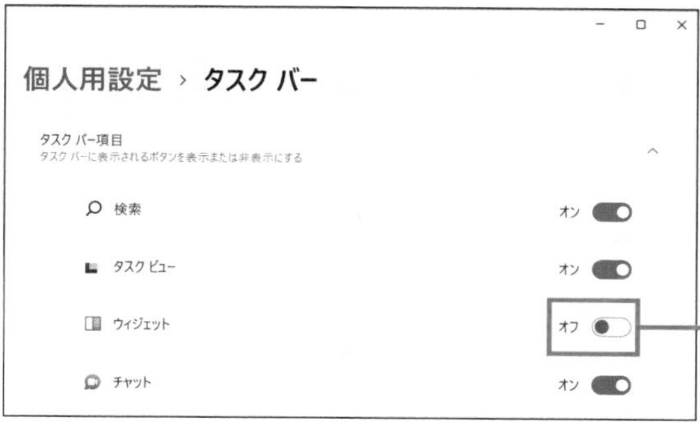

❹［タスクバー］の項目の［ウィジェット］を［オフ］にします。

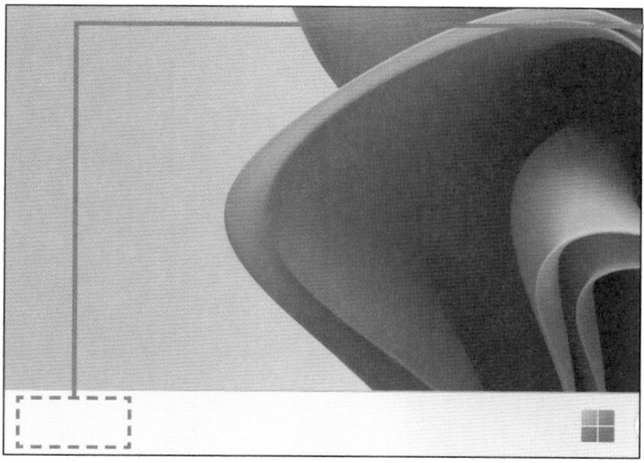

❺タスクバーにウィジェットボタンが表示されなくなりました。

MEMO キーボードショートカット

ウィジェットボタンを非表示にしても、ウィジェットは⊞＋Wキーのキーボードショートカットで起動できます。ウィジェット（Widget）のWなので覚えやすいキーボードショートカットです。

SECTION
049
便利技

表示／非表示にしたいウィジェットを設定する

ウィジェットは自分好みのコンテンツのみを表示したり配置を変えたりすることができます。ここでは、自分の見やすいウィジェットになるようにカスタマイズする方法を解説します。

ウィジェットのコンテンツを表示する

❶ウィジェットを開いて（94ページ参照）、

❷［ウィジェットを追加］をクリックします。

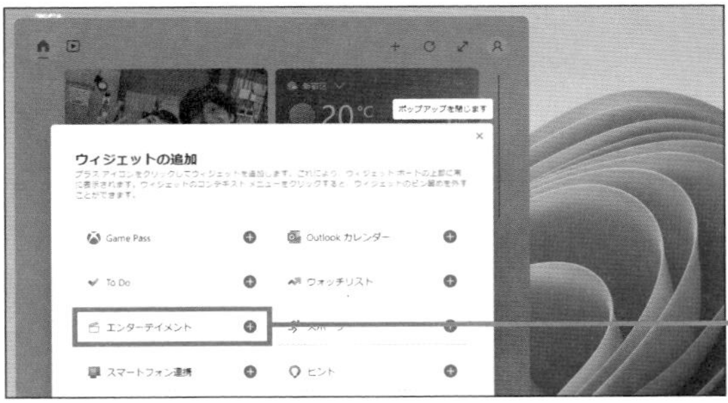

❸追加できるウィジェットコンテンツが表示されているので、

❹追加したいウィジェットコンテンツ（ここでは［エンターテイメント］）の［+］ボタンをクリックします。

❺エンターテイメントのウィジェットコンテンツが追加されました。

❻ウィジェットコンテンツはドラッグ&ドロップで移動することができます。自分の好きなウィジェットコンテンツが見やすくなるように配置しましょう。

ウィジェットのコンテンツを非表示にする

写真などのウィジェットコンテンツは個人情報を含むものもあり、非表示にしたい場合があります。ここでは写真のウィジェットコンテンツを非表示にします。

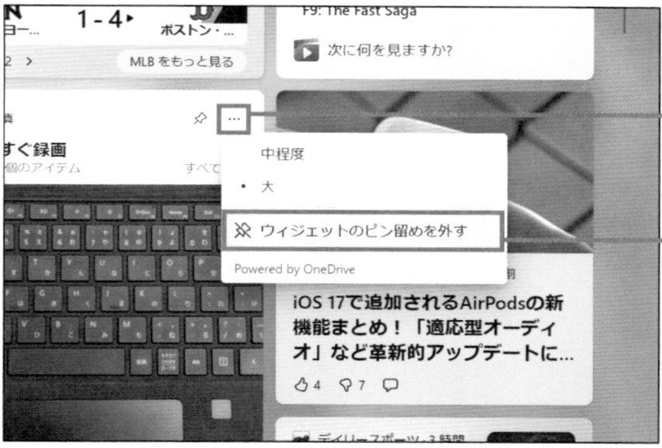

❶ウィジェットウィンドウを開いたら、

❷写真のウィジェットコンテンツ右上にあるメニューボタンをクリックして、

❸その中から［ウィジェットのピン留めを外す］をクリックします。

❹写真のウィジェットコンテンツが非表示となりました。

SECTION 050 便利技

有用なWebページをコレクションに追加する

Microsoft Edgeの機能としてWebページをコレクションとして保存する方法があります。ブックマークに比べてサムネイルも保存してくれるので、あとから情報を探しやすくなります。

Webページをコレクションに追加する

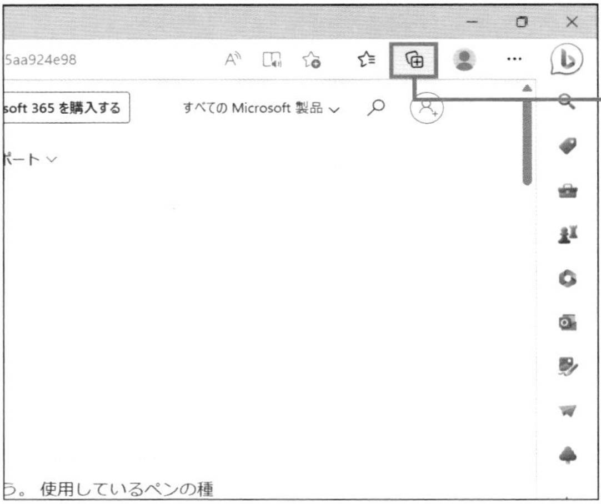

❶有用な Web ページを見つけたら、

❷Microsoft Edge の右上の＋マークのあるコレクションボタンをクリックします。

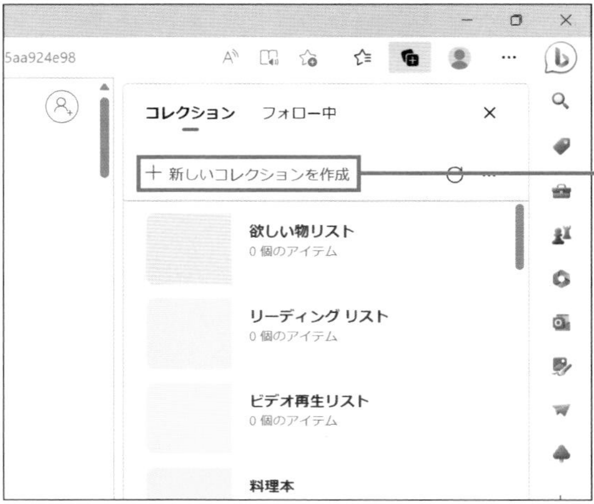

❸[新しいコレクションを作成]をクリックします。

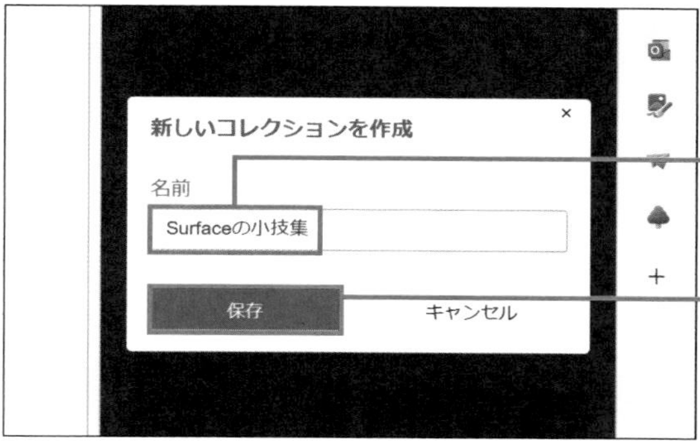

❹コレクションに名前を付けられるので任意の名前を入力します。ここでは「Surface の小技集」とします。

❺［保存］をクリックします。

❻「Surface の小技集」という名前のコレクションとして追加されました。

❼［現在のページを追加］をクリックすると、コレクションに現在表示している Web ページを追加することができます。

OnePoint コレクションとは

コレクションに追加した Web ページは、お気に入りやブックマークと違ってサムネイルと共に保存されるので、あとから探しやすいメリットがあります。お気に入りはサイト自体を保存しておきたいときに使い、コレクションは Web ページ単体で保存したいときに使うとよいでしょう。

SECTION
051
便利技

タブを効率的に使って快適にブラウジングする

Microsoft Edgeのタブは、垂直に並べたりグループ化したりすることができます。長時間Webブラウジングをしていると散らかってしまいがちなタブも、便利なタブ管理機能で快適にブラウジングできるでしょう。

タブを垂直に並べる

❶タブ上の任意の場所で右クリックすると、

❷メニューが表示されるので、[垂直タブバーをオンにする]をクリックします。

❸Microsoft Edgeの左側にタブが垂直に表示されるようになりました。

OnePoint タブを表示する場所

パソコンのディスプレイは基本的に横長なので、このように左の領域を活かしてタブを配置すると効率的です。この機能は Ctrl ＋ Shift ＋ , キーのキーボードショートカットでもオン／オフできます。

タブをグループ化する

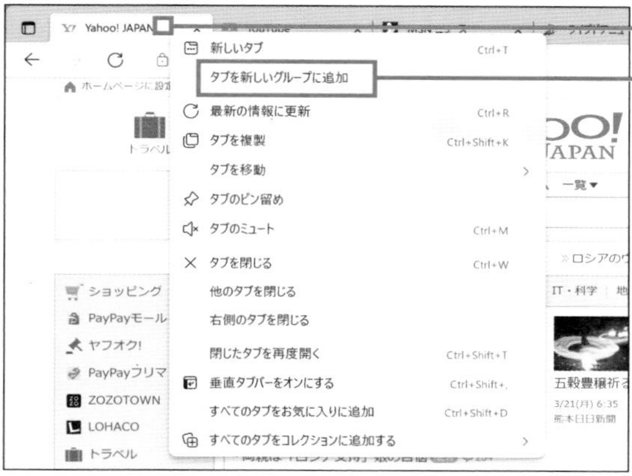

❶グループ化したいタブ上で右クリックすると、

❷メニューが表示されるので、[タブを新しいグループに追加]をクリックします。

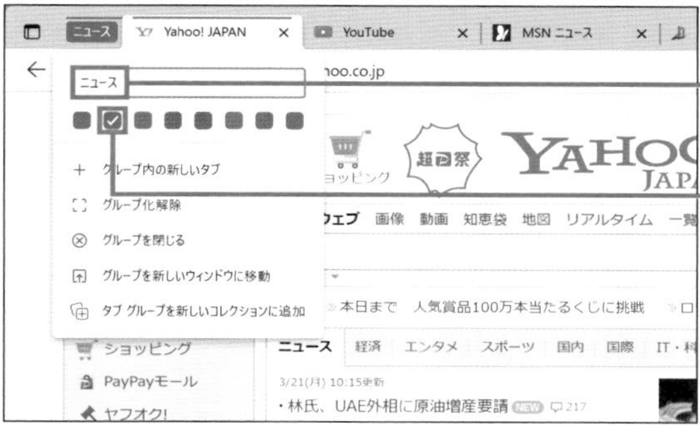

❸グループの名前を入力します。ここでは、ニュースグループを作るので、「ニュース」と入力して、

❹カラーを選択します。

❺同じくニュースグループとしてまとめたいタブの上で右クリックをして、

❻[タブをグループに追加]→[ニュース]の順にクリックします。

❼このようにしてタブをグループ化できます。同系統のタブをまとめると便利です。

❽タブのグループ化する機能と垂直に並べる機能を併用するとより見やすくなります。たくさんのタブを開いて散らかったときはこの機能でタブをまとめると便利です。

OnePoint タブのグループは保存される

タブのグループは、ブラウザーに保存されるので、ブラウザーを開き直したときに、同じグループが使えます。よく閲覧するニュースサイトなどをまとめておくと便利です。

SECTION 052 便利技

Webページ上の目的の情報をすばやく見つける

Windows 11ではWebブラウザーを開かなくてもWindows上から情報を検索することができます。ここでは、すばやく目的の情報にたどり着く方法を解説します。

スタートメニューからWebページの検索をする

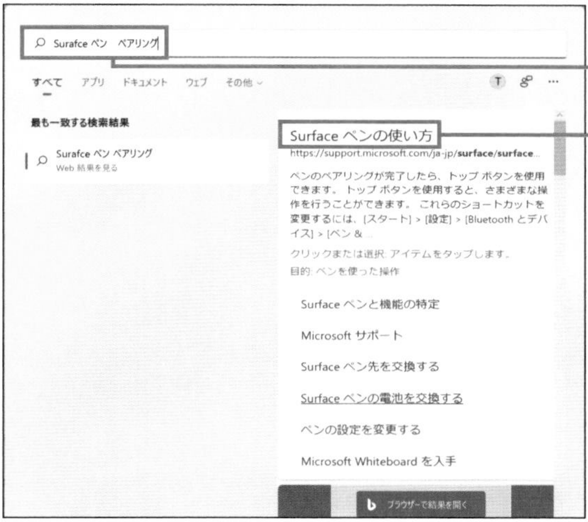

❶スタートメニューを開いて、

❷ここでは「Surface ペン ペアリング」と入力すると、

❸スタートメニュー右側に検索結果が表示されます。

❹検索結果のトップに「Surface ペンの使い方」というタイトルの Microsoft の記事が出てきたので、

❺それをクリックします。

❻Microsoft Edge ブラウザーが起動して、そのページにすばやくアクセスできます。インターネットの情報をすばやく見つけたいときはとても便利な技です。

SECTION
053
便利技

使用中のアプリ以外をまとめて画面上から消す

パソコン作業をしていると使用中のアプリ以外も開いていて集中の妨げになることがあります。そのようなときはWindows 11の機能で使用中のアプリ以外をまとめて画面上から消すとすっきりします。この機能を使うには設定で有効化する必要があります。

設定を有効化する

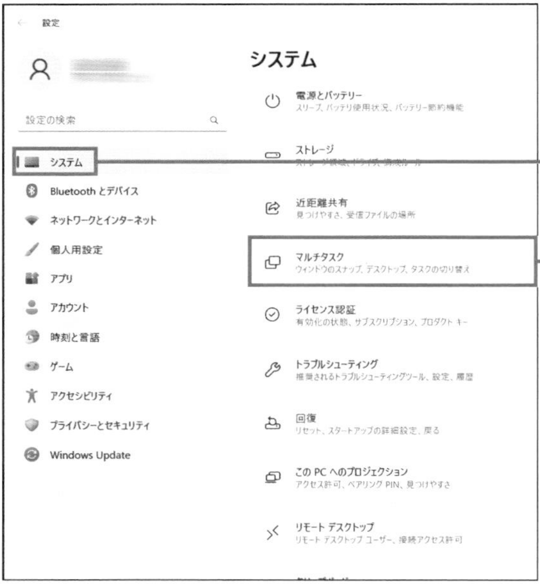

❶「設定」アプリを開いて、

❷［システム］をクリックし、

❸［マルチタスク］をクリックします。

❹［タイトルバー ウィンドウのシェイク］の項目でスイッチをオンにします。これでこの機能が使えるようになります。

ウィンドウのシェイクで使用中のアプリ以外を画面上から消す

❶この機能の使い方は、たとえば、左の画面のように「メモ帳」アプリで何かを書いているときにそれ以外のアプリを非表示にしたいシーンなどで使います。

❷「メモ帳」アプリのタイトルバーをクリックしたままにして、上下左右に動かしてウィンドウをシェイクすると、

❸それ以外のアプリが最小化されていきます。

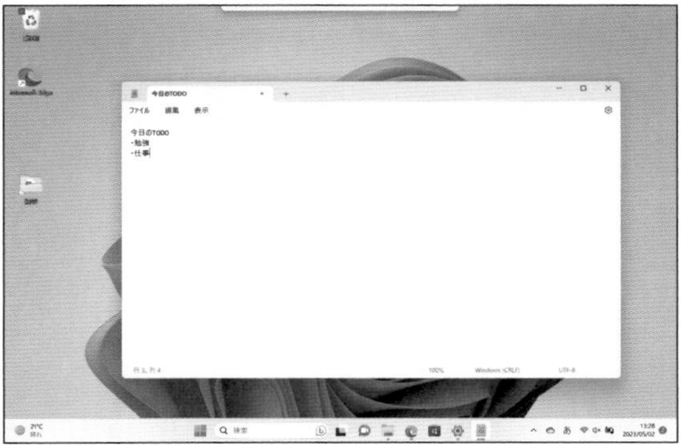

❹「メモ帳」アプリだけが表示された状態になりました。ほかのアプリが目障りなときにさっとこの機能を使うと使用中のアプリだけになり集中することができます。

SECTION
054
便利技

表示されているウィンドウをきれいに並べる

Windows 11の新機能としてスナップレイアウトがあります。スナップレイアウト機能を使うと作業中のウィンドウをきれいに並べられます。使いたいウィンドウのみを隙間なくきれいに並べられるので作業効率が向上します。小さい画面には特に重宝する機能でしょう。

スナップレイアウト機能でウィンドウをきれいに並べる

❶たとえば、YouTubeの動画見ながら大切なことをメモするとします。今の状態だとメモ帳の書く部分が隠れています。

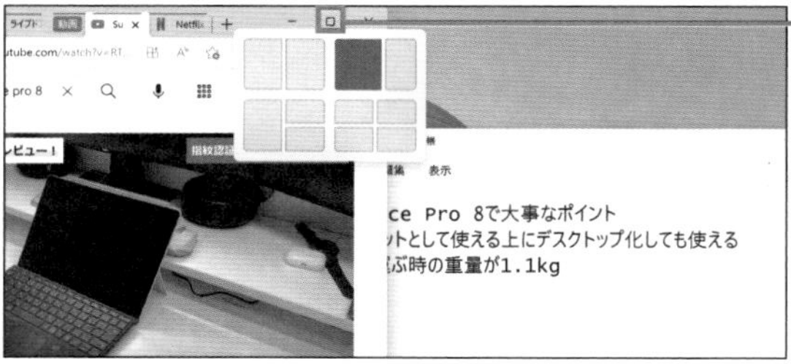

❷Microsoft Edgeのウィンドウ最大化ボタンにマウスカーソルを合わせると、

❸スナップレイアウトの選択ができるようになります。

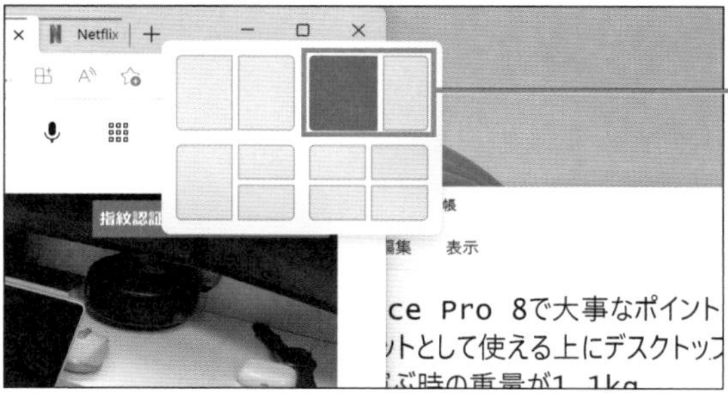

❹ここではYouTubeの動画を大きく表示したいので、少し左側の領域が多いレイアウトを選択します。

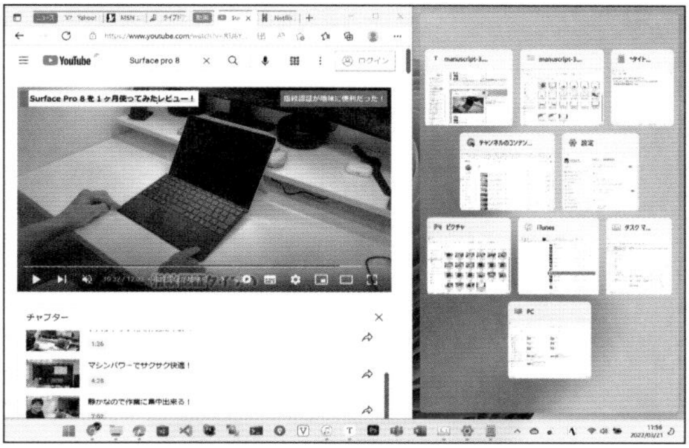

5 次にそのまま右側にレイアウトするウィンドウを選べるようになります。

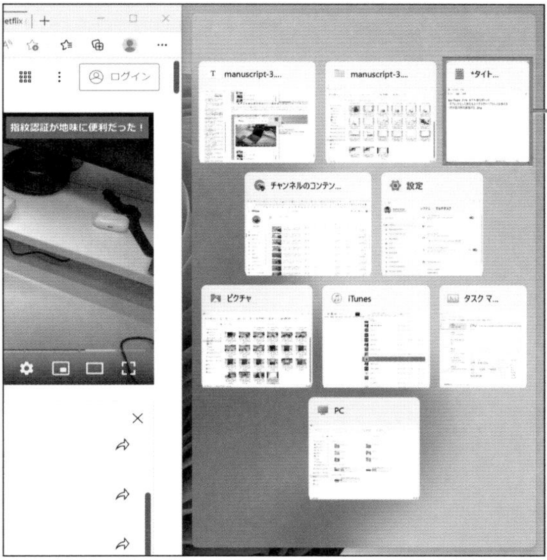

6 「メモ帳」アプリをクリックします。

7 2つのアプリのウィンドウがきれいに並べられました。

8 スナップレイアウトの機能を使うと、無駄なくウィンドウが広がってくれるのでより画面を効率的に使うことができます。

SECTION 055 便利技

スナップグループで好みの画面配置を記憶する

スナップレイアウトでセットした画面配置は、スナップグループとして記憶されます。ここでは、クリック1つでその画面配置に戻す方法を解説します。スナップレイアウトで作業していた画面から一旦離れてまた戻るときに便利です。

スナップグループで画面配置を切り替える

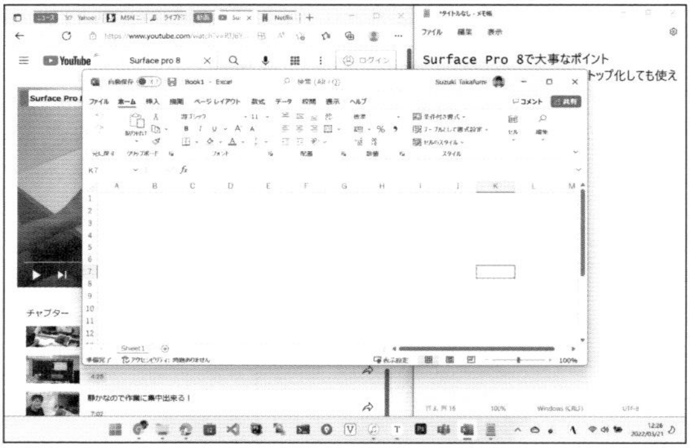

❶たとえば、YouTubeの動画見ながら大切なことをメモするとします。今の状態だとメモ帳の書く部分が隠れています。

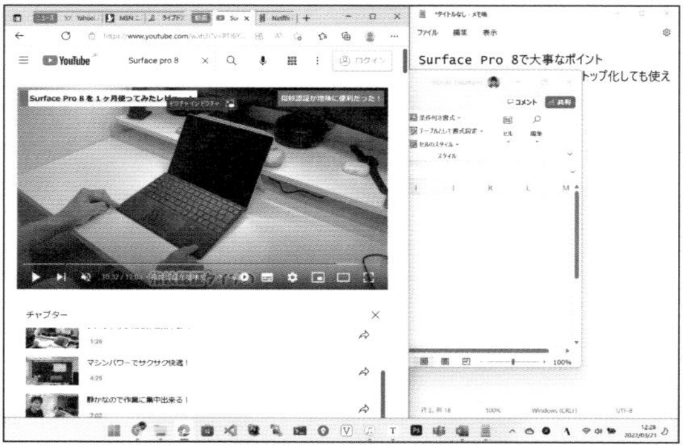

❷この状態でEdgeだけクリックするとEdgeだけが前面となります。

❸前セクションではEdgeとメモ帳の２つを並べて使いたかったのでした。

❹一度の操作で戻すにはタスクバー上でスナップレイアウトされたEdgeかメモ帳にカーソルを合わせて、[グループ]と書かれたところをクリックします。

❺一度の操作でレイアウトを復元できます。スナップグループごとに切り替えると、すばやく作業を切り替えられて便利です。

OnePoint Alt ＋ Tab キーでも切り替えられる

Alt ＋ Tab キーを使ったウィンドウ切り替えからでもスナップグループに切り替えられます。

SECTION 056 便利技

使いたいアプリを すばやく探して起動する

普段あまり使わないアプリはタスクバーに登録されていないので探すときに苦労することがあります。そのようなときはWindowsの機能からアプリを探すと便利です。使いたいアプリ（ここではExcel）をすばやく探す方法を解説します。

スタートメニューからアプリ名で検索して起動する

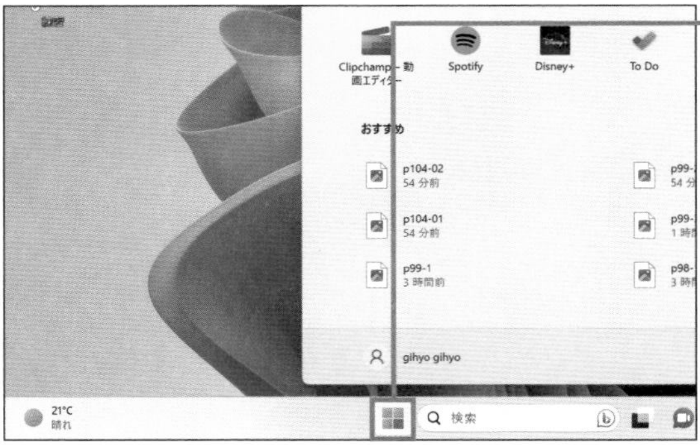

❶タスクバーの［スタート］をクリックして、

❷スタートメニューを開きます。

MEMO ⊞キーを使う

⊞キーを押しても、スタートメニューを開くことができます。

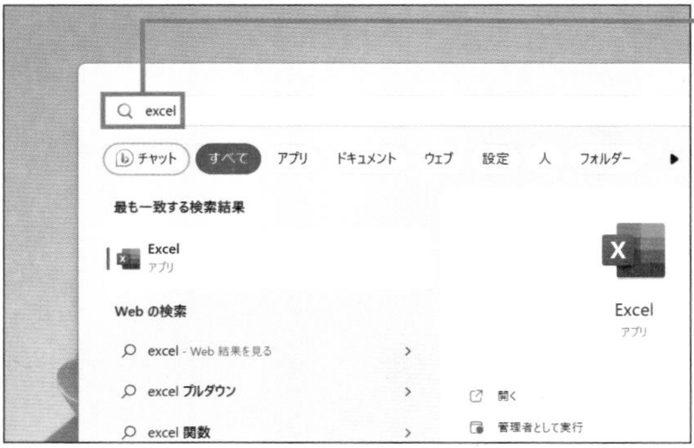

❸検索ボックスにカーソルがあたっている状態で、「excel」と入力します。

❹すでに「e」の時点でExcelが出てきました。

❺「最も一致する検索結果」のところに「Excel」が表示されているので、

❻そのまま Enter キーを押すと、すぐにExcelが開きます。

OnePoint すぐに起動する方法

スタートメニューの検索でアプリ名の何文字かを入力すると候補が出てきます。そのまま Enter キーを押すとすぐに起動できて便利です。よく使うアプリはタスクバーにピン止めしたほうが便利ですが、たまにしか使わないアプリはこのように検索からすばやく起動すると便利です。

SECTION 057 便利技

エクスプローラーをすばやく立ち上げる

Windowsのファイルやフォルダーの管理アプリであるエクスプローラーはよく使うアプリのうちの1つです。どの操作をしていてもキーボードショートカットですばやく立ち上げることができます。Windowsを使うなら絶対に覚えておきたい方法です。

キーボードショートカットでエクスプローラーを起動する

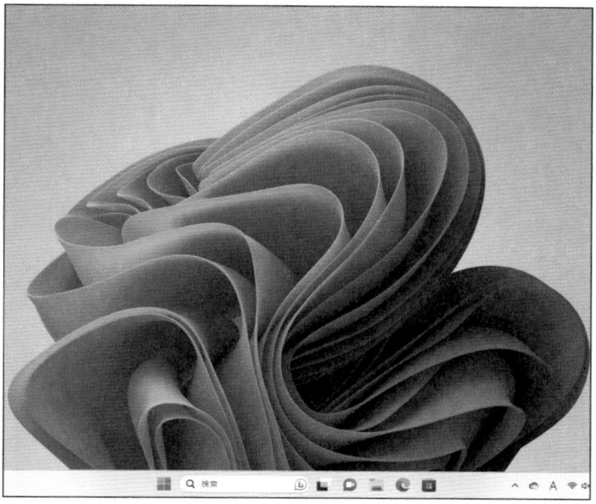

❶ ⊞ ＋ E キーを同時に押すと、

❷ 瞬時にエクスプローラーが起動します。

MEMO すばやく起動できる

筆者としては一番覚えてもらいたいキーボードショートカットです。これに慣れるとタスクバーから起動することはほとんどなくなるでしょう。

SECTION 058 便利技

効率的にファイルやフォルダーを整理整頓する

適当にファイルを保存していくと、あとから目的のファイルが探しにくくなります。パソコンを使いこなすならファイルやフォルダーの管理が重要です。ここではファイルやフォルダーをあとから探しやすくなる整理整頓のコツを紹介します。

フォルダー名の先頭に日付を入れる

何か仕事に従事していると似ているようで中身は違う仕事をこなしていくことがあります。

そのようなケースでは、フォルダー名の先頭に日付を入れておくとあとから探しやすくなります。

たとえば、筆者はSurfaceに特化したYouTubeチャンネルを運営していますが、動画撮影ごとに日付とその内容がわかるフォルダーを作って管理しています。

エクスプローラーの名前順で並べ替えると時系列に並んでて探しやすいです。

さらに新しい年度になったらまとめてその年度のフォルダーに移動します。

こうすることで長年その仕事をしていてもフォルダーがごちゃつくことはなくなります。

基本的に作業ファイルはすべてエクスプローラー内部の整理されたフォルダーに格納しておくと、目的のファイルまでたどり着きやすくなり作業効率も上がります。

SECTION
059
便利技

ファイルなどを使いやすい順番に並べ替える

Windowsのファイル管理アプリであるエクスプローラーでは、ファイルやフォルダーの表示の順番を並べ替えることができます。目的に応じて並べ替えるとファイル一覧が見やすくなり目的のファイルにたどり着きやすくなります。

フォルダーの内容によって順番を並べ替える

フォルダーの内容によって順番を並べ替えると目的のファイルやフォルダーにアクセスしやすくなります。

たとえば、前セクションで日付文字を先頭に入れたフォルダーの場合は、［名前］の見出しのところをクリックして古い順か新しい順に切り替えることができます。

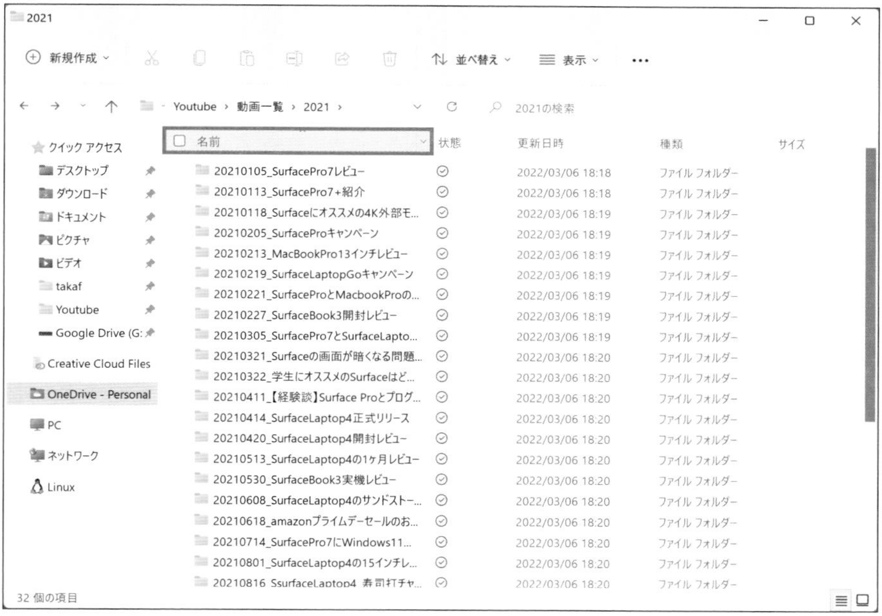

第1章
第2章
第3章 便利技
第4章

日付順に並び替わりました。

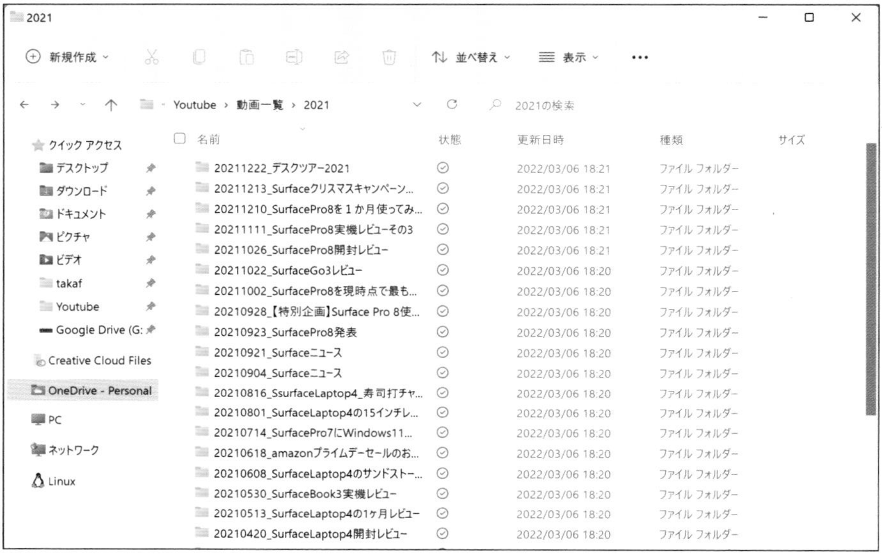

それとは別でダウンロードフォルダーでは更新日時を降順にすると新しい順でダウンロードしたファイルが並ぶのでダウンロードしたばかりのファイルが見つけやすくなります。

このようにシーンによって並べ替えをするとファイルが見つけやすくなります。

SECTION 060 便利技

ファイルなどをグループ分けして整理する

パソコンを使っていると目的に応じてさまざまなファイルを扱うことになります。そういうときは目的別でファイルをグループ分けすると管理しやすくなります。

目的に応じてファイルをグループ分けする

OneDrive フォルダー直下には、あらかじめ「Documents」フォルダーや「Pictures」フォルダーがあります。これらはその名のとおり、Office 系ファイル・テキストファイルなどのドキュメントファイルを「Documents」フォルダー、写真ファイル・画像ファイルを「Pictures」フォルダーに入れたりします。

そのような使い方として、ドキュメントファイルや画像ファイル以外のファイルを入れたいときは、その目的に応じたフォルダーを作ると管理がしやすくなります。

たとえば、筆者の場合は、インストール型ではない小さなアプリを「Apps」フォルダー、ブログ記事の下書きを「Blog」フォルダー、YouTube 運営の管理フォルダーとして「YouTube」フォルダーなど目的に応じてフォルダー作ってファイルを入れています。

OneDrive フォルダーはエクスプローラーの左のナビゲーションウィンドウからすぐにアクセスすることができるので、こうしておけば目的のファイルにたどり着きやすくなります。

SECTION 061 便利技

クイックアクセスから よく使うフォルダーを開く

よくアクセスするフォルダーはクイックアクセスに登録しておくとすばやく目的の場所に移動できます。初期状態では自動的にクイックアクセスに登録されるので、ここでは手動でクイックアクセスに登録する方法を解説します。

第1章
第2章
第3章 ・便利技・
第4章

クイックアクセスにフォルダーを登録する

エクスプローラーを開くと、左側のメニュー領域に「デスクトップ」「ダウンロード」「ドキュメント」という項目が並んでいます。ここがクイックアクセスと呼ばれる場所で、エクスプローラーを開いたらすぐにアクセスできるようになっています。

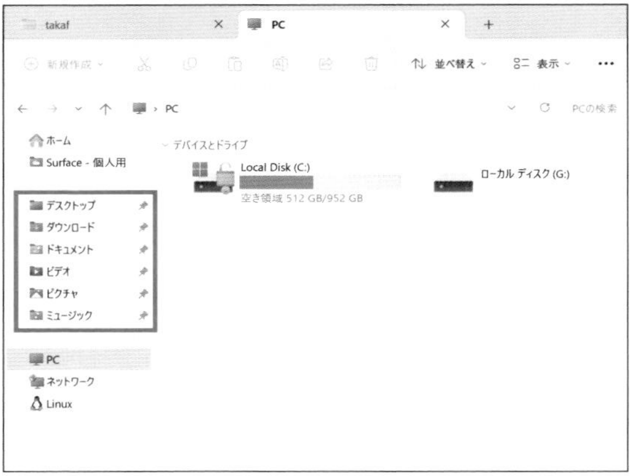

ただし、Windows 11 の初期状態では、そのユーザーがよく使うフォルダーが自動的にクイックアクセスに登録されるようになっています。便利な機能ですが、意図しないフォルダーも自動で追加されてしまうので、プライバシーの面からも注意が必要です。クイックアクセスは自分で決めたものを登録できるようにしたほうがよいでしょう。
ここでは、自動的に登録される機能をオフにする方法を解説します。

❶エクスプローラーを表示し、

❷メニューバーにあるメニューボタンをクリックし、

❸[オプション] をクリックします。

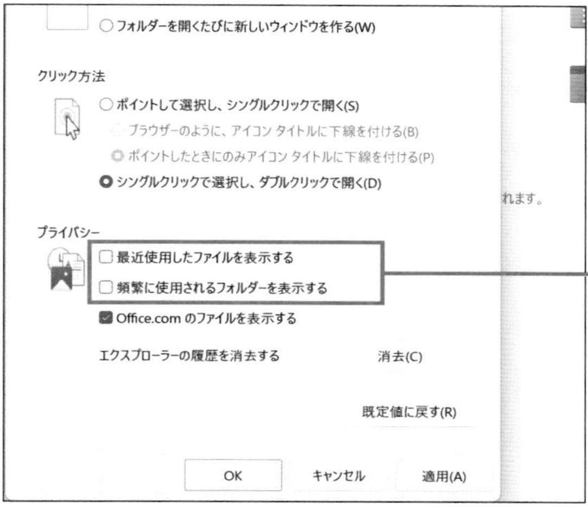

❹プライバシーの［最近使用したファイルを表示する］と［頻繁に使用されるフォルダーを表示する］をオフにすると、

❺自動的にクイックアクセスに登録されなくなります。

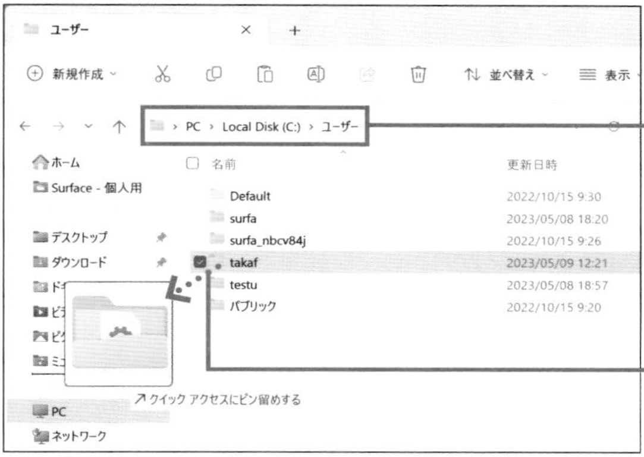

❻次によく使うフォルダーを登録してみます。筆者はユーザーフォルダーにすぐアクセスできると便利だと思っているのでユーザーフォルダーをクイックアクセスに登録します。

❼エクスプローラーで C:¥Users に移動し、

❽自分のユーザーフォルダーをクイックアクセスにドラッグ＆ドロップします。

❾クイックアクセスに登録されると、自分のユーザーフォルダーにすばやくアクセスできるようになりました。

MEMO **作業時間の短縮**

よく使うフォルダーは積極的にクイックアクセスに登録しておけば作業時間の短縮につながります。

SECTION
062
便利技

変換／無変換キーで入力方法を切り替える

Windows 11では、日本語／英数字の入力方法の切り替えが従来とは違う方法でもできるようになっています。この方法に慣れると従来の方法よりも早く確実に切り替えられるようになります。

変換キーで日本語入力、無変換キーで英数字入力にする

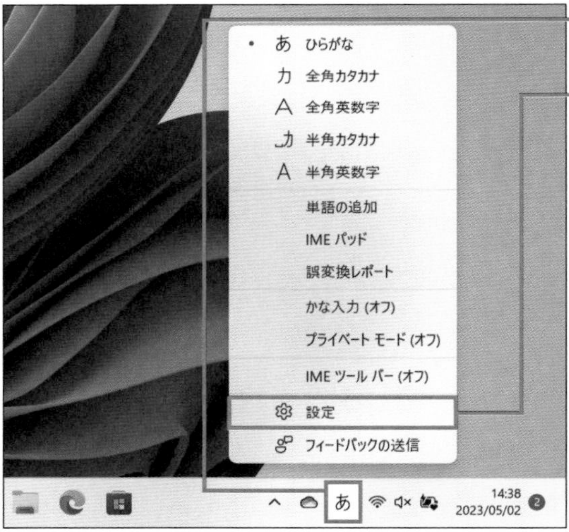

❶タスクバー上の［あ］または［A］を右クリックし、

❷［設定］をクリックします。

MEMO 切り替え方法

従来のWindowsでは、日本語・英数字の入力方法の切り替えには、半角/全角キーを利用するのが主流でした。Windows 11ではそれ以外にも変換キーと無変換キーで日本語・英数字を切り替えができるようになりました。

❸［キーとタッチのカスタマイズ］をクリックします。

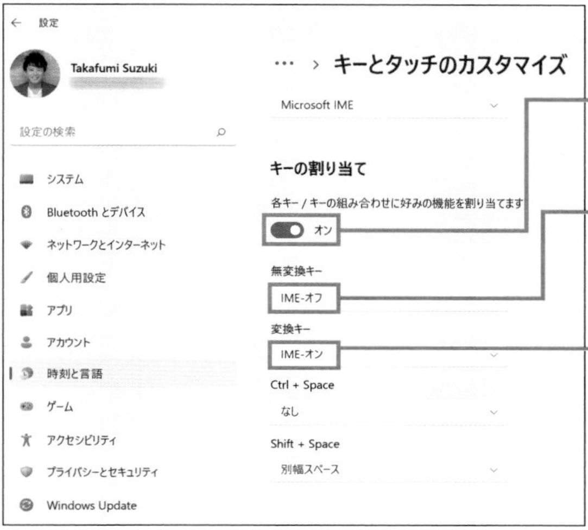

4 [キーの割り当て] の項目が表示されます。

5 「各キー／キーの組み合わせに好みの機能を割り当てます」のスイッチをオンにして、

6 [無変換キー] の選択で [IME-オフ]、

7 [変換キー] の選択で [IME-オン] にします。

8 これにより 変換 キーで日本語入力、 無変換 キーで英数字入力に切り替えることができます。

MEMO **切り替えが早くなる**

筆者も新しい Surface に買い換えたらこの設定は必ずやっているほど便利な機能です。この入力方式に慣れると 半角/全角 キーよりも格段に入力方法の切り替えが早くなります。

COLUMN　Surface Laptop のキーボード

ちなみに、Surface Laptop Go や Surface Laptop Studio ではキーボード自体からこの入力方法が採用されています。

▲ Surface Laptop Go のキーボード

▲ Surface Laptop Studio のキーボード

SECTION 063 便利技

使いたい絵文字をすばやく入力する

SNSを使うシーンでは絵文字が感情表現の1つとしてよく使われます。Windows 11では文字入力中にキーボードショートカットで簡単に絵文字を入力できるようになっています。絵文字を使いこなしてコミュニケーション方法として活用してみましょう。

キーボードショートカットで絵文字一覧を呼び出して絵文字入力をする

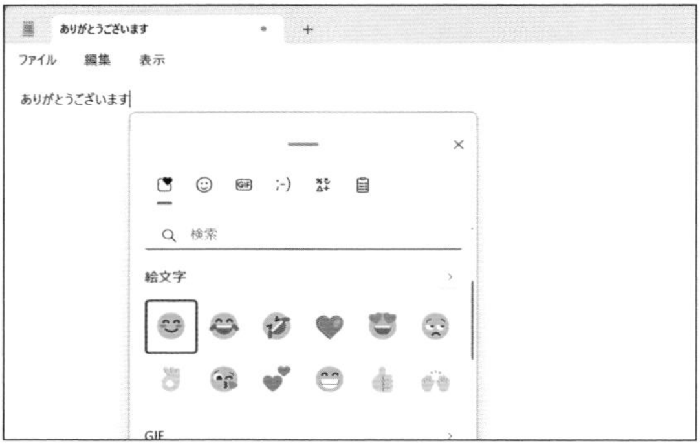

❶ 文字入力中に、⊞＋.（ピリオド）キーを同時に押すと、

❷ 絵文字ウィンドウが開きます。

MEMO emoji

世界で「**emoji**」として親しまれている日本発祥の絵文字は、キーボードショートカットで入力できるようになると便利です。

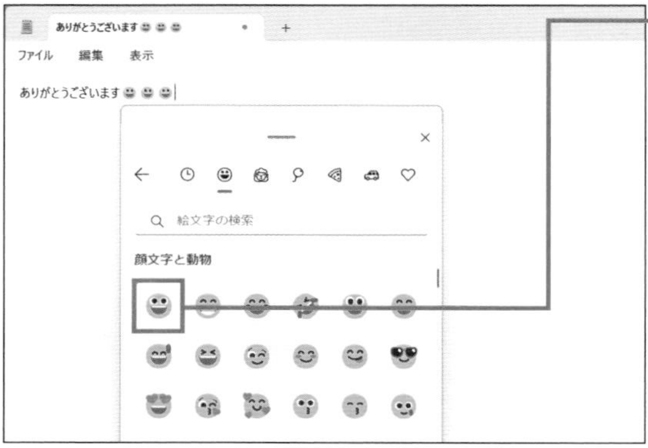

❸ 入力したい絵文字をクリックすると、

❹ 絵文字を入力することができます。

MEMO 連続入力できる

絵文字は続けて入力することができます。

OnePoint 円滑なコミュニケーションのための絵文字

文字だけだと気持ちが伝わりづらいこともあるので、絵文字を添えてコミュニケーションを円滑にするのもありですね😁。

SECTION 064 便利技

誤変換した文字をスムーズに修正する

文字入力を続けていると、日本語を誤変換することがあります。ここでは、誤変換して入力した文字を消して再入力するのではなく、再変換してスムーズに修正する方法を解説します。再入力するよりは再変換したほうが早いので覚えておくとよいでしょう。

誤変換した文字を再変換する

❶変換した文字をドラッグして選択します。

MEMO キー操作による選択

Shift＋←キーや、Shift＋→キーなどで文字を選択することもできます。

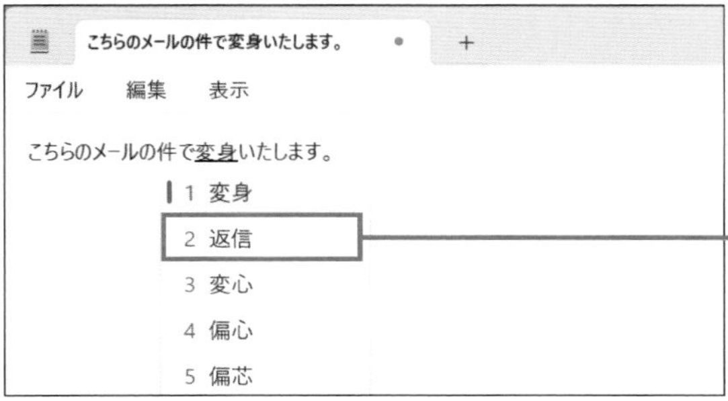

❷変換キーを押すと、

❸選択されている文字の変換候補が出てくるので、正しい文字（ここでは「返信」）を選んで確定します。

❹正しい文字に修正できました。

MEMO 利用できない場合

再変換は118～119ページで紹介した方法が有効になっている場合は使用できません。

SECTION
065
便利技

クリップボード履歴を使いこなす

以前のWindowsのクリップボードには1つの内容しか保持できませんでしたが、Windows 11のクリップボードでは標準で複数の内容を保持できるクリップボード履歴という機能が使えます。使いこなすとより効率的なコピー＆ペーストをすることができます。

クリップボード履歴から貼り付けをする

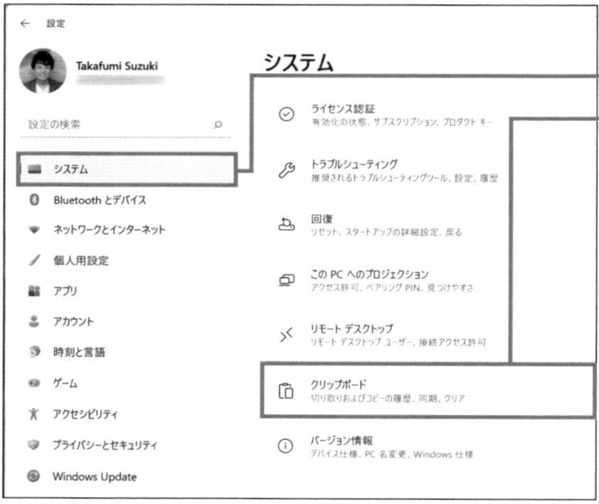

❶「設定」アプリを開いて、

❷［システム］をクリックし、

❸［クリップボード］をクリックします。

MEMO クリップボードとは

クリップボードとは、コピーした文字や画像などを一時的に保管してほかの場所に貼り付けて使用する機能です。

❹［クリップボードの履歴］の項目をオンにします。

❺これでクリップボードに複数のコピー内容を保管できるようになります。

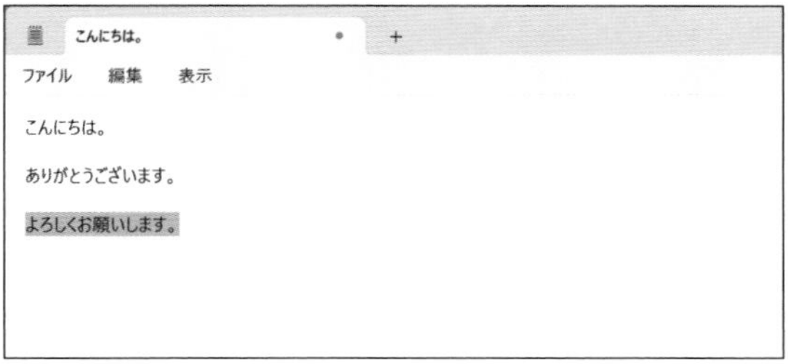

❻ 次にクリップボード履歴から貼り付けする方法を解説します。

❼ ここでは、複数の内容がクリップボードにある状態にするため、左の図の１文をそれぞれ Ctrl ＋ C キーでコピーしておきます。

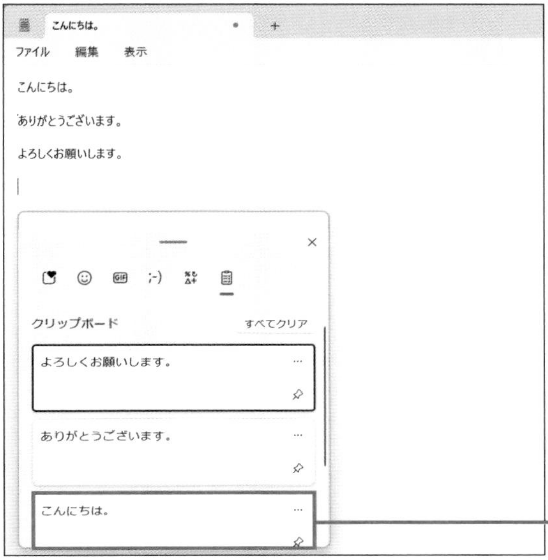

❽ そして貼り付けしたい場所にカーソルを合わせて、

❾ ⊞ ＋ V キーを押します。

❿ クリップボード履歴が表示され、過去にコピーした内容も貼り付けできるようになっています。

⓫ ここでは、２つ前にコピーした「こんにちは。」を選択します。

⓬ そのまま貼り付けが実行されます。

OnePoint 画像もコピーできる

クリップボードには画像などもコピーしておくことができます。クリップボード履歴を使いこなすと作業効率が大幅に変わるでしょう。

SECTION 066 便利技

タスクバーのアプリをすばやく起動する

よく使うアプリはタスクバーにピン留めしておいて起動しやすくなっていますが、これをよりすばやく起動する方法があります。ここではタスクバーに並んだアプリをクリック以外でも起動できる方法を解説します。

タスクバーのアプリをすばやく起動する

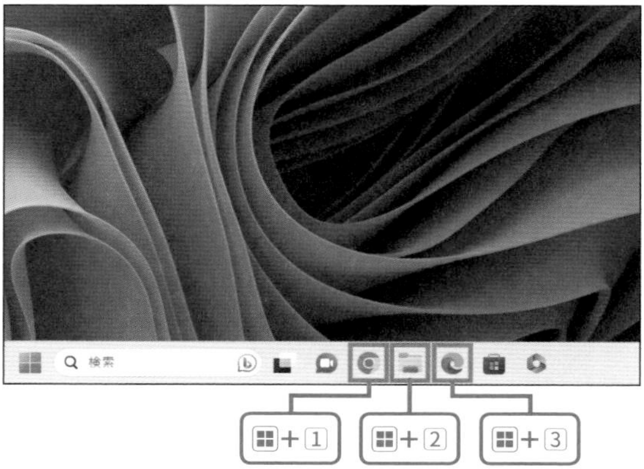

❶ あらかじめ「Google Chrome」のアイコンを「チャット」のアイコンの右横に移動しておきます。

❷ ここでは、⊞ + 1 キーを押すと、

MEMO 左からの順番

タスクバーに並んでいるアプリはそれぞれ ⊞ + ［数字］キーで起動することができます。「チャット」アプリのアイコンの右横が１番目になります。

❸「チャット」アプリのアイコンのから数えて１番目の Chrome が起動します。

OnePoint よく使うアプリの登録

よく使うアプリはタスクバーの左のほうに並べておくとこの方法で起動できるので便利です。

SECTION
067
便利技

すばやく画面をスクロールする

縦に長いコンテンツを操作するときは、スクロールを活用するとより効率的に閲覧・編集することができます。ここではSurfaceでスクロールするときの便利な方法を解説します。

[Page Up]、[Page Down]キーを使って画面をスクロールする

長いWebページやWordなどの長いドキュメントは、[Page Up]、[Page Down]キーを使うとすばやくスクロールできます。

[Page Up]、[Page Down]キーはSurfaceのキーボードの右上にあります。

ただ、[Page Up]や[Page Down]キーよりもおすすめなキーがあります。

[Fn]＋[∧](上)や[∨](下)キーです。[Fn]キーを押しながらの上下キーは[Page Up][Page Down]キーと同じキーになります。

上下キーのほうが普段押し慣れているので押しやすかったりします。

ちなみにWebブラウザーでは[space]キーで下スクロール、[Shift]＋[space]キーで上スクロールになります。

これらのキーをうまく使って目的に位置にすばやくスクロールできると作業の時間短縮につながります。

第1章
第2章
便利技
第3章
第4章

SECTION
068
便利技

すばやくズームイン／ズームアウトする

スマホの操作ではあたりまえとなったズームイン／ズームアウトですが、Surfaceでも比較的簡単に同様の操作をすることができます。ここではSurfaceでズームイン／ズームアウトするときの方法を解説します。

トラックパッドでピンチイン／ピンチアウトをしてズームイン／ズームアウトする

Surface のトラックパッドは操作性がよくズームイン／ズームアウトがしやすいです。

スマホのようにトラックパッドでピンチアウト（指を広げる動作）をするとズームイン（拡大）して、ピンチイン（指でつまむ動作）をするとズームアウト（縮小）となります。Web ページを見ているときでちょっと拡大して読みたいときはこの操作が便利です。

MEMO **トラックパッドの操作性**

Surface はハードウェアとソフトウェアが同じメーカーであるためか、このようなピンチイン／ピンチアウトなどのトラックパッドの操作性がよいほうだと筆者は感じます。

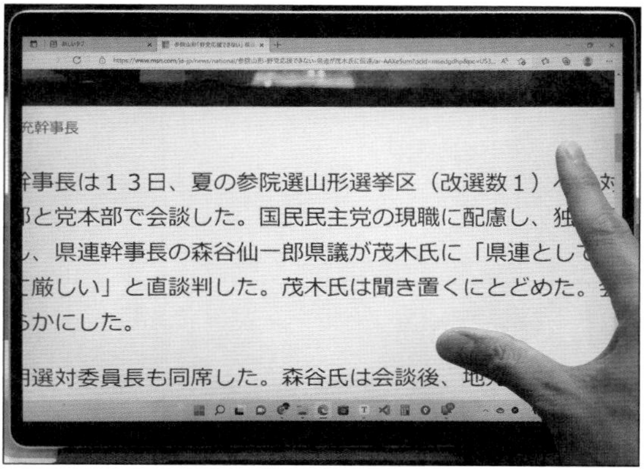
幹事長
事長は１３日、夏の参院選山形選挙区（改選数１）
と党本部で会談した。国民民主党の現職に配慮し、
、県連幹事長の森谷仙一郎県議が茂木氏に「県連として
厳しい」と直談判した。茂木氏は聞き置くにとどめた。
かにした。
選対委員長も同席した。森谷氏は会談後、

また、Surfaceは全機種タッチパネル対応なので画面上でピンチアウト・ピンチインをしてもズームイン・ズームアウトが可能です。

Ctrl＋［ホイール］でズームイン／ズームアウトする

Excelなどのファイルを扱っているときはマウスとキーボードで操作している場合があります。

マウスとキーボードを操作中にズームイン／ズームアウトしたいときは Ctrl ＋［ホイール］を使うと便利です。

A
B
C
D
1
2
3
4
5

SECTION 069 便利技

スクリーンショットのテクニックを極める

パソコン上の画面をほかの誰かに伝えたいときはスクリーンショット機能が便利です。Windows 11のスクリーンショットはさまざまな切り取り方や、切り取った画像に加工する方法が用意されています。ここではスクリーンショットのテクニックを解説します。

スクリーンショットを撮って画像加工する

Windows 11 で簡単にスクリーンショットを撮るにはキーボードショートカットを使います。

⊞ + Shift + S キーを押すと画面全体が暗くなり、画面上部でスクリーンショットの切り取り方法を選ぶことができます。

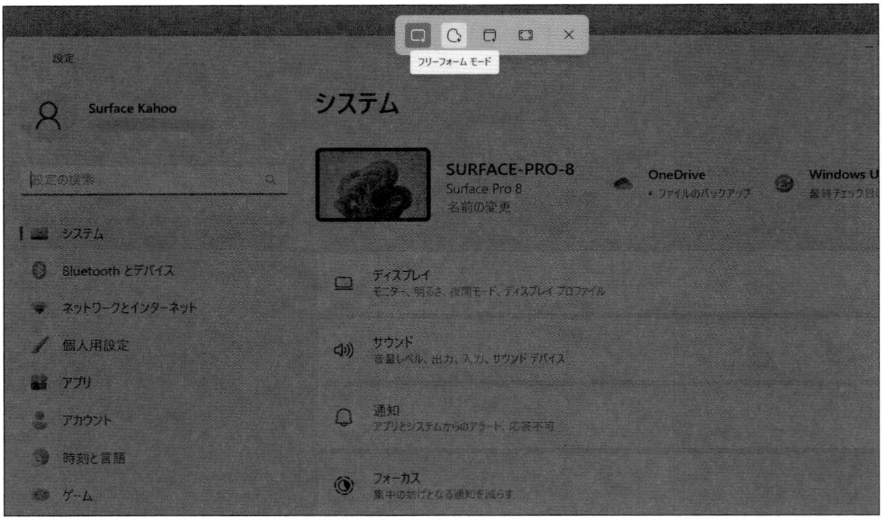

左から、以下の切り取り方法となっています。

切り取り方法	説明
四角形モード	四角形の範囲指定した領域のスクリーンショットを撮ります。
フリーフォームモード	マウスやタッチ操作で範囲指定した自由な形のスクリーンショットを撮ります。
ウィンドウモード	画面上に表示されているウィンドウを選んでスクリーンショットを撮ります。
全画面モード	画面全体のスクリーンショットを撮ります。

このキーボードショートカットでスクリーンショットを撮ると、撮影した領域をクリップボードにコピーしたことを画面右下の通知ポップアップでお知らせしてくれます。

その通知ポップアップをクリックすると「Snipping Tool」アプリが起動します。このアプリではペンで文字を書いたり蛍光ペンでマーキングしたりできます。

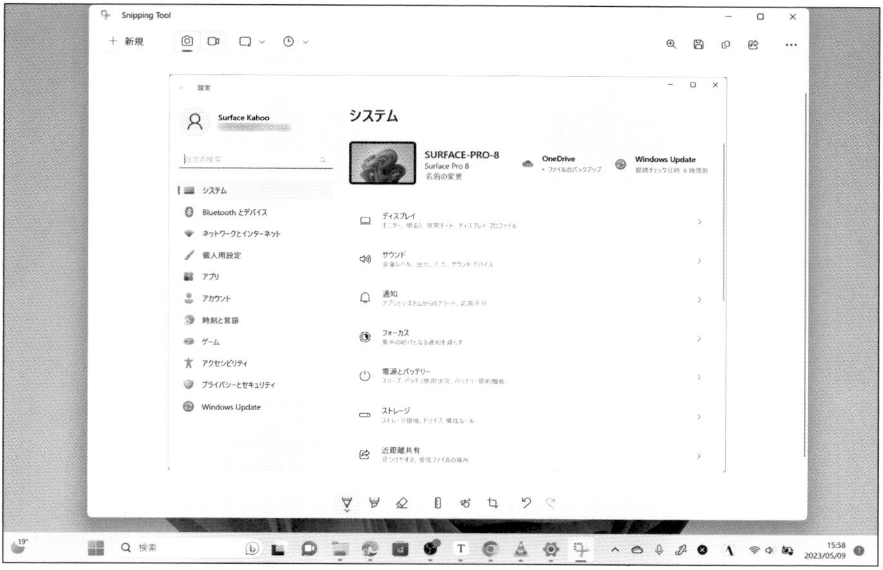

このときの Surface ペンとの相性は抜群で、手書きで好きな文字を書くことができます。

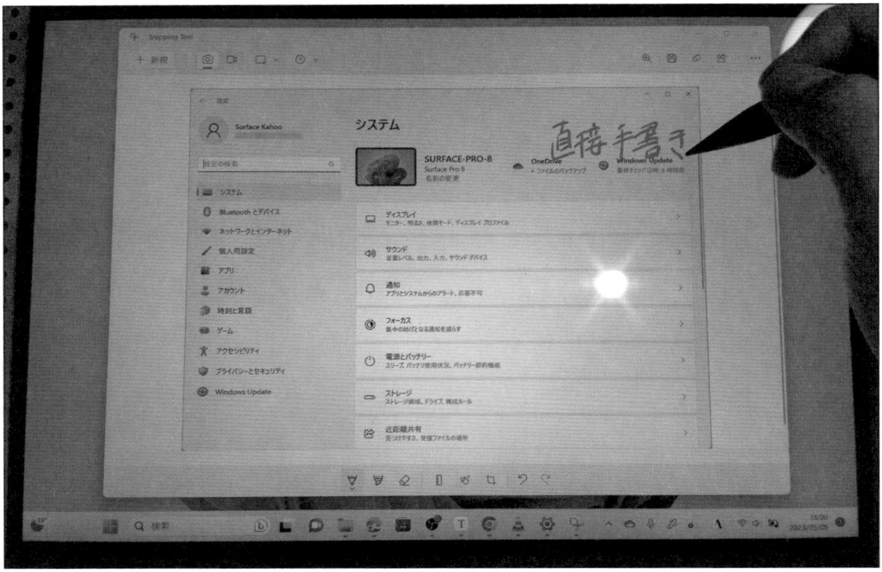

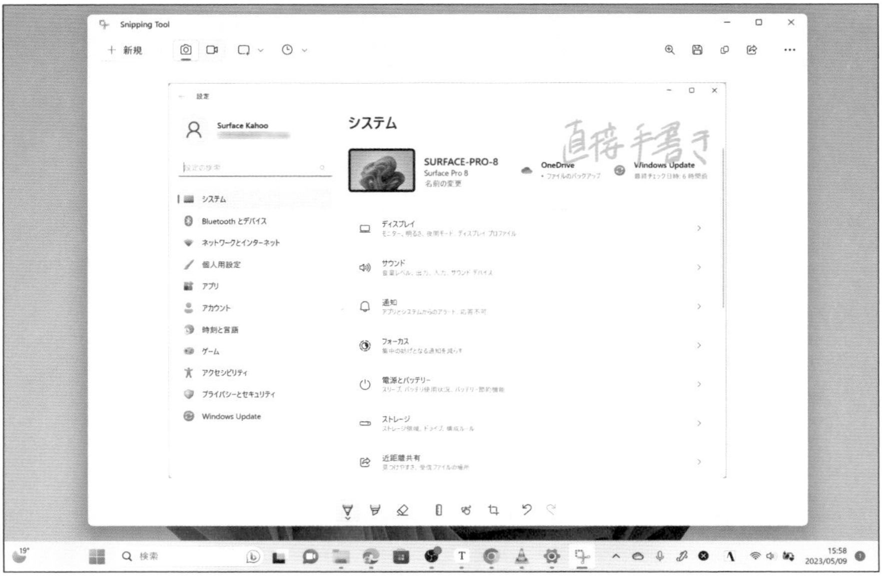

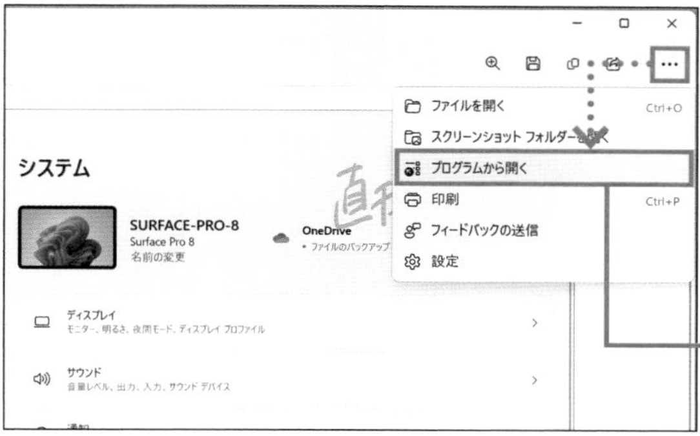

❶ただ、Surfaceペンを使って文字を入れる方法以外にも、四角で囲んだりキーボードで文字を入力したい場合があります。そのようなときは、この「Snipping Tool」から「ペイント」アプリを開くと便利です。

❷「Snipping Tool」アプリのメニューで［プログラムから開く］をクリックします。

❸［ペイント］を選択します。

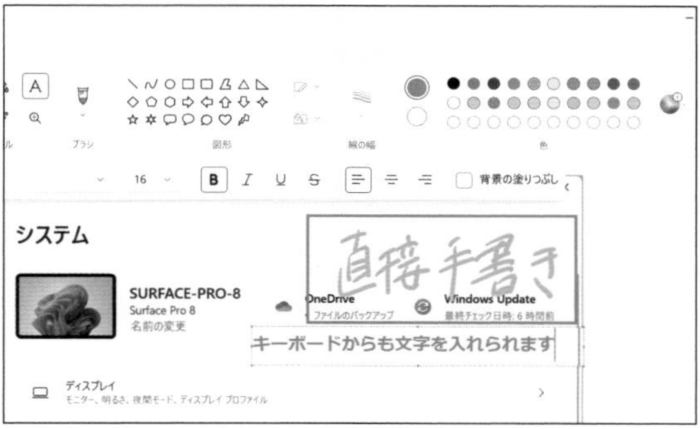

❹そうすると「ペイント」アプリが開き赤枠で囲ったり、キーボードから文字を入れることができます。必要に応じて使い分けるとよいでしょう。

OnePoint　キーボード操作

筆者はキーボードで操作していることのほうが多いので、この「ペイント」アプリで画像加工する方法をよく使います。

SECTION 070 便利技

画面録画のテクニックを極める

Windows 11では標準でアプリ画面を動画で録画する機能が備わっています。特定シーンによってはスクリーンショットよりも動画で伝えたほうが理解が早まることがあります。ここではWindows 11の機能を使って画面録画する方法を解説します。

アプリ画面の動作を録画する

Windows 11 では標準でアプリ画面を動画で録画する「Xbox Game Bar」という機能が備わっています。1つ注意すべきなのは、この機能はデスクトップ画面は録画できません。主にゲーム画面を録画するための機能なので、アプリの画面を録画する機能となっています。

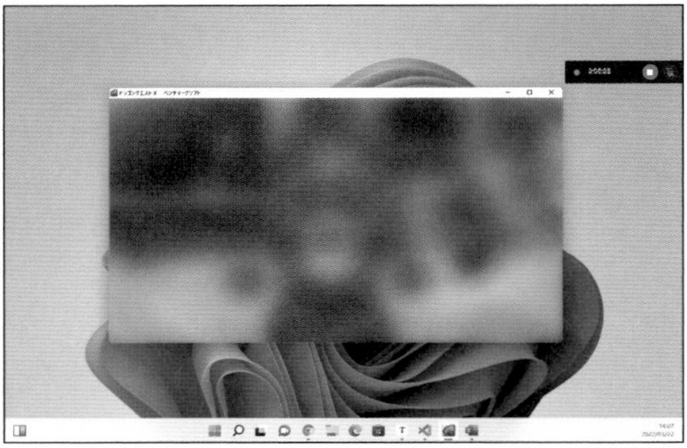

❶画面録画を開始するには、今から録画したいアプリを最前面となったアクティブ状態にして、⊞ + Alt + R キーを押します。

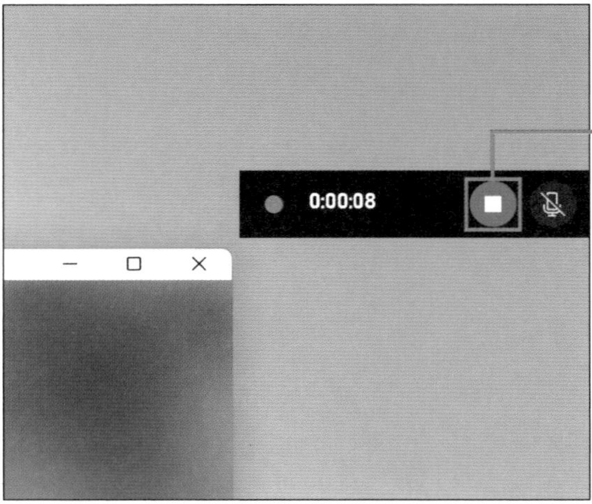

❷録画状態を表すコントロールが出現して、アプリ画面の録画を開始します。

❸コントロール上の停止ボタンを押すと、

❹録画を停止して、「ゲームクリップが録画されました」という通知が表示されるので、

❺通知をクリックします。

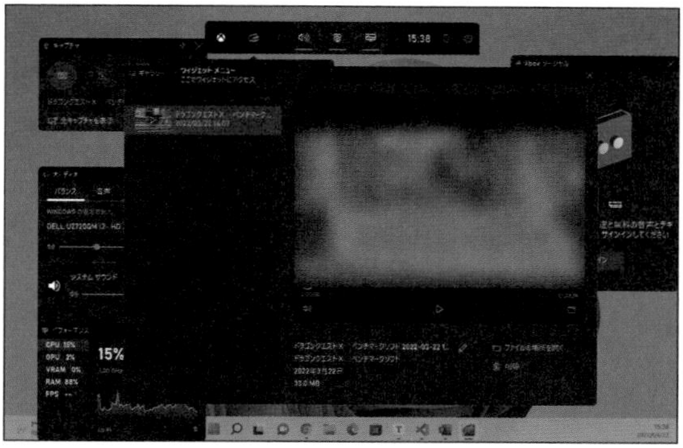

❻保存した動画を確認できます。

❼動画ファイルはC:¥Users¥[ユーザーフォルダー]¥Videos¥Captures に格納されています。

OnePoint アプリの操作も録画できる

標準でアプリ画面を録画できるようになったのはとても便利です。ゲームのための録画機能ではありますが、アプリの操作などをほかの人に伝えたいときにも使える機能です。

SECTION
071
便利技

自由にキーボードショートカットを設定する

よく使うアプリならキーボードショートカットで起動できるようになると便利です。設定しておくと瞬時にそのアプリを起動することができます。ここではMicrosoft Edgeをどこからでも起動できるキーボードショートカットを設定してみます。

よく使うアプリをキーボードショートカットで起動する

❶タスクバー上のMicrosoft Edgeのアイコン上で右クリックをし、

❷さらに［Microsoft Edge］の上で右クリックして、

❸表示されるメニューの［プロパティ］をクリックします。

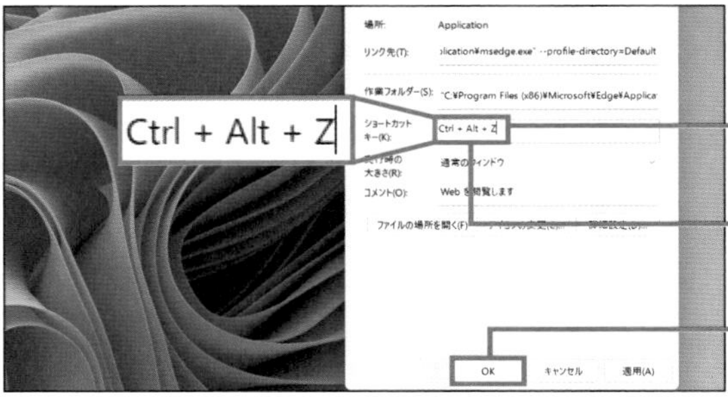

❹プロパティウィンドウが表示されるので、

❺ショートカットの入力にカーソルをあてて、

❻任意のキーを設定（ここでは Ctrl ＋ Alt ＋ Z ）し、

❼［OK］をクリックします。

❽以降は Ctrl ＋ Alt ＋ Z キーでMicrosoft Edgeが起動するようになります。

MEMO 設定できるキー

このキーボードショートカットで設定できるキーは「 Ctrl ＋ Alt ＋任意のキー」に限ります。

第4章

タッチパネルとタッチパッドの便利技

本章では、Surfaceのお家芸でもあるタッチパネルとタッチパッドを使った便利技を紹介します。タッチパッドは一昔前のノートパソコンより使い勝手が向上していて大分使いやすくなっています。タッチ操作の使い方をマスターしてより効率的な入力方法を身につけましょう。

SECTION 072 タッチ操作

基本的な操作をひととおりマスターする

Surfaceの基本的なタッチパッド操作方法を解説します。Surfaceのタッチパッドは一昔前のノートパソコンのタッチパッドよりもできることが増えて便利になっています。タッチパッドを駆使すれば大分使い勝手も向上します。

タッチパッドの基本的な操作

初期状態のタッチパッドの主な操作を紹介します。

指の数	操作		アクション
1本指	動かす		カーソル移動
	タップまたはクリック	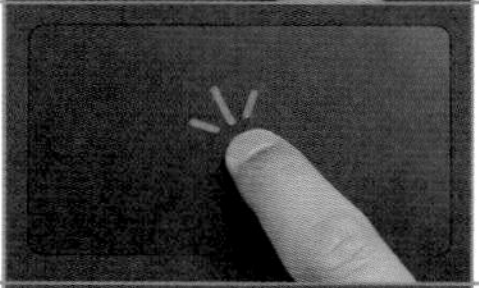	選択、決定、開く（マウスの左クリックと同等）
	クリックして動かす	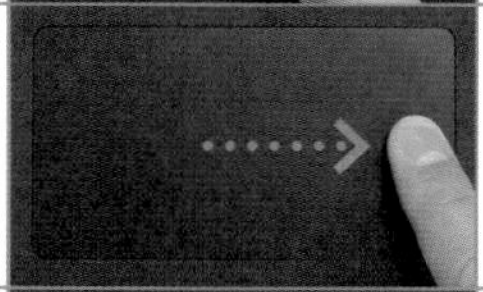	テキストの範囲選択、ドラック&ドロップ
	右下をクリック		ショートカットメニュー表示（マウスの右クリックと同等）
2本指	動かす	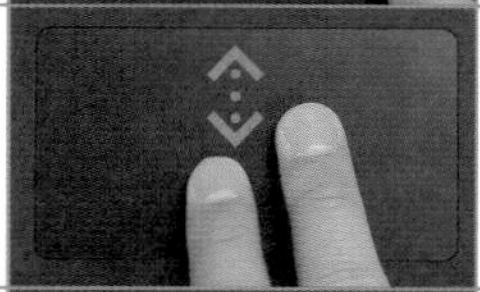	スクロール操作
	タップまたはクリック	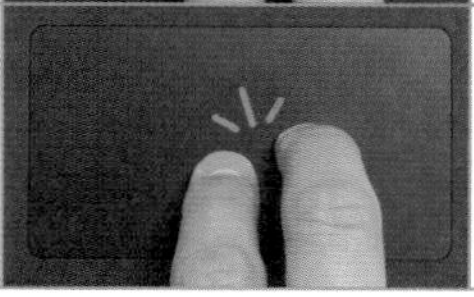	ショートカットメニュー表示（マウスの右クリックと同等）

3 本指	上に動かす	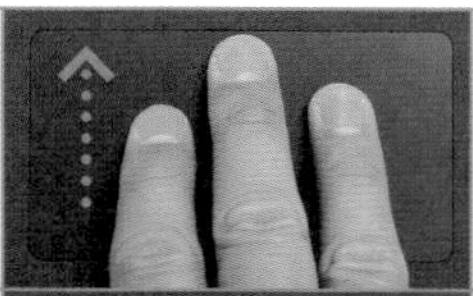	マルチタスク表示
	下に動かす	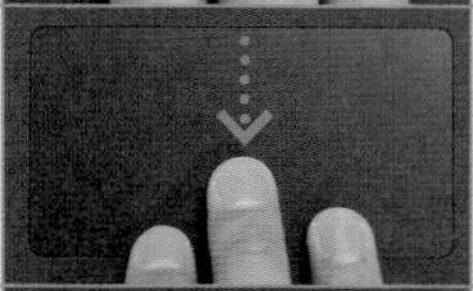	デスクトップの表示
	左右に動かす		アプリの切り替え
	タップ	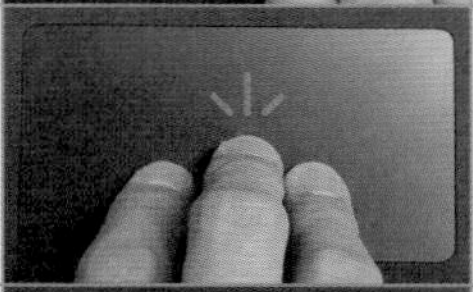	検索を開く
4 本指	上に動かす	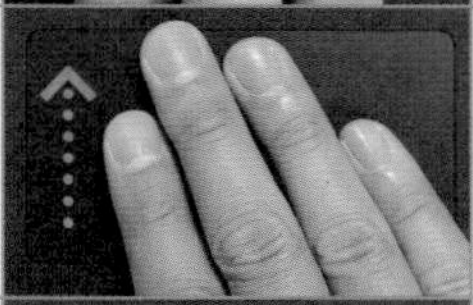	マルチタスク表示
	下に動かす		デスクトップの表示
	左右に動かす		仮想デスクトップの切り替え
	タップ	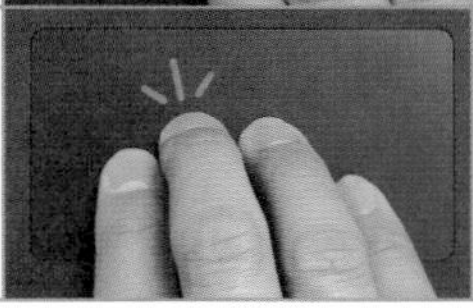	通知センターを開く

1 本指や 2 本指の操作は従来のノートパソコンの使い勝手とあまり変わらないですが、3 本指や 4 本指の操作はパソコンの使い勝手を大分向上させてくれる使い方です。

これ以降のセクションでは、3 本指や 4 本指の使い方をさらに詳しく解説します。

SECTION 073 タッチ操作

タッチ操作で 文字をスムーズに入力する

Surface ProやSurface Goなどのタブレットデバイスは、タイプカバーを外すとタッチキーボードが現れてタッチ操作で文字入力ができます。ここではタッチ操作でスムーズに文字入力する方法を解説します。

第1章 第2章 第3章 第4章 タッチ操作

タッチキーボードで文字入力をする

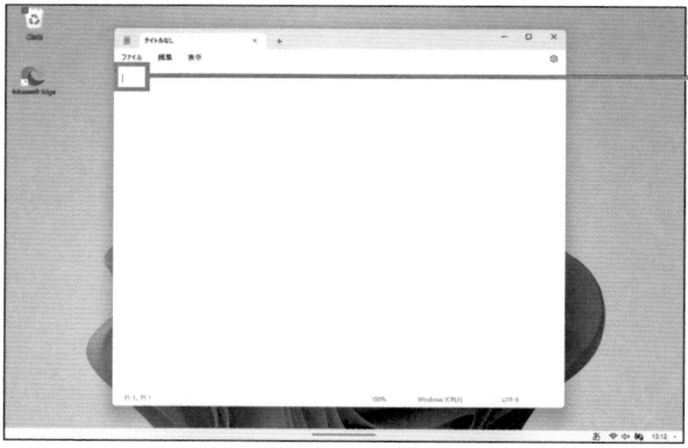

❶ たとえば、「メモ帳」アプリの文字入力できる領域をタップすると、

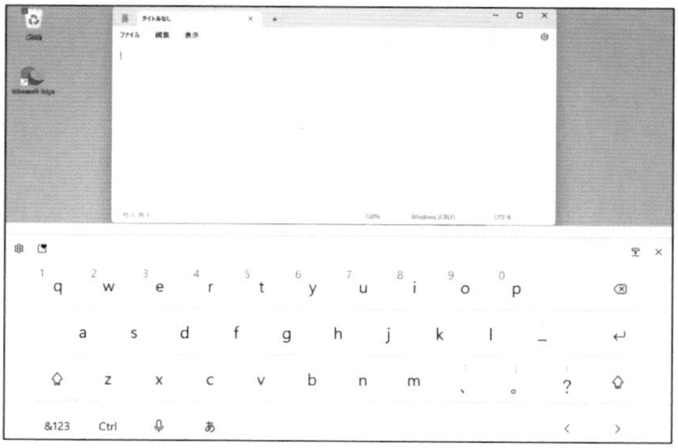

❷ タッチキーボードが出現して文字入力できるようになります。

MEMO タイプカバー

Surface Pro や Surface Go などのタブレットデバイスは、タイプカバーを外した状態で文字入力できるところをタップすると自動的にタッチキーボードが出現します。

OnePoint タッチキーボード

タッチキーボードも入力に慣れると結構快適だったりします。タイプカバーを外してタブレット使用時は、このタッチキーボードが大変重宝します。

SECTION 074
タッチ操作

タッチ操作で 文字をコピー&ペーストする

キーボード操作時は文字を範囲選択してキー操作でコピー&ペーストをしますが、タッチ操作時は別の方法になります。タッチ操作時のコピー&ペースト方法を覚えて文字入力作業を効率的に行いましょう。ここでは、「メモ帳」アプリでの方法を解説します。

タッチ操作で文字をコピー&ペーストする

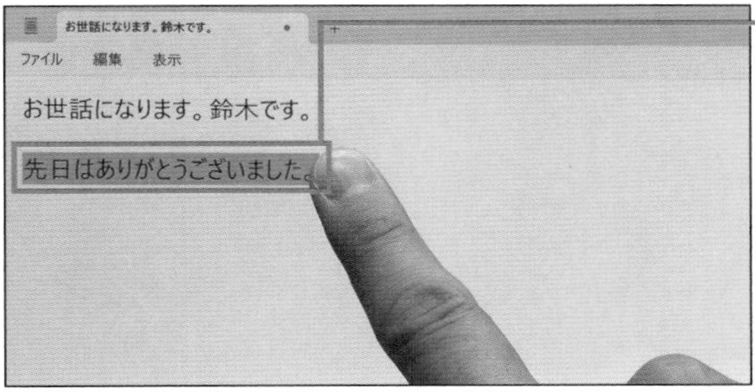
お世話になります。鈴木です。
ファイル 編集 表示
お世話になります。鈴木です。
先日はありがとうございました。

❶「メモ帳」アプリのコピー&ペーストは、まずコピーしたい文字を指でなぞって、

❷文字を範囲選択します。

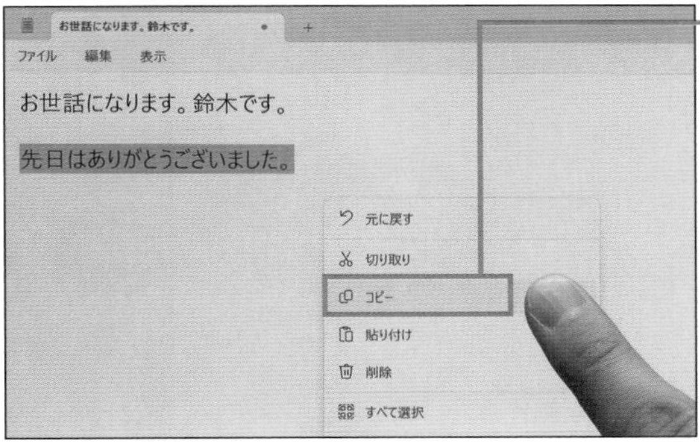
お世話になります。鈴木です。
ファイル 編集 表示
お世話になります。鈴木です。
先日はありがとうございました。
元に戻す
切り取り
コピー
貼り付け
削除
すべて選択

❸この状態で次に「メモ帳」アプリの画面を長押しで表われるショートカットメニューの[コピー]をタップします。

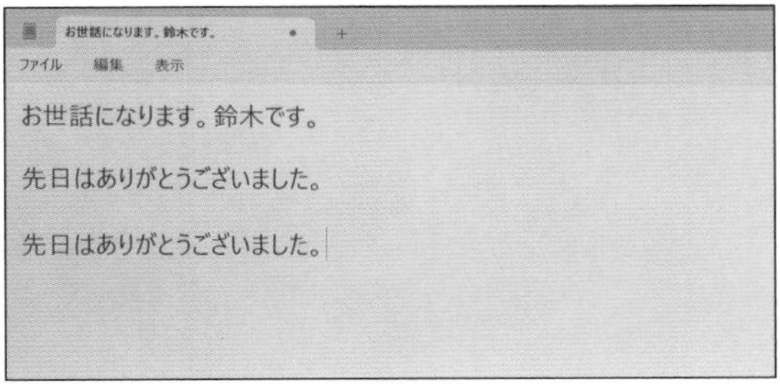
お世話になります。鈴木です。
ファイル 編集 表示
お世話になります。鈴木です。
先日はありがとうございました。
先日はありがとうございました。

❹貼り付けしたい場所にカーソルを合わせて、コピー時と同様の方法でショートカットメニューの[貼り付け]をタップすると、コピーした文字を貼り付けすることができます。

SECTION 075 タッチ操作

キーボードレイアウトを使いやすくする

タッチキーボードにはさまざまなキーボードレイアウトがあります。Windows 11ではフリック入力できるタッチキーボードも加わって一層快適な文字入力ができるようなりました。自分好みのキーボードを選んで文字入力作業を効率化させましょう。

タッチ操作時のキーボードレイアウトを変更する

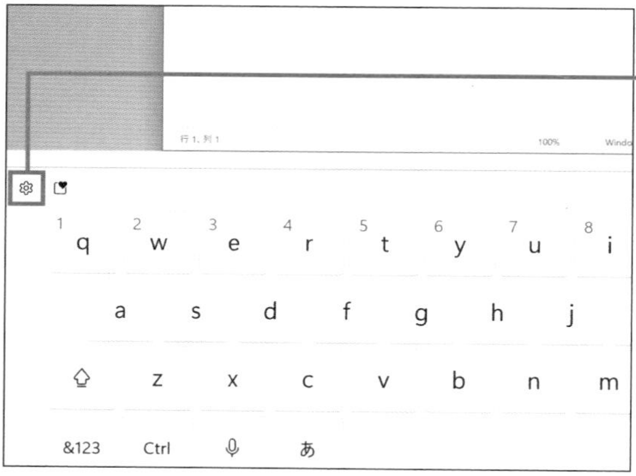

❶タッチキーボードを表示し、

❷左上の［歯車アイコン］をタッチして、

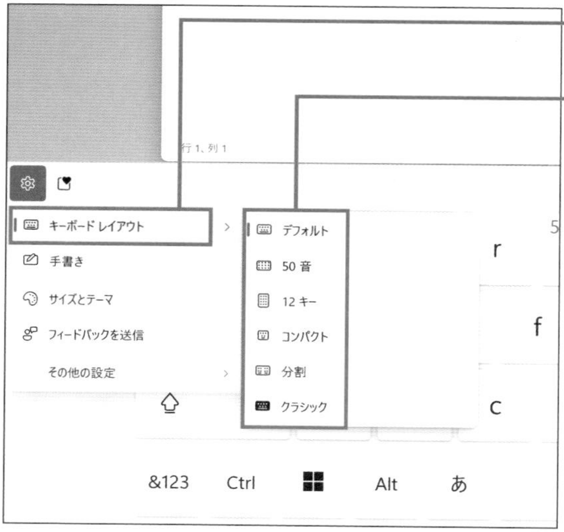

❸メニューから、［キーボードレイアウト］をタッチすると、

❹キーボードレイアウトを変更することができます。

キーボードレイアウトの種類

ここでは選べるタッチキーボードの種類と特徴を解説します。

デフォルトレイアウト

初期状態のキーボードレイアウトです。スペースキーの左の あ または A キーで、日本語と英語の入力を切り替えます。

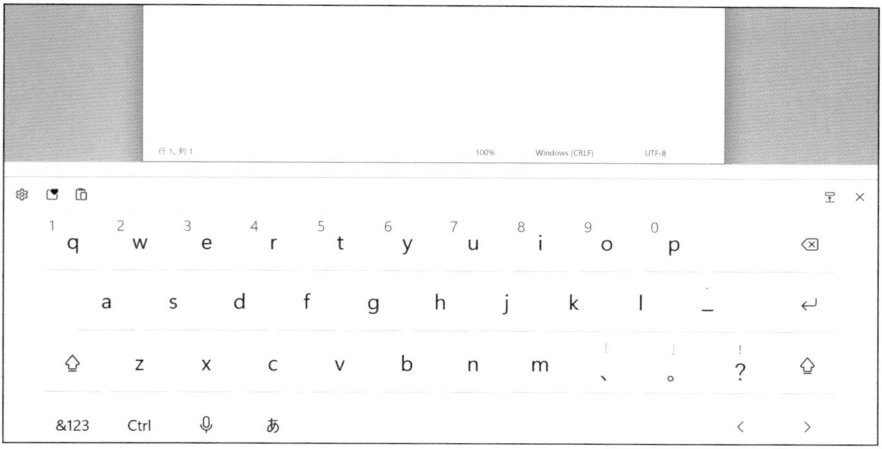

50音レイアウト

日本語の50音をそのまま入力するキーボードレイアウトです。ローマ字入力に慣れていないユーザーにはこちらのほうが直感的に文字入力することができます。

12キーレイアウト

スマホのようなフリック入力ができるキーボードレイアウトです。スマホの文字入力に慣れているユーザーはこちらのほうがすばやく入力できるかもしれません。画面右下に配置して親指で操作すると快適です。

コンパクトレイアウト

こちらはスマホの英数字入力をするときのようなキーボードレイアウトです。タブレットでこのキーボードレイアウトの利用シーンはあまりないかもしれません。

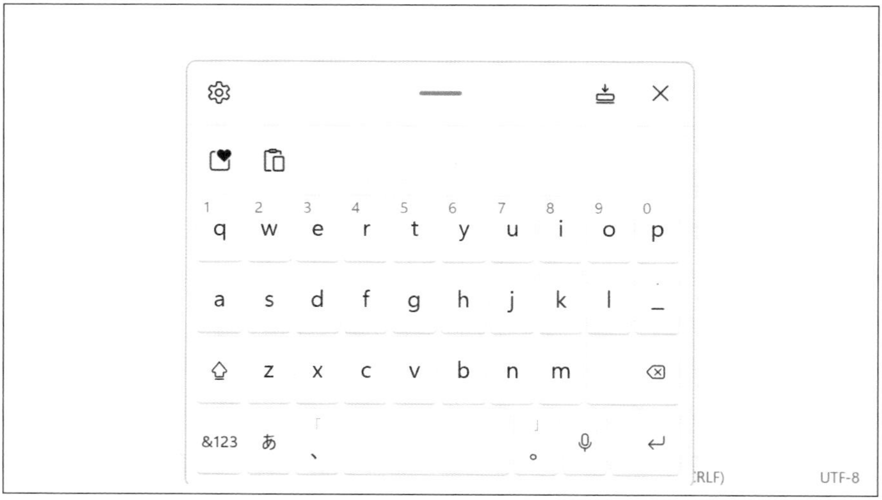

分割レイアウト

キーを左手と右手で入力できるキーボードレイアウトです。タブレットを両手で持っているときの文字入力に効果を発揮します。

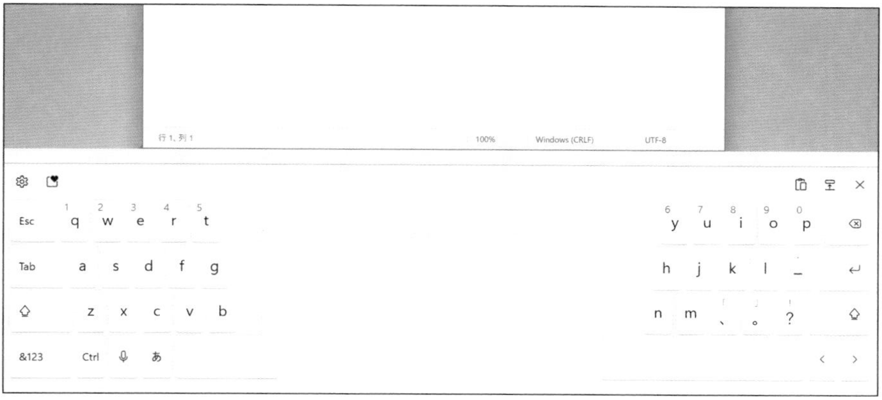

クラシックレイアウト

ハードウェアキーボードの配置に近いキーボードレイアウトです。ハードウェアキーボードと同じ配置を好むユーザーに適しているといえます。

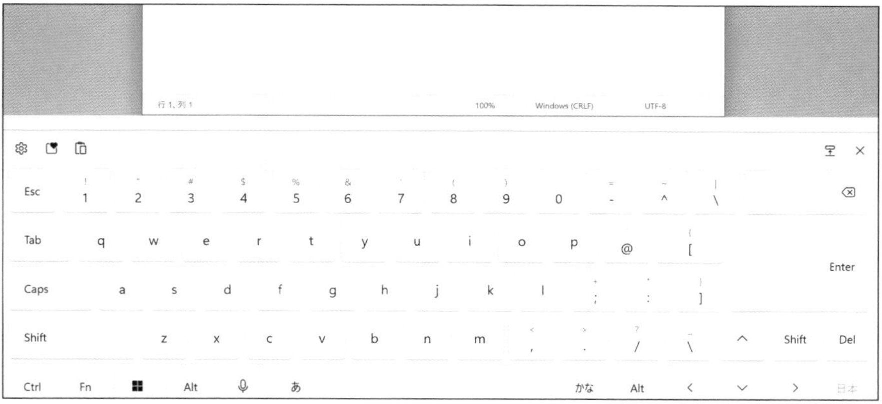

OnePoint 自分好みにできる

ハードウェアキーボードは形を変えることがもちろんできないですが、タッチキーボードはソフトウェアで実現している性質から自分好みのキーボードレイアウトに変えることができるのが魅力です。シーンに応じてキーボードレイアウトを変えて文字入力を効率化させるとよいでしょう。

SECTION 076 タッチ操作

キーを使いやすい大きさに変更する

タッチキーボードのキーの大きさは変更することができます。自分の手の大きさに合わせて変更するとよりタッチキーボードがなじむことでしょう。ここではタッチキーボードのキーのサイズの変更方法を解説します。

タッチキーボードのキーの大きさを変更する

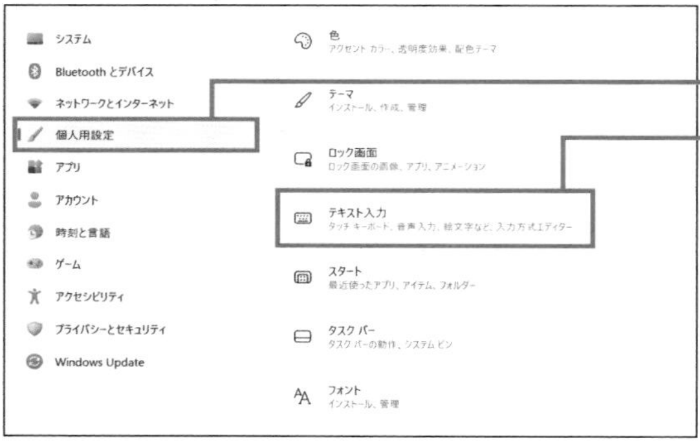

❶「設定」アプリを開いて、

❷［個人用設定］をクリックし、

❸［テキスト入力］をクリックします。

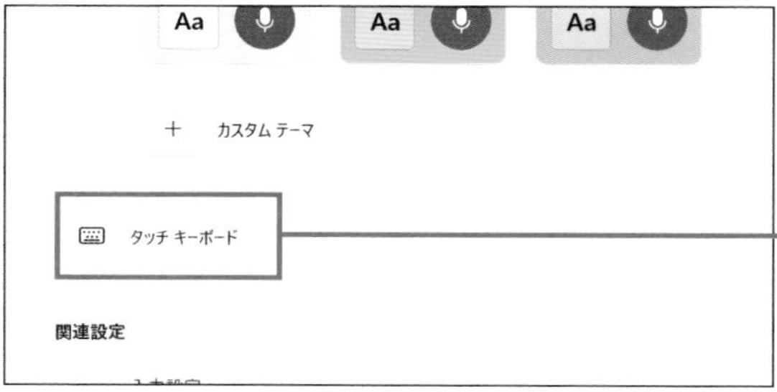

❹［タッチキーボード］をクリックします。

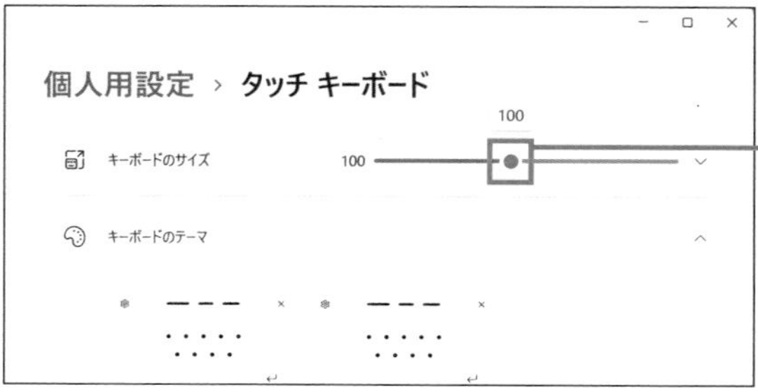

❺［キーボードのサイズ］の項目のスライダーを左右にドラッグすると、

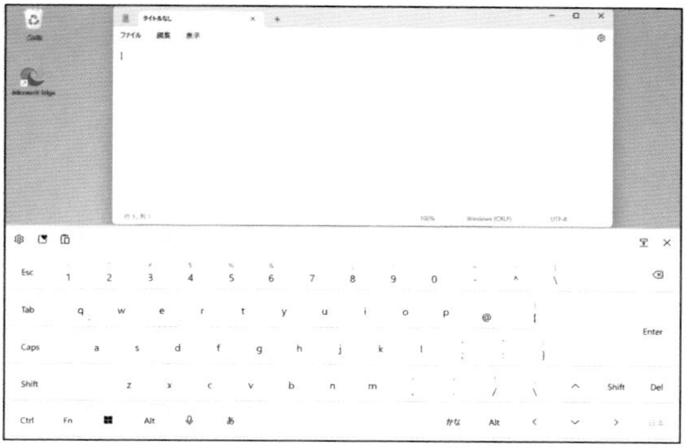

❻キーボードのサイズを変更することができます。画面は、初期状態の値の100のサイズです。

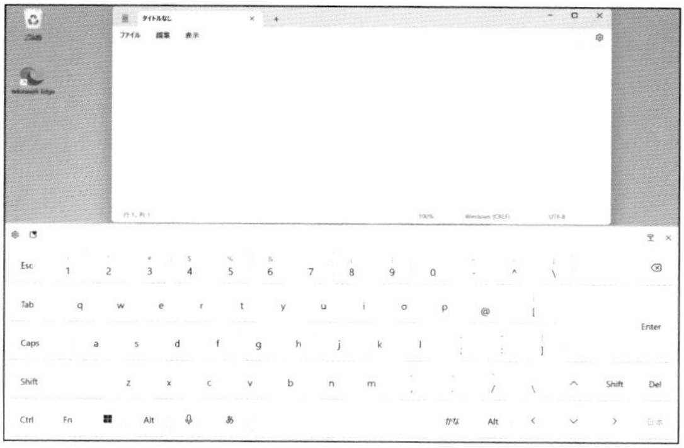

❼手順❺の画面で、［キーボードのサイズ］の項目のスライダーを「120」のところまでドラッグすると、120%の大きさになります。

OnePoint そのほかのレイアウト

標準のレイアウトだけでなく、そのほかの12キーレイアウトなどでもキーボードサイズを変更することができます。自分にとって一番入力のしやすいキーボードサイズに変更するとより快適に文字入力できるでしょう。

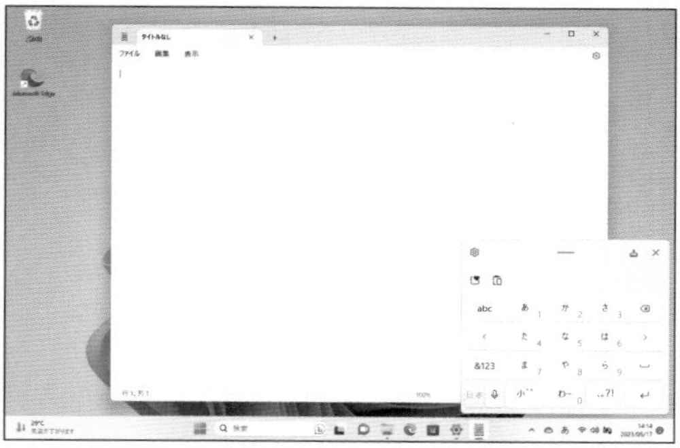

SECTION 077 タッチ操作

タッチパッドを操作しやすい感度に調整する

文字入力中にタッチパッドに触れて誤ってカーソルが変わるなどに困ったときはタッチパッドの感度を調整するとよいでしょう。タッチパッドの感度は設定で変更することができます。

タッチパッドの感度を変更する

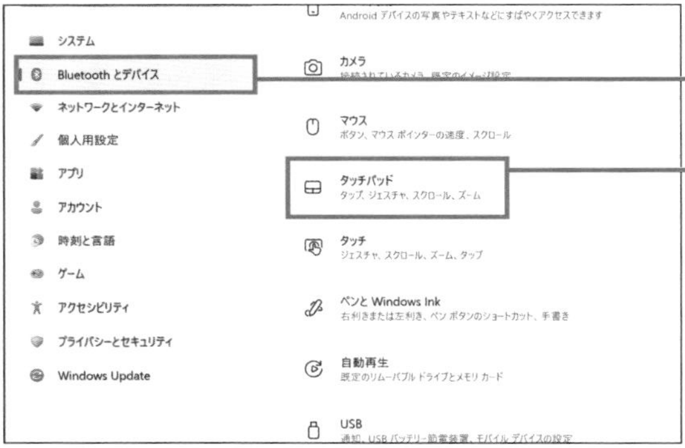

❶「設定」アプリを開いて、

❷［Bluetooth とデバイス］をクリックし、

❸［タッチパッド］をクリックします。

MEMO 表示されない場合

Surface Pro などのタイプカバー型 Surface はタイプカバーを外していると、この項目は表示されません。

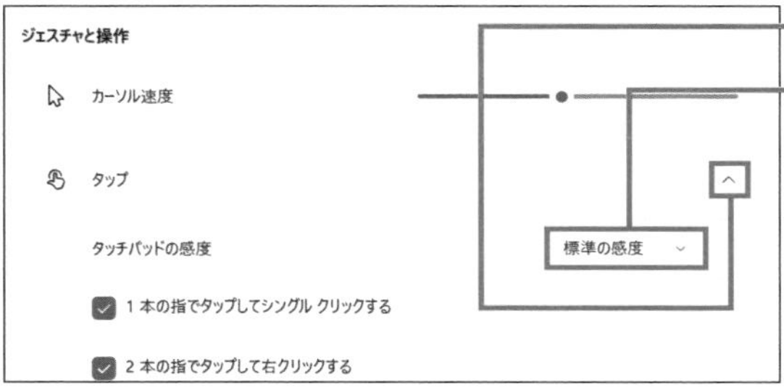

❹［タップ］の⌄をクリックし、

❺［タッチパッドの感度］の項目の［標準の感度］の項目を変えることでタッチパッドの感動を変更できます。

❻文字入力時にタッチパッドに触れてカーソルが移動して困るような場合は［低い感度］に設定し、タッチパッドの感度を変えてタッチパッドを反応しにくくできます。

SECTION 078 タッチ操作

ジェスチャーで拡大／縮小／スクロールする

タッチパッドでスマホ操作のように2本指でコンテンツを拡大・縮小したりすることができます。使い慣れるとWebブラウジングなどで直感的な操作ができるようになります。ここではタッチパッドのジェスチャー操作について解説します。

タッチパッドのジェスチャーで拡大／縮小をする

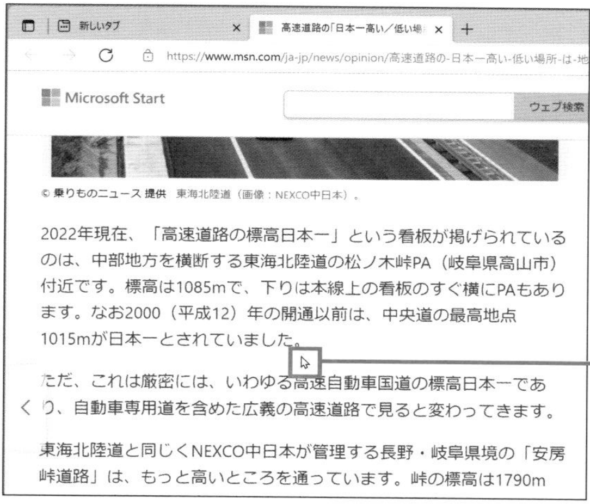
新しいタブ
高速道路の「日本一高い／低い場
https://www.msn.com/ja-jp/news/opinion/高速道路の-日本一高い-低い場所-は-地
Microsoft Start
ウェブ検索
© 乗りものニュース 提供　東海北陸道（画像：NEXCO中日本）。
2022年現在、「高速道路の標高日本一」という看板が掲げられているのは、中部地方を横断する東海北陸道の松ノ木峠PA（岐阜県高山市）付近です。標高は1085mで、下りは本線上の看板のすぐ横にPAもあります。なお2000（平成12）年の開通以前は、中央道の最高地点1015mが日本一とされていました。
ただ、これは厳密には、いわゆる高速自動車国道の標高日本一であり、自動車専用道を含めた広義の高速道路で見ると変わってきます。
東海北陸道と同じくNEXCO中日本が管理する長野・岐阜県境の「安房峠道路」は、もっと高いところを通っています。峠の標高は1790m

❶ Webブラウザーで記事を読んでいるときに拡大したい場所にカーソルを合わせます。

❷ ここでタッチパッド上で２本指を置いて開くような動きをします。

Alt
無変換
変換
カタカナ
ひらがな
ローマ字
Alt

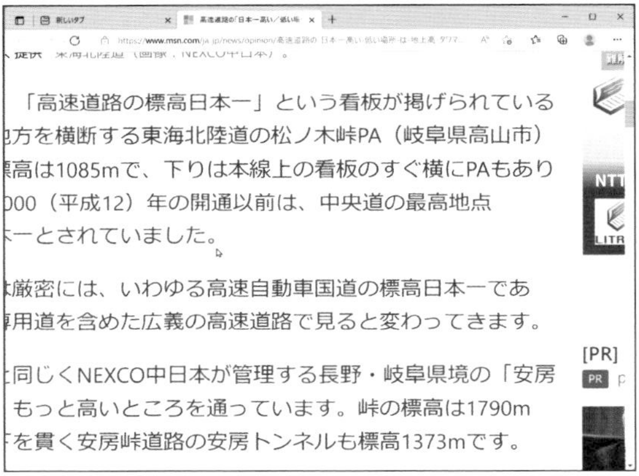
新しいタブ
高速道路の「日本一高い／低い場
「高速道路の標高日本一」という看板が掲げられている
也方を横断する東海北陸道の松ノ木峠PA（岐阜県高山市）
票高は1085mで、下りは本線上の看板のすぐ横にPAもあり
)00（平成12）年の開通以前は、中央道の最高地点
本一とされていました。
は厳密には、いわゆる高速自動車国道の標高日本一であ
専用道を含めた広義の高速道路で見ると変わってきます。
と同じくNEXCO中日本が管理する長野・岐阜県境の「安房
もっと高いところを通っています。峠の標高は1790m
下を貫く安房峠道路の安房トンネルも標高1373mです。
[PR]

❸そのカーソルを中心としてページが拡大します。

タッチパッドのジェスチャーでスクロールをする

新しいタブ
高速道路の「日本一高い／低い場
Microsoft Start
ウェブ検索
文書読解AIによる業務の効率化・高度化を低コストで実現。文書から重要な情報を構造化して抽出。
開く
乗りものニュース
高速道路の「日本一高い／低い場所」は？ 地上高"タワマン超え橋"も
乗りものニュース編集部 2022/03/27 16:12
国道の最高地点は2000m超え、高速は？
日本の国道最高所は標高2172m。群馬県と長野県を結ぶ国道292号「渋峠」です。では、高速道路の日本で一番高い場所はどこでしょうか。
【標高日本一の「県道」、タワマン超え橋… びっくり道路を写真で見る】
NTTDATA
LITRON
NTTデータ/文書読解
会話を始める
© 2022 Microsoft
プライバシーと Cookie 利用規約

❶Webブラウザーで記事の続きを読むために下にスクロールしたいときはカーソルをブラウザーの上に移動します。

❷ここでタッチパッド上で２本指を上にすべらせるような動きをします。

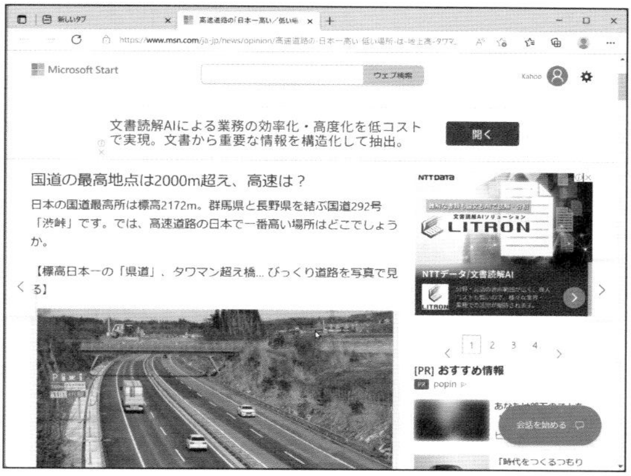

❸スクロールすることができます。

COLUMN　スクロールの方向

スクロール方向は設定で変えることができます。「設定」アプリを開き、[Bluetoothとデバイス] → [タッチパッド] のページで、[スクロールとズーム] → [スクロール方向] で設定します。初期状態では [ダウンモーションで上にスクロール] となっています。スマホもWebページをスクロールするときはアップモーションで下にスクロール、ダウンモーションで上にスクロールなので、今はこのスクロール方向のほうが直感的な操作といえます。

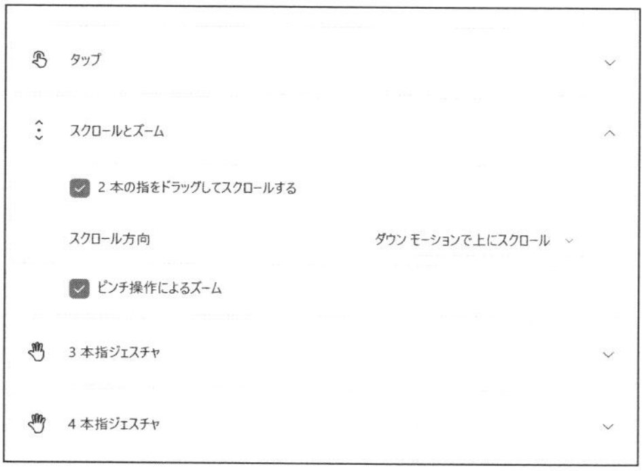

SECTION 079 タッチ操作

ジェスチャーでウィンドウを切り替える

タッチパッドには知っておくとより快適にWindowsが使える小技があります。タッチパッド派のユーザーであればぜひとも知っておきたい機能です。ここではジェスチャーでウィンドウを切り替える方法を解説します。

3本指ジェスチャーでウィンドウを切り替える

タッチパッドを３本指で左右にスワイプすると現在開いているアプリのウィンドウを切り替えることができます。Windows にはお馴染みの、キーボードで Alt ＋ Tab キーでウィンドウ切り替えする機能がタッチパッドで操作できます。

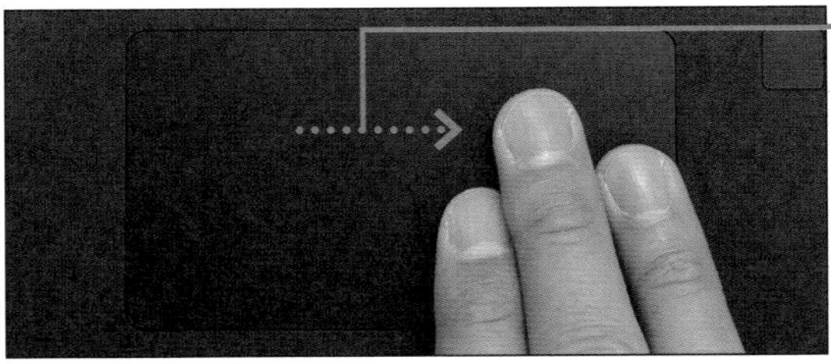

❶ タッチパッドに３本指を置いてそのまま右にスワイプ動作をします。

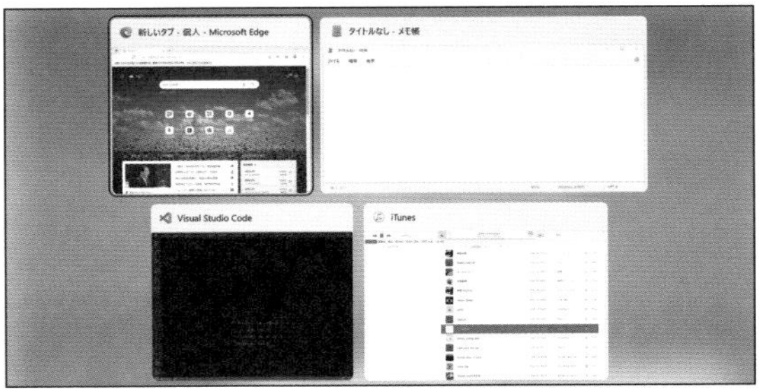

❷ 現在開いているアプリのウィンドウの一覧が表示されます。

❸ そのまま３本指でカーソルを移動して、前面に表示させたいアプリにカーソルを止めて３本指を離すと、そのアプリが前面表示となります。

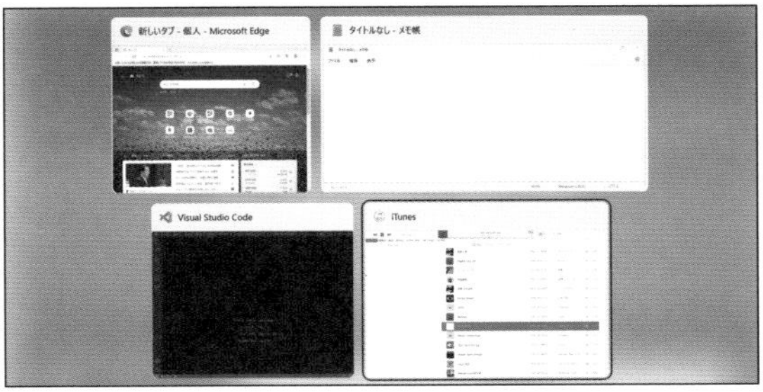

MEMO 下に動かす

もう１つ覚えておきたいのは、このウィンドウ切り替え画面になったあとに３本指を下に動かすと並んでいるウィンドウの下の段にカーソルを移動することができます。タッチパッド派のユーザーはぜひとも覚えておきたい機能です。

SECTION
080
タッチ操作

ジェスチャーで仮想デスクトップを切り替える

前セクションの3本指ジェスチャー操作と一緒に4本指ジェスチャー操作でできることも覚えておきたいところです。ここでは4本指ジェスチャーで仮想デスクトップを切り替える方法を解説します。

4本指ジェスチャーで仮想デスクトップを切り替える

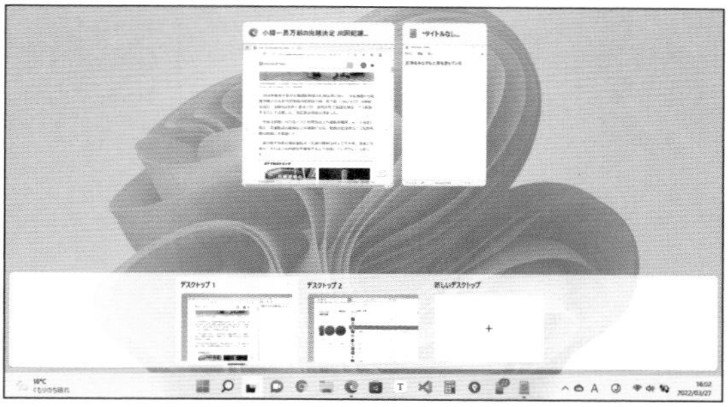

タッチパッドを４本指で左右にスワイプすると仮想デスクトップの画面すばやくを切り替えることができます。キーボードで⊞＋Ctrl＋→キーを押して仮想デスクトップを切り替える機能がタッチパッドで操作できます。
これをするには仮想デスクトップを２つ以上にする必要があります（34ページ参照）。

ここでは、デスクトップ１で記事を読みながら「メモ帳」アプリにメモをしている作業と、デスクトップ２で「音楽」アプリで音楽を再生している作業があるとします。

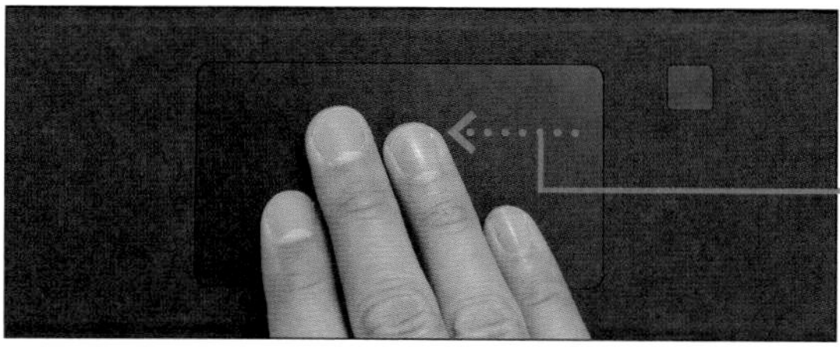

❶ デスクトップ１でブラウザーと「メモ帳」アプリを開いている状態から、

❷ タッチパッドに４本指を置いてそのまま左にスワイプ動作をします。

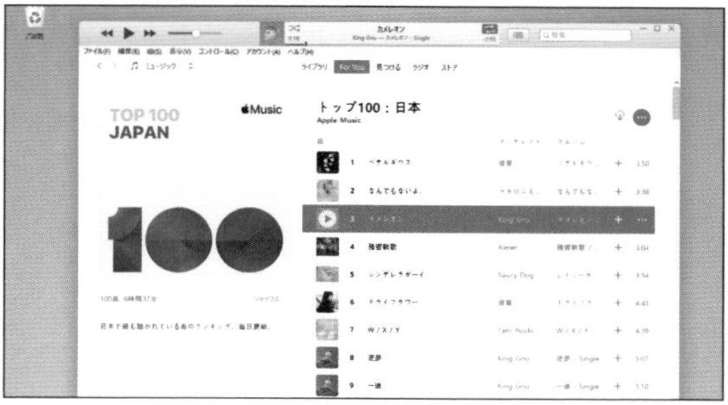

❸ 瞬時に画面が変わってデスクトップ２に切り替わります。

MEMO 切り替え演出

キーボードの切り替えに比べてジェスチャーの切り替えは、アニメーションが加わって直感的です。

SECTION 081 タッチ操作

ジェスチャーに機能を自由に割り当てる

タッチパッドの便利なジェスチャー機能は、カスタマイズで特定の操作を割り当てることができます。自分のよく使う操作を割り当てるとその機能にアクセスしやすくなります。

4本指ジェスチャーに特定の機能を割り当てる

初期状態の4本指の左右のジェスチャーでは仮想デスクトップの切り替えが割り当てられています。これを、右にスワイプすると左からウィジェットが現れ、左にスワイプすると右から通知センターが現れるように設定を変更してみます。

❶「設定」アプリを開いて、

❷[Bluetooth とデバイス]をクリックし、

❸[タッチパッド]をクリックします。

MEMO 表示されない場合

Surface Pro などのタイプカバー型 Surface はタイプカバーを外しているとこの項目は表示されません。

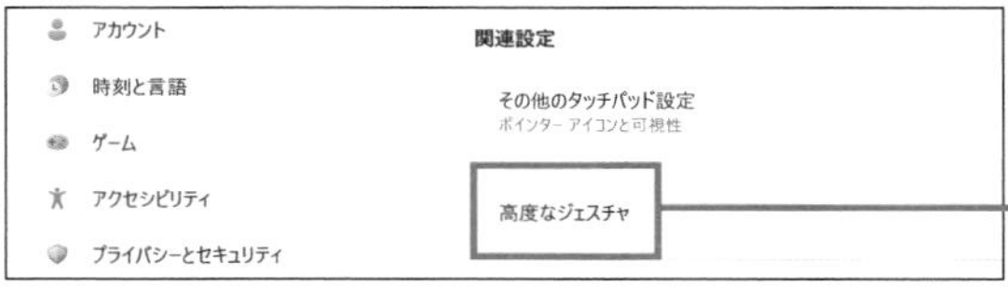

❹ページ最下部の[高度なジェスチャ]をクリックします。

❺このページで3本指ジェスチャと4本指ジェスチャのそれぞれの操作に対して個別に機能を割り当てることができます。まずは4本指の[左方向にスワイプ]の機能選択ボタンをクリックします。

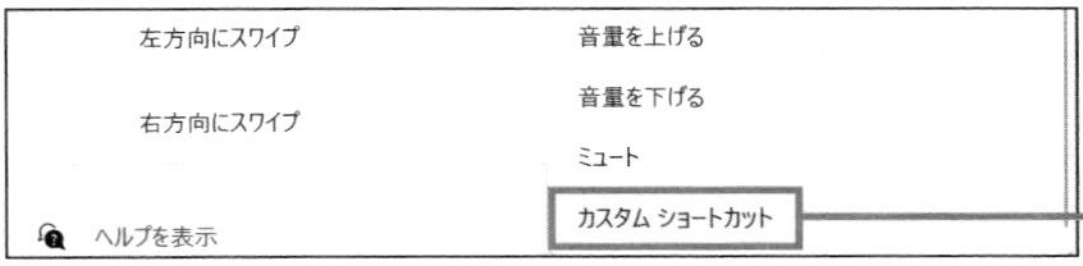

❻すでに用意されている機能がありますが、ここでは一番下の［カスタムショートカット］をクリックします。

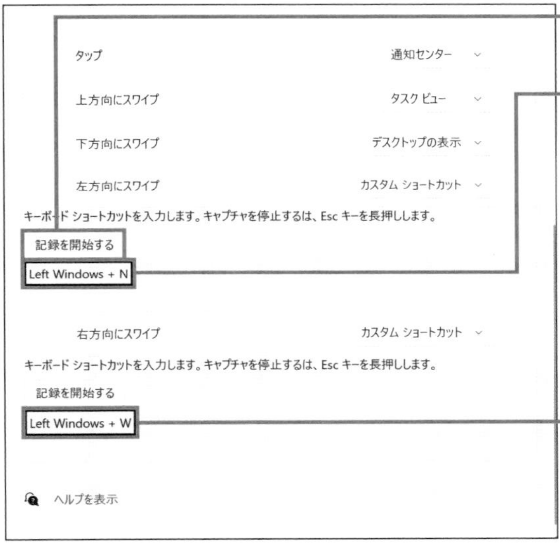

❼［記録を開始する］をクリックし、

❽「通知センターを開く」キーボードショートカットの⊞＋Nキーを押して、割り当てます。

❾［記録を停止する］をクリックします。

❿同様の操作で、［右方向にスワイプ］に「ウィジェットを開く」キーボードショートカットの⊞＋Wを割り当てます。

MEMO ⊞キー

実際には、⊞キーの設定は、［Left Windows］と表示されます。

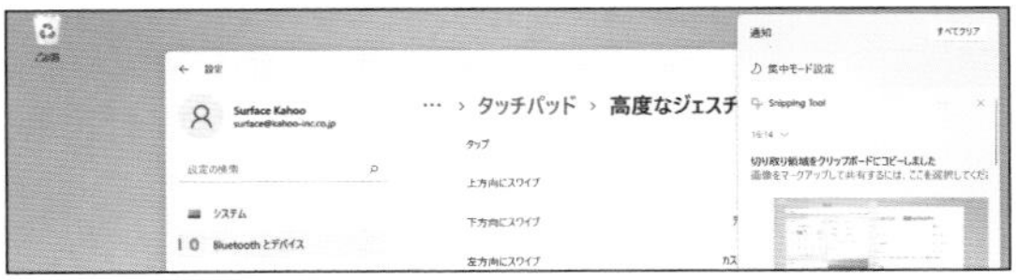

⓫設定すると、左方向にスワイプすると通知センターが現れます。

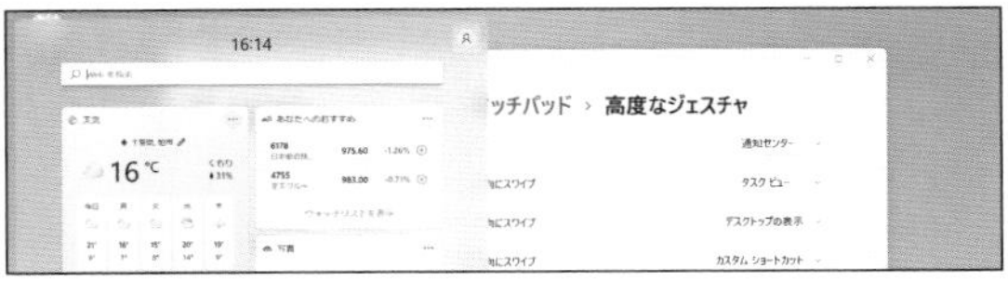

⓬右方向にスワイプするとウィジェットが現れます。

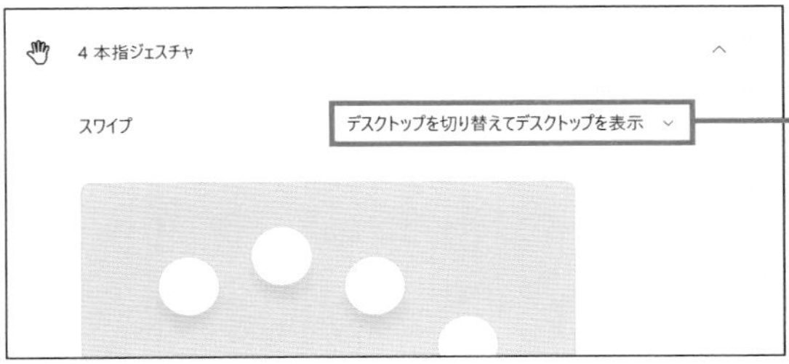

⓭設定を元に戻すには、［4本指のジェスチャ］の［スワイプ］の項目で設定をするともとの動きにリセットされます。
自分のよく使う操作を割り当てるとタッチパッドがより便利になります。

SECTION
082
タッチ操作

タッチパッドを無効化して誤作動を防ぐ

文字入力中にタッチパッドに触れるとカーソルが移動して誤作動することがありますが、タッチパッドを無効化することでそれを防ぐことができます。ここではマウス接続時のみタッチパッドを無効化する方法も合わせて紹介します。

タッチパッドを無効化する

文字入力をしている途中に以下の写真のように右手の親指の付け根の部分がタッチパッドに触れて誤作動することがあります。ここでは、タッチパッドを完全無効化する方法を紹介します。

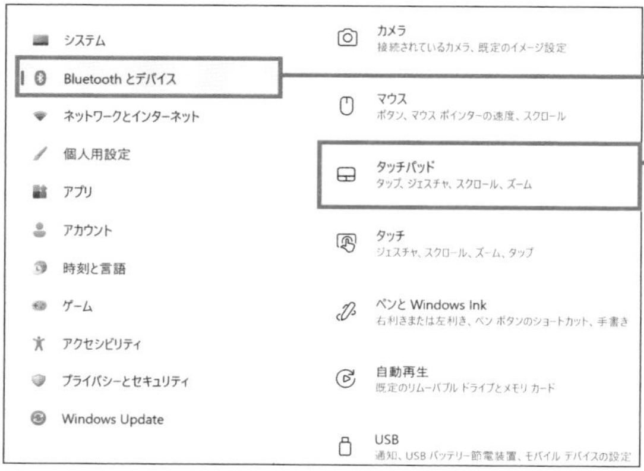

❶「設定」アプリを開いて、

❷［Bluetooth とデバイス］をクリックし、

❸［タッチパッド］をクリックします。

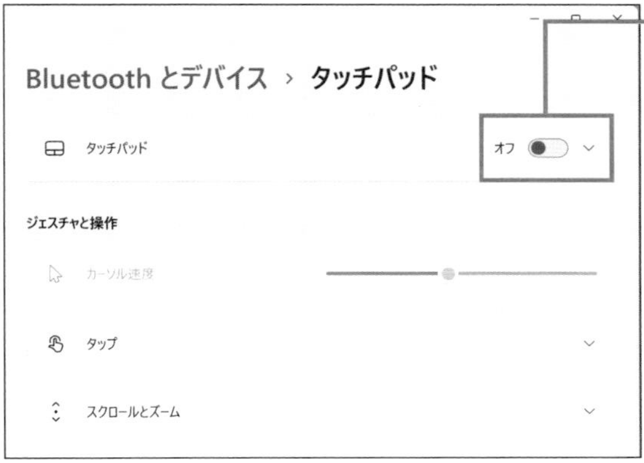

❹［タッチパッド］の項目のスイッチを［オフ］にすると、

❺タッチパッドは完全に効かなくなります。

COLUMN　マウス接続時のみタッチパッドを無効化する

しかし自宅や会社にいるときは主にマウスを使用して外出先ではタッチパッドを使う場合は、タッチパッドを完全無効化するのは困ります。

そういうときはマウス接続時のみタッチパッドを無効化にするとよいでしょう。

同じ設定画面で［タッチパッド］の項目を開いて、［マウスの接続時にタッチパッドをオフにしない］のチェックを外します。

ちょっとわかりづらいですが、オフにしないことをオフにしているので、これでマウスの接続時のタッチパッドをオフになります。

ただ、Surface のタッチパッドはとてもよくできていて、初期状態の設定でも文字入力中にタッチパッドに触れて誤作動をするということをあまり体感したことがありません。

もし誤作動が多いという場合に限りこの設定を調整するでよいでしょう。

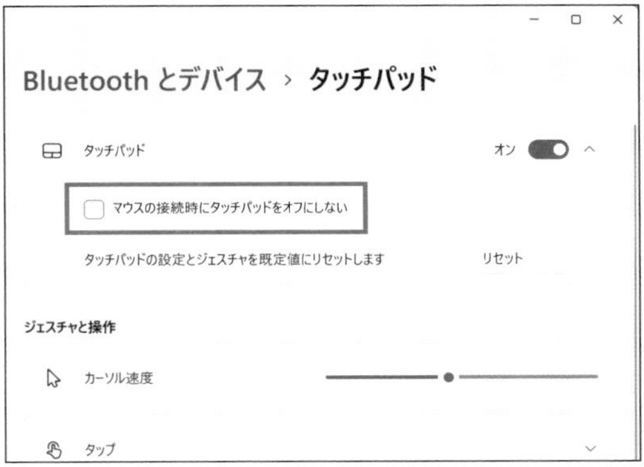

SECTION
083
タッチ操作

画面の向きを固定して使いやすくする

Surface Proのようなタブレット型パソコンでは、横になりながら電子書籍を読むシーンで画面の向きを固定して使いたいことがあります。ここでは回転ロックをすばやく設定する方法を解説します。

回転ロックとは

Surface Pro のようなタブレット型パソコンで、横になりながら電子書籍として使うときに自動回転でコンテンツだけが自分とは違う向きになっていることがあります。こういうときは回転ロックを使いますが、すばやくロックするためにクイック設定から回転ロックができるように設定しましょう。

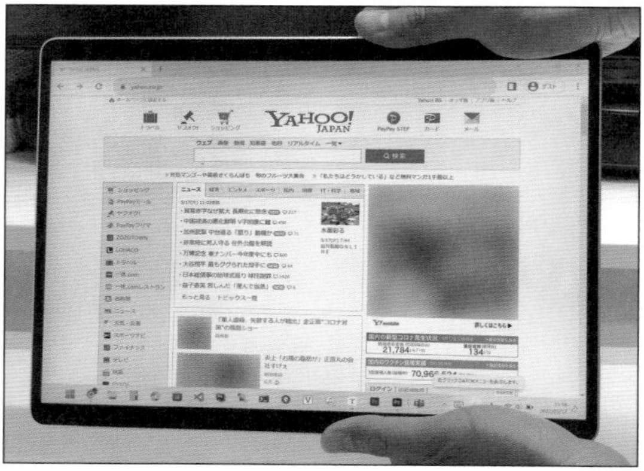

◀回転ロックなし

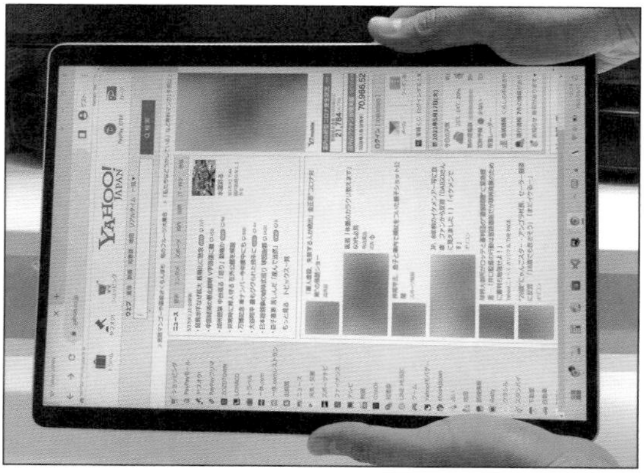

◀回転ロックあり

クイック設定に回転ロックを追加する

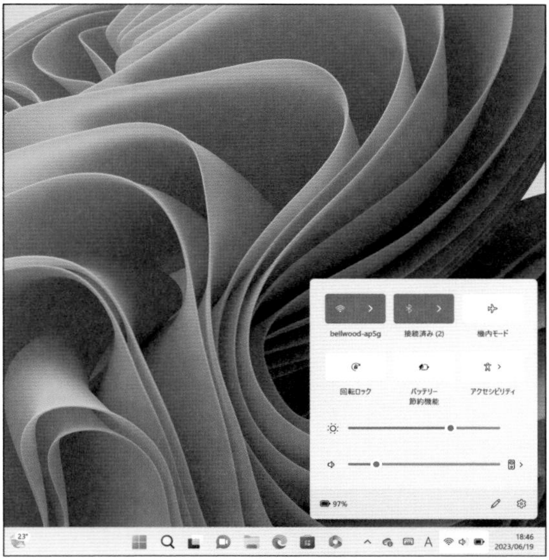

❶ Surfaceを縦に回転させて、

❷ ⊞+A キーを押して、

❸ クイック設定を開きます。

MEMO クイック設定

クイック設定は、音量マークのあたりをクリックしても開きます。

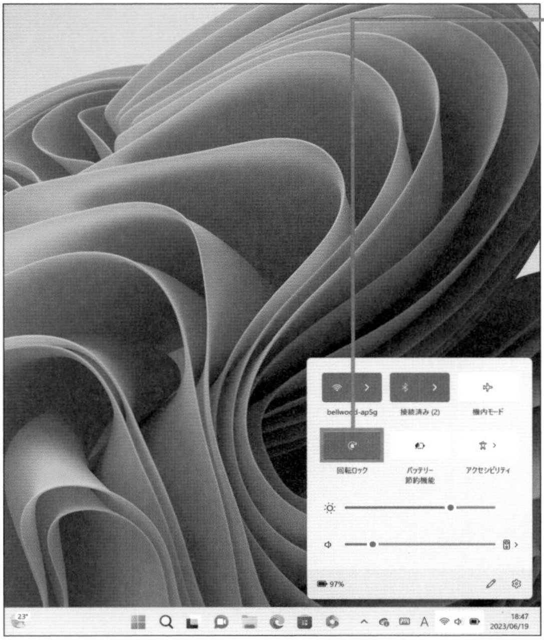

❹ ［回転ロック］をクリックすると、

❺ 画面の向きが固定されて、

❻ 横向きでも快適にWeb記事などが読めるようになります。

MEMO 回転ロック

回転ロックがグレーアウトになって押せないときは、タイプカバーキーボードを裏返すと、タブレットモードになり押せるようになります。

SECTION 084 タッチ操作

操作方法が変わるアプリに注意する

Surface Proなどのタブレット型パソコンでは、タイプカバーを外すとタブレットとして操作しやすいユーザーインターフェースに少し変わります。アプリもそれに準じたものがあるので注意しましょう。

操作方法が変わるアプリに注意する

Surface Pro などのタブレット型パソコンで、タイプカバーをつけているときの Google Chrome は以下のような今までと変わらないユーザーインターフェースです。

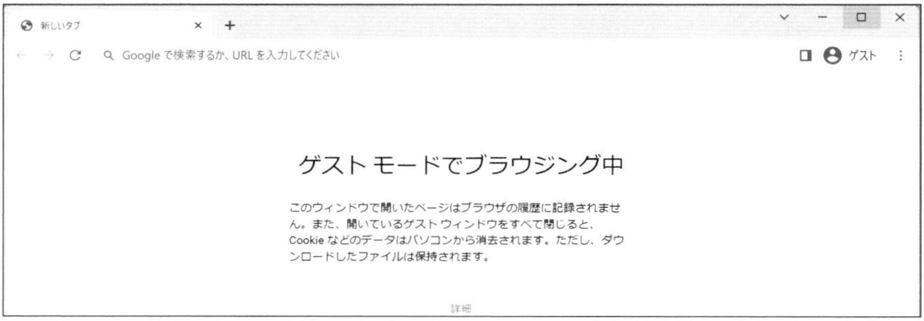
新しいタブ
Google で検索するか、URL を入力してください
ゲスト
ゲスト モードでブラウジング中
このウィンドウで開いたページはブラウザの履歴に記録されません。また、開いているゲスト ウィンドウをすべて閉じると、Cookie などのデータはパソコンから消去されます。ただし、ダウンロードしたファイルは保持されます。
詳細

しかし、タイプカバーを取り外すと検索バーやユーザーアイコンなどが大きくなります。そしてなぜか最大化ボタンが押せなくなっています。

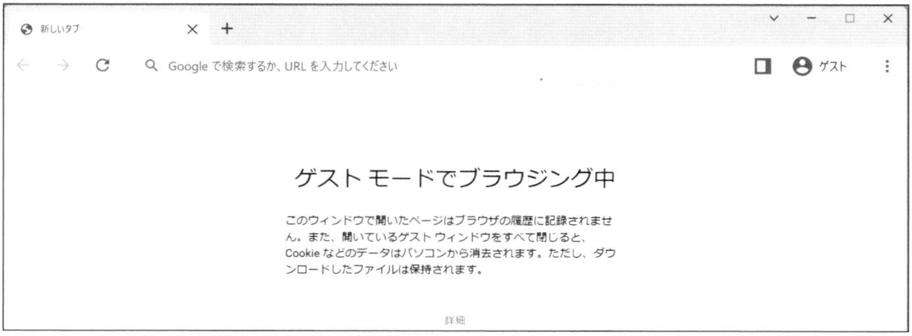
新しいタブ
Google で検索するか、URL を入力してください
ゲスト
ゲスト モードでブラウジング中
このウィンドウで開いたページはブラウザの履歴に記録されません。また、開いているゲスト ウィンドウをすべて閉じると、Cookie などのデータはパソコンから消去されます。ただし、ダウンロードしたファイルは保持されます。
詳細

タブレットとして使っているときは、このようにアプリによってはユーザーインターフェースが変わることがあることを覚えておきましょう。
一応ウィンドウを画面上部にくっつければ最大化はできるので大丈夫ですが、いつか修正されることを望みます。

第5章

快適さを増す周辺機器の使いこなし技

本章では、Surfaceの快適さを増す周辺機器の紹介やその使い方について解説します。SurfaceにはMicrosoft純正のパソコンアクセサリが多数揃っていて、Surfaceのポテンシャルを最大限に引き出してくれます。パソコン作業をより快適にするなら購入の価値は十分にあるでしょう。

SECTION 085 周辺機器

モニターに接続してデスクトップ化する

Surfaceを使ってパソコン作業を最大限活用したいなら、外部モニターにつないでデスクトップ化することです。デスクトップ化をするとパソコン作業の効率が段違いに変わります。

Surfaceに外部のモニター・キーボード・マウスを接続してデスクトップ化する

Surface のモニターは、Surface Go の 10.5 インチから Surface Laptop の 15 インチまでとさまざまありますが、どの機種においても長時間のパソコン作業をするなら外部モニターに接続してデスクトップ化を検討したほうがよいでしょう。

ここでは Surface を外部モニターに接続してデスクトップ化する方法を解説します。

デスクトップ化するにはパソコンモニター・キーボード・マウスが必要ですが、まだ持っていなくてこれから買うなら以下の接続方法のものがおすすめです。

・USB-C 接続ができるパソコンモニター

・Bluetooth 接続ができるキーボード

・Bluetooth 接続ができるマウス

パソコンモニターでもっとも多い接続端子は HDMI ですが、Surface には HDMI 端子が付いていないため別途変換アダプタを必要とします（変換アダプタについては 164 ページの「変換アダプタで接続先の端子の規格に合わせる」で解説します）。

変換アダプタを必要としない USB-C 接続ができるモニターの場合は、USB-C ケーブル 1 本を直接接続するだけで済みます。

また、キーボードとマウスに関しても USB アダプタ接続方式だとその分 USB ポートを使ってしまうため、こちらはできれば Bluetooth 接続ができるキーボードとマウスがよいでしょう。

USB ポートを使うことなく無線で Surface と接続できます。

そして、Surface Pro 8 と USB-C 接続可能なモニターと、Bluetooth 接続可能なキーボードとマウスで接続した写真がこちらです。

このような形でデスクトップ化すると、Surface よりも大きな画面で簡単に複数ウィンドウを開いて、キーボードとマウスで快適に操作できるようになります。

Surface Go 3 のような液晶画面サイズが小さい機種でも、このようにデスクトップ化すると画面の小ささが関係ならなくなり非常に快適です。

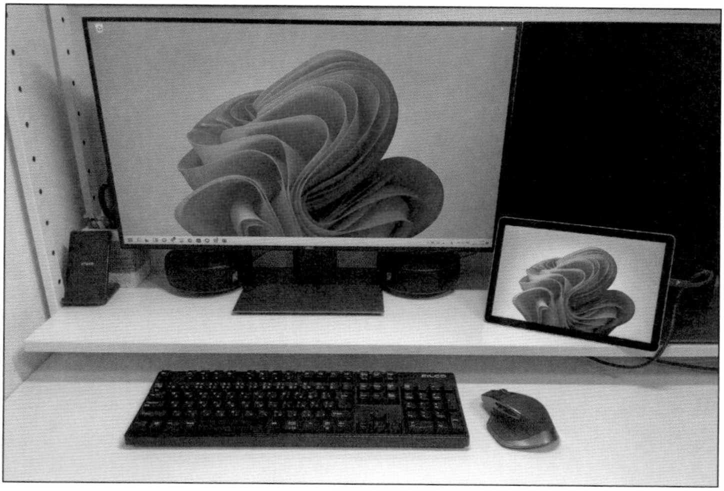

モニターを買うとしたら、筆者も使っている 27 インチ 4K モニターがおすすめです。Web ブラウジングをしていると文字一つ一つも高精細ですし、写真なども美しく見えます。

もし予算が許すなら 4K モニターはぜひ検討してみてください。

SECTION
086
周辺機器

最適な拡大率でモニターに表示する

最近は4K解像度のパソコンモニターもよく見かけるようになりました。4Kモニターだからといって文字が小さすぎるということはありません。最適な拡大率に設定すればフルHDと同じ文字サイズで表示することができます。

モニターの拡大率を変更する

4K モニターでたまに聞くのが、4K モニターの解像度だと文字が小さすぎて使いものにならないというのがあります。これは誤解であり、4K モニターでも拡大率を設定すれば最適な文字サイズとなります。

❶「設定」アプリを開いて、

❷[システム] をクリックし、

❸[ディスプレイ] をクリックします。

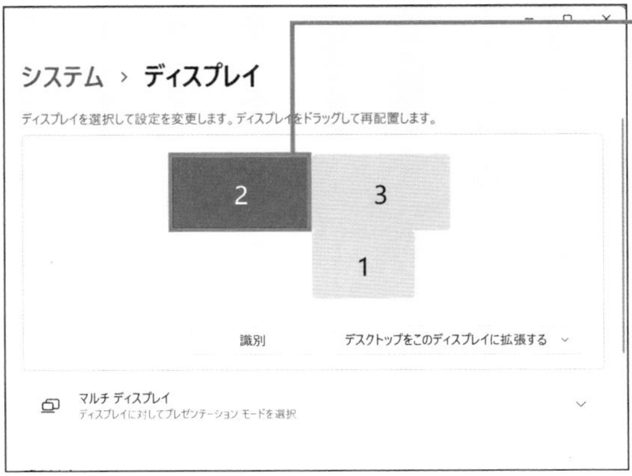

❹ここで 4K モニターであるモニターをクリックして、選択した状態にします。

MEMO 識別

[識別] をクリックすれば、今接続しているモニターがどの番号かがわかります。

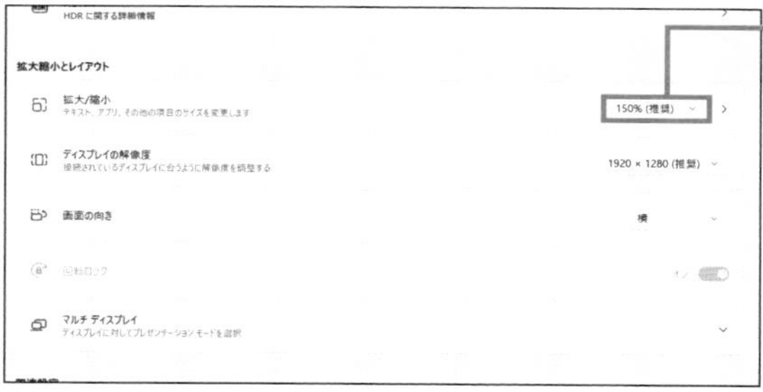

❺［拡大 / 縮小］という項目のパーセンテージの部分をクリックします。

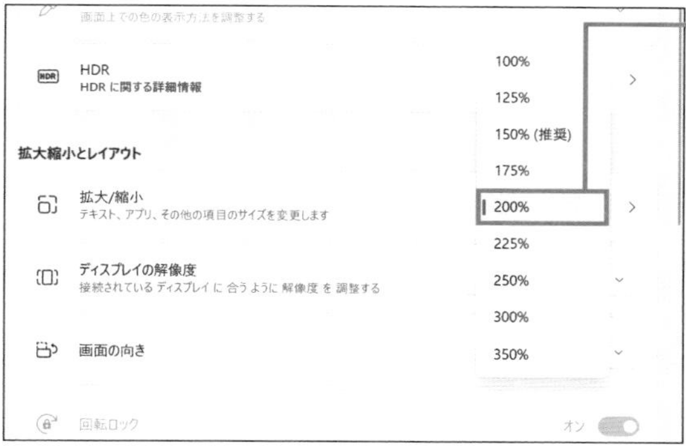

❻ここでは、［200%］をクリックします。

MEMO 拡大率

筆者は 27 インチの 4K モニターを使用しており、拡大率は 200% にしています。

❼4K 解像度（3840 x 2160）を 200% にすると、実質フル HD（1920 x 1080）と同じサイズになりすべての文字サイズが見やすくなります。

❽ちなみに、4K 解像度で拡大率 100% にすると文字は小さくなり読みづらくなります。このあたりの文字の大きさは完全に個人の好みなので、自分にとって最適な拡大率に設定するとよいでしょう。

SECTION
087
周辺機器

変換アダプタで接続先の端子の規格に合わせる

Surfaceシリーズの中にはUSB-Cポートしかないデバイスもあります。しかしUSB-Cは変換アダプタを使えばさまざまな周辺機器と接続することができます。ここではおすすめの変換アダプタ紹介します。

変換アダプタで接続先の端子の規格に合わせる

Surface Pro 8 を例にとると、拡張ポートとしては USB-C ポートが 2 つしかありません。

しかし、周辺機器としてはパソコンモニターだと HDMI だったり、マウス・キーボードやプリンターなどでは USB-A で接続することがまだ多かったりします。

そういうときは USB-C をほかの端子に変換するアダプタが必要なのですが、おすすめなのが USB-C ハブです。

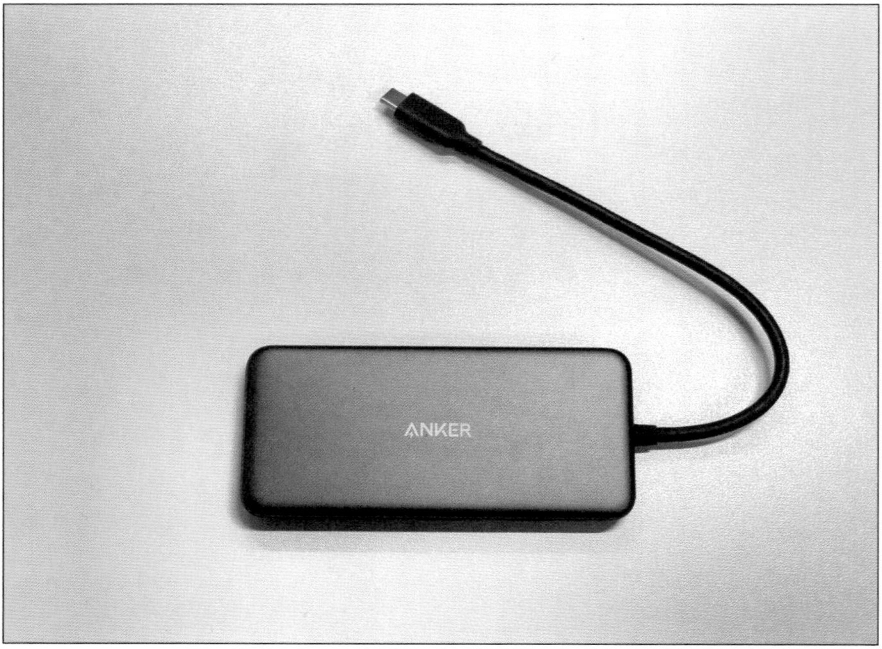

▲ USB-C ハブ

USB-C ハブが 1 つあれば、HDMI や USB-A をつなげられるようになり、ものによっては LAN ポート付きも存在します。
筆者が持っているのは Anker の USB-C ハブです。Surface に 1 本接続するだけで外部モニター・プロジェクターなどに HDMI でつなげたり、USB-A で外付け HDD をつなげたりできます。
Surface を持つなら USB-C ハブを 1 個持っておけばいざというときに安心です。

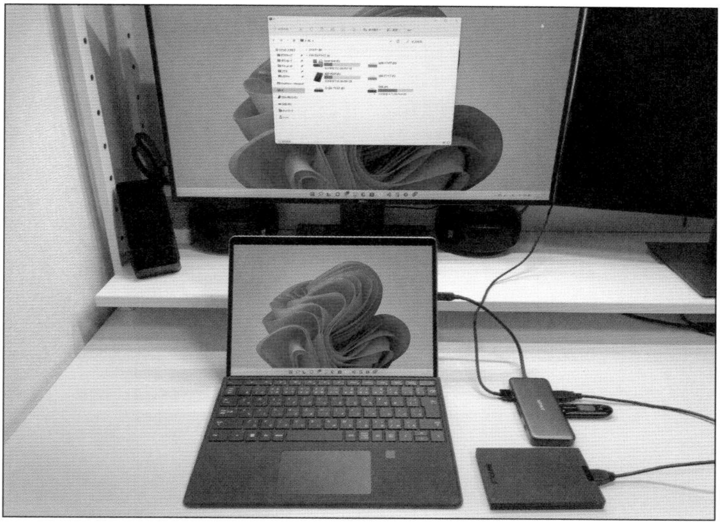

▲ USB-C ハブで周辺機器を接続

SECTION 088
周辺機器

Surface Dock 2で3画面にして効率化する

Surface Dock 2はMicrosoft純正のSurface専用ドッキングステーションです。Surface Dock 2があると、同時に2つの外部モニターに映すことができて、合計3画面のモニター構成も可能です。

Surface Dock 2で3画面にして効率化する

Surface Dock 2 は Microsoft 純正の Surface 専用ドッキングステーションです。Surface の充電口でもある Surface Connect に接続して、下記端子に接続することができます。

・USB-C ポート x 2（データ転送用）
・USB-C ポート x 2（映像出力用）
・USB-A ポート x 2
・3.5 mm オーディオジャック x 1
・ギガビットイーサネットポート x 1

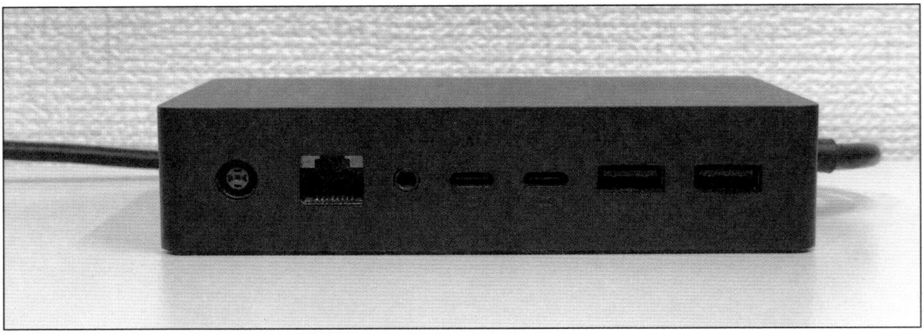

▲ Surface Dock 2

この製品を使えば同時に 2 つの外部モニターに映すことができます。合計 3 画面で且つデスクトップ化するとかなり作業効率が上がります。Surface をメイン PC として使うならおすすめです。

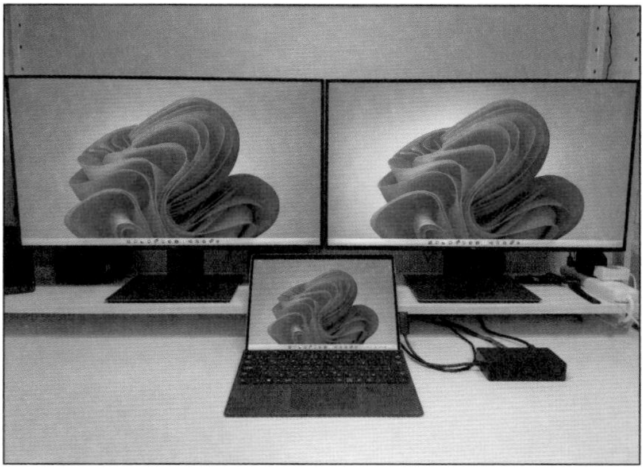

◀ 3 画面

ただし、外部モニターに 2 画面出力していると Surface のほうには負荷がかかるので、その場合はノート PC クーラーを合わせて用意したほうがよいでしょう。ノート PC クーラーを使うと Surface 本体を冷やしてくれるので、熱さでパフォーマンスが下がるのを防いでくれます。ノート PC クーラーについては「ノート PC クーラーで動作を安定させる」（184 ページ）のセクションで解説します。

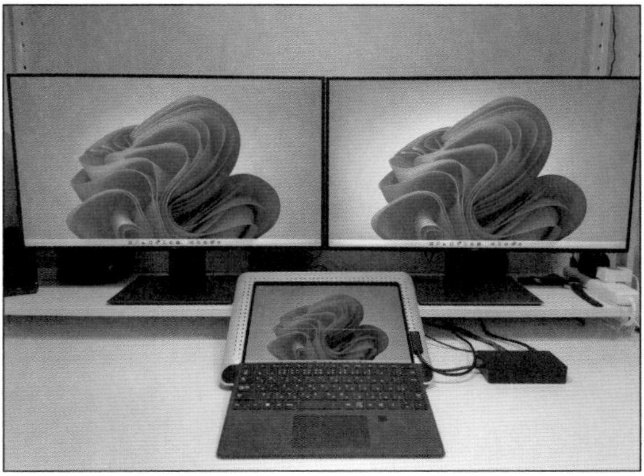

◀ノート PC クーラーを利用

OnePoint　Surface Thunderbolt 4 ドック

Surface Pro 8 や Surface Pro 9 のような Thunderbolt 4 に対応している Surface なら、Surface Dock 2 よりあとに発売された Surface Thunderbolt 4 ドックも有効です。

SECTION
089
周辺機器

モニターごとに表示するウィンドウを記憶する

Windows 11では外部モニターの使い勝手が向上しており、外部モニター接続時のウィンドウ位置を記憶する機能があります。ここではその設定方法を解説します。

モニターごとに表示ウィンドウを記憶する

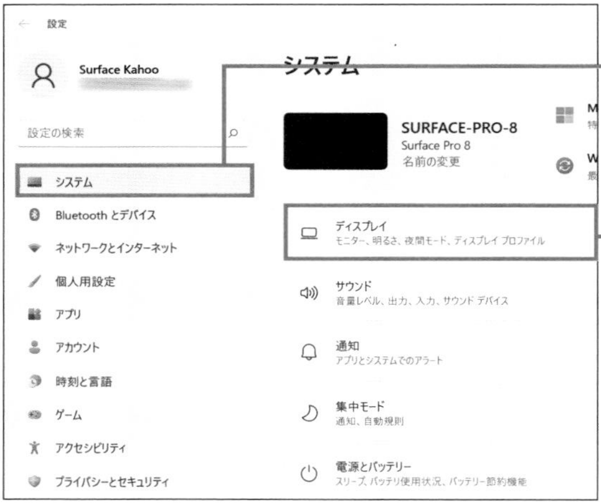

❶「設定」アプリを開いて、

❷［システム］をクリックし、

❸［ディスプレイ］をクリックします。

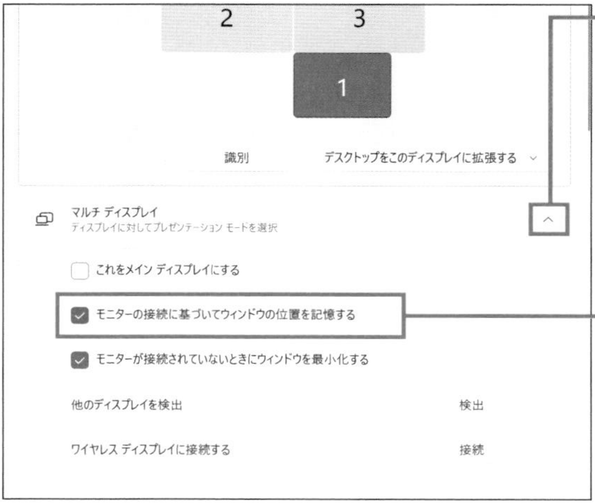

❹［マルチディスプレイ］の項目を開き、

❺［モニターの接続に基づいてウィンドウの位置を記憶する］をオンにすると、ウィンドウの位置を記憶するようになります。

❻試しに外部モニターに接続している状態でいくつかのウィンドウをそれぞれに開いてみます。

❼ケーブルを外して Surface のモニターだけの状態にすると、開いていたウィンドウはすべて Surface に表示されています。

❽ここで再度外部モニターにケーブルを接続してみます。先ほど開いていたウィンドウがすべて同じ位置で開いているのがわかります。

MEMO 初期状態の設定

購入時の初期状態でこちらの設定はオンになっているのでそのままでよいでしょう。

SECTION
090
周辺機器

接続していない場合は ウィンドウを最小化する

前セクションの外部モニターでのウィンドウの位置を記憶する機能とともに、外部モニターに接続していない場合はウィンドウを最小化しておく機能も合わせて覚えておきましょう。

接続していない場合はウィンドウを最小化する

Windows 11 では、外部モニターにウィンドウを表示したあと、ケーブルを抜いて外部モニターと接続していないときは外部モニター側に表示していたウィンドウを最小化する機能があります。

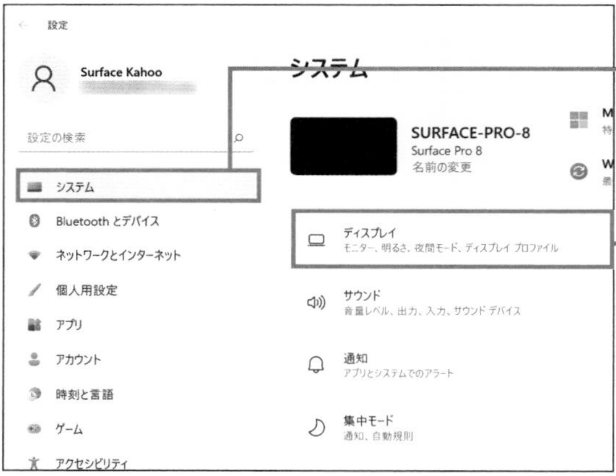

❶「設定」アプリを開いて、

❷［システム］をクリックし、

❸［ディスプレイ］をクリックします。

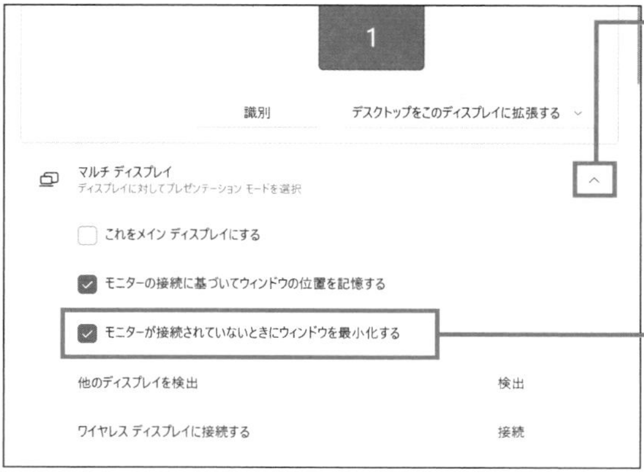

❹［マルチディスプレイ］の項目を開き、

❺［モニターが接続されていないときにウィンドウを最小化する］をオンにすると、モニターに接続していないときはウィンドウを最小化するようになります。

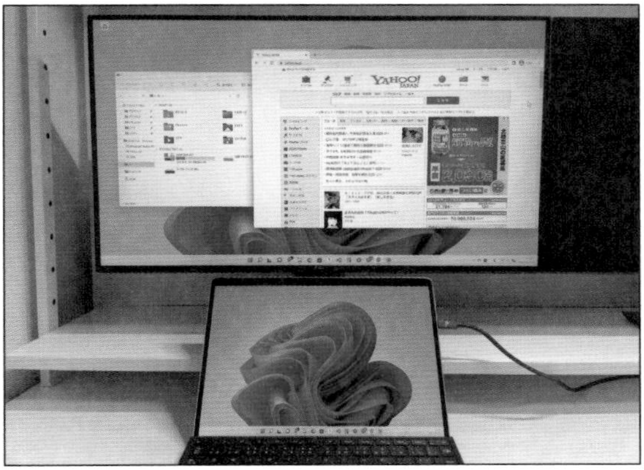

❻試しに外部モニターに接続している状態でいくつかウィンドウを開いておきます。

❼ケーブルを外して Surface のモニターだけの状態にすると、

❽外部モニターで開いていたウィンドウはすべて最小化となりました。

❾再度、外部モニターにケーブルを接続すると、同じ位置でウィンドウが開きます。

OnePoint　外部モニターだけの作業

外部モニターだけで作業したいウィンドウなどあるときはこの機能が役に立つでしょう。

SECTION 091 周辺機器

Surface ペンの違いを把握する

現在発売されているSurface ペンには2種類あり、それぞれ特徴が違うためペンとしての使い勝手も変わってきます。ここではSurface ペンの違いを把握して実際に自分が使うにはどちらがよいかを検討してみましょう。

Surface ペンの違いを把握する

Surface ペン

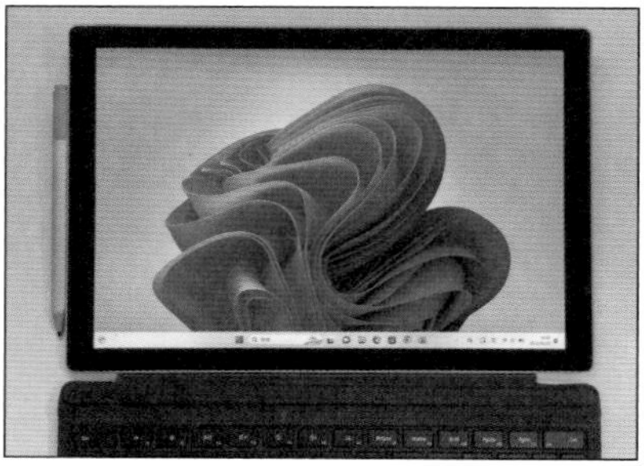

Surface ペンは 2017 年に発売され、Surface Pro 7 や Surface Go 3 では本体左側に磁石で取り付け可能です。電池式で単 6 電池が必要です。筆者の感覚では、ボールペンのような書き心地に近くなめらかな書き味だと言えます。自宅や仕事場など固定場所での使用する方におすすめです。

◀ Surface Pro 7 に磁石でくっついている Surface ペン

Surface スリムペン 2

Surface スリムペン 2 は 2020 年に発売され、Surface Pro 8 や Surface Pro 9 のタイプカバーに収納と同時に充電もできます。そのため、紛失のリスクを減らせる上に電池の心配もありません。筆者の感覚では、カツカツとした書き心地で硬めの印象です。持ち運んでさっと取り出して書き留める方におすすめです。

◀ Surface Pro 9 のタイプカバーに格納した Surface スリムペン 2

OnePoint 「サードパーティ製よりも純正のペンがおすすめ」

Surface で使用可能なペンとして、純正以外のサードパーティ製ペンが Amazon などで販売されていますが、筆者が試した結果、やはり純正のペンの方が Surface との相性がよいと感じました。そのため、おすすめは純正ペンです。

SECTION 092 周辺機器

誤タッチを防いでSurfaceペンを快適に使う

Surfaceペンを使っているときに誤ってほかの指が触れて誤動作してしまうことがあります。そういう現象が起きやすい場合は設定で誤タッチだけを防ぐようにすることができます。

ペンの使用中はタッチ入力を無視するようにする

Surface は標準設定で Surface ペンを使っている間はほかのタッチ操作がしにくいような制御が働いています。実際 Surface ペンで何か書いているときはもう 1 つの手で画面に触れても反応しません。ただ、文字を書くときはペンがずっと画面に接地しているわけではなく、離れたりくっついたりを繰り返します。この少し離れたときにタッチ入力を無視する設定です。

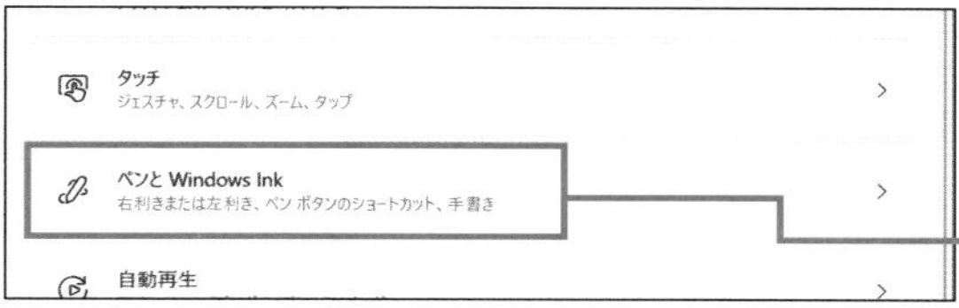

❶「設定」アプリを開いて、

❷［Bluetooth とデバイス］をクリックし、

❸［ペンと Windows Ink］をクリックします。

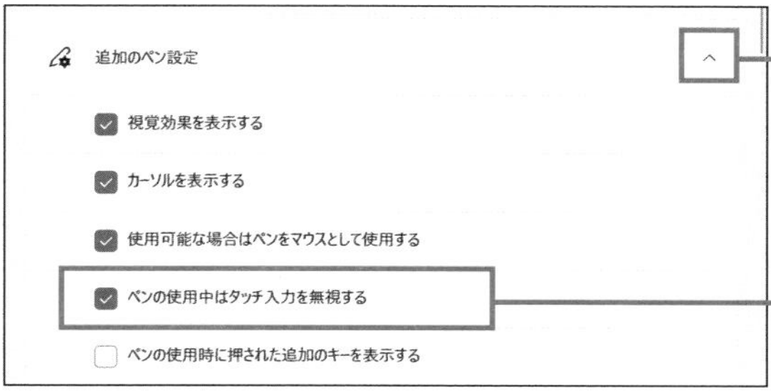

❹［追加のペン設定］の項目を開いて、

❺［ペンの使用中はタッチ入力を無視する］をオンにします。

この設定を有効にすると、Surface ペンを画面に近づけているときからタッチ入力を無視するようになります。上記画像の［カーソルを表示する］をオンにしているとわかりやすいです。Surface ペンを近づけてカーソルが表示されているときはタッチ入力が無視されます。よく誤タッチをして予期せぬ動作になってしまう場合はこの機能を有効にするとよいでしょう。

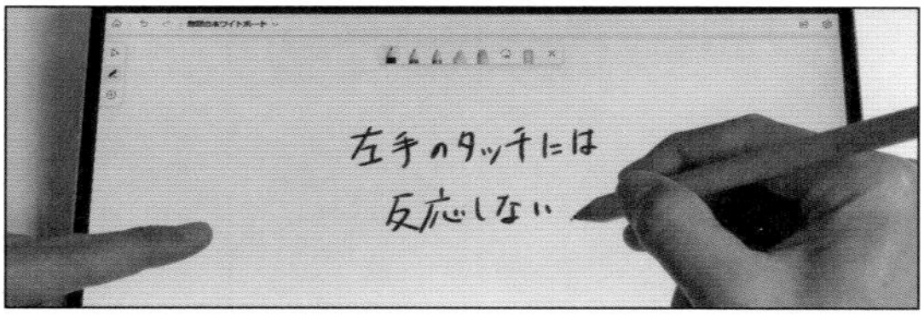

SECTION
093
周辺機器

Surfaceペンのボタン設定を使いやすくする

Surfaceペンのボタンは自分の好きな機能を割り当てることができます。ボタンアクションもシングルクリック、ダブルクリック、長押しの3つで設定可能です。Surfaceペンのボタンに機能を割り当てるには、「設定」アプリで設定します。

Surfaceペンのボタンに機能を割り当てる

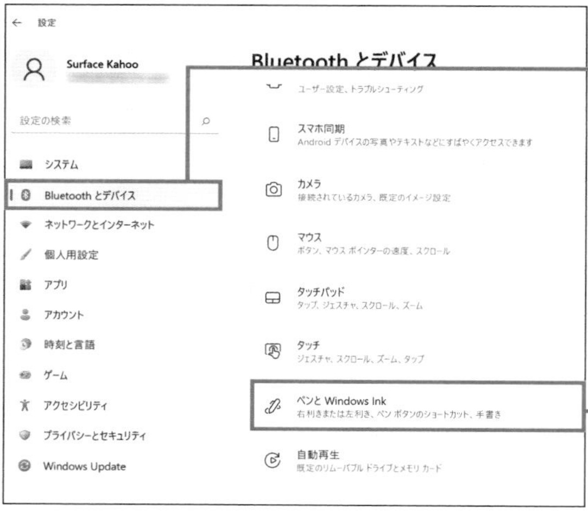

❶「設定」アプリを開いて、

❷[Bluetooth とデバイス]をクリックし、

❸[ペンと Windows Ink]をクリックします。

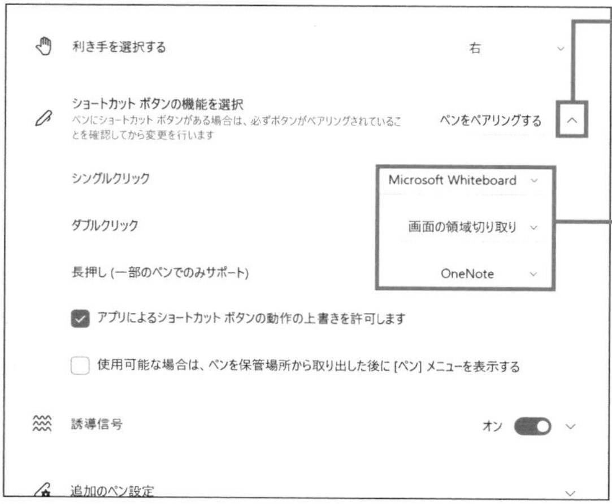

❹[ショートカットボタンの機能を選択]の項目を開くと、

❺各アクションに好きな機能を割り当てることができます。

クリックで反応するのは Surface ペンのトップのボタンです。ここのシングルクリックやダブルクリックに反応します。

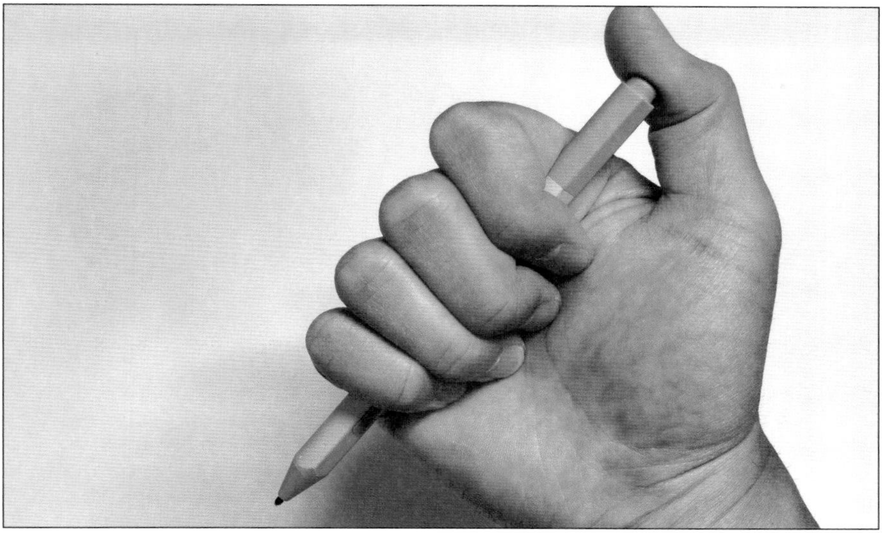

筆者が試した限り、Surface スリムペン 2 は長押しはサポートしていないようです。選択できる機能名とその動作は以下のとおりです。

機能名	動作
何もしない	文字どおり何もしません。変に機能を割り当てたくないときはこれを選びます。
Microsoft Whiteboard	「Microsoft Whiteboard」アプリを開きます。ちょっとしたメモに便利です。
画面の領域切り取り	スクリーンショット機能が動きます。⊞ + Shift + S キーを押したときと同じ機能です。
[ペン] メニュー	画面下から [ペン] メニューが現れます。
OneNote	「OneNote」アプリを開きます。しっかりとノートに書きたいときはこちらが便利です。
付箋	「付箋」アプリが開きます。「付箋」アプリにも手書きで文字などを書くことができます。
プログラムを開く	自分の指定するアプリを開くことができます。exe ファイルを指定します。
アプリを開く	Windows 側の標準アプリの中から選びます。この選択肢の中に設定したいアプリがない場合は [プログラムを開く] で設定するとよいでしょう。

OnePoint 便利な設定

筆者はシングルクリックで画面の領域を切り取りしてそのままメモを書いたり、ダブルクリックで OneNote を開く使い方をしています。

SECTION
094
周辺機器

Surfaceペンの最適な筆圧を設定する

Surfaceペンで書き込むときに、筆圧によってペンで描く線の太さや鉛筆で書くときの濃さを変えたりすることができます。この反応レベルは自分好みの筆圧に設定することができます。Surfaceペンの筆圧設定は「Surface」アプリで設定できます。

SurfaceアプリでSurfaceペンの筆圧を設定する

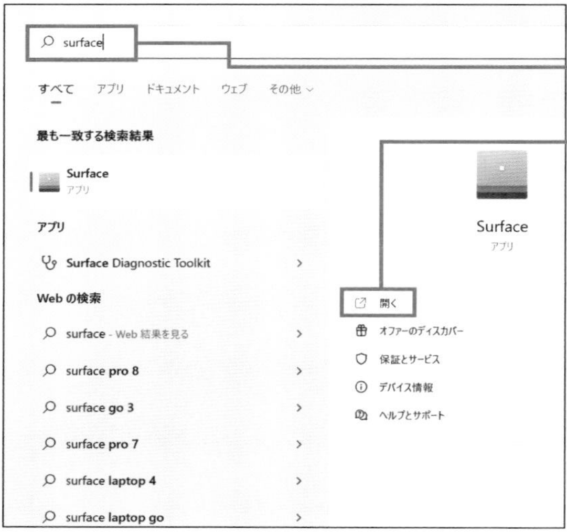

❶スタートメニューを開いて、

❷検索ボックスに「surface」と入力して、

❸検索結果の「Surface」アプリの［開く］をクリックします。

❹［筆圧］をクリックします。

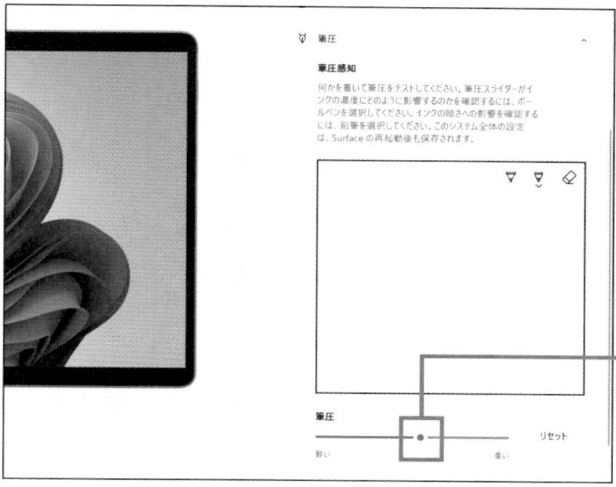
筆圧
筆圧感知
何かを書いて筆圧をテストしてください。筆圧スライダーがインクの濃度にどのように影響するのかを確認するには、ボールペンを選択してください。インクの暗さへの影響を確認するには、鉛筆を選択してください。このシステム全体の設定は、Surface の再起動後も保存されます。
筆圧
リセット
軽い
重い

❺［筆圧］のスライダーをドラッグし、筆圧レベルを変更し、

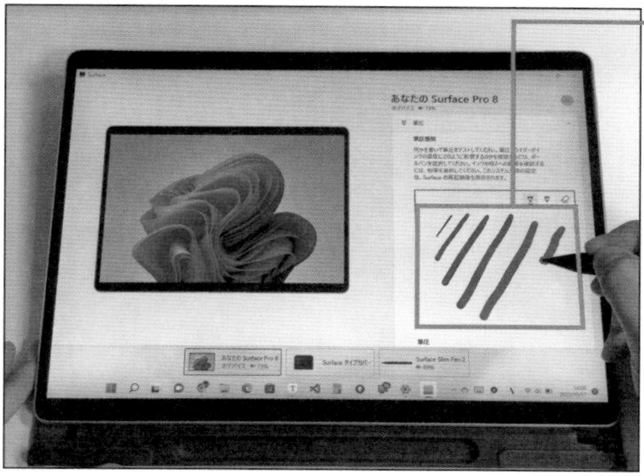
あなたの Surface Pro 8

❻それを［筆圧感知］の項目の四角の領域内で確かめることができます。自分好みの筆圧に設定してみましょう。

OnePoint 筆圧感知

四角内右上の左のボールペンで線の太さ、その右の鉛筆で線の濃さをチェックできます。また、［リセット］ボタンでいつでも標準設定に戻すことができます。筆者は標準設定の筆圧で十分でした。

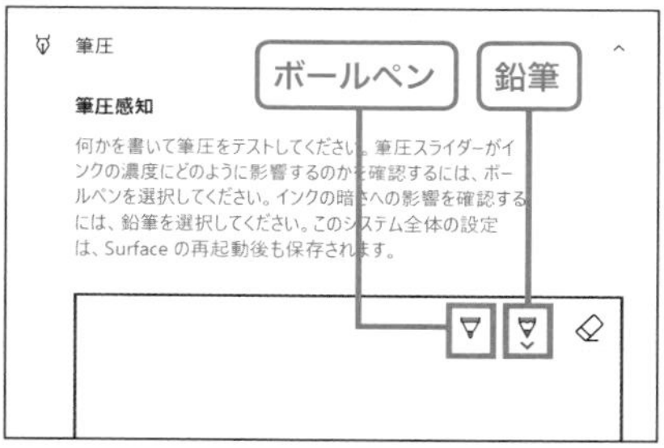
筆圧
ボールペン
鉛筆
筆圧感知
何かを書いて筆圧をテストしてください。筆圧スライダーがインクの濃度にどのように影響するのかを確認するには、ボールペンを選択してください。インクの暗さへの影響を確認するには、鉛筆を選択してください。このシステム全体の設定は、Surface の再起動後も保存されます。

SECTION 095 周辺機器

Surfaceペンの電池残量をチェックする

電池式のSurfaceペンの場合は、たまに電池残量を気にする必要があります。今現在どのくらいの電池残量があるかは設定アプリで確認することができます。

Surfaceペンの電池残量をチェックする

電池を入れるタイプの Surface ペンは今どのくらいの電池が残っているのか気になります。そういうときは「設定」アプリで電池残量をチェックします。

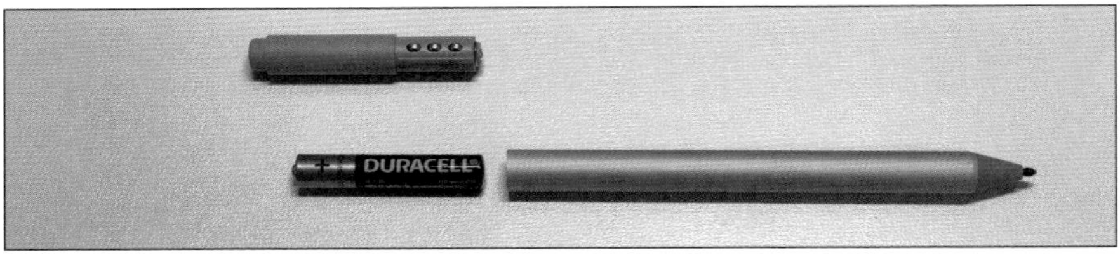

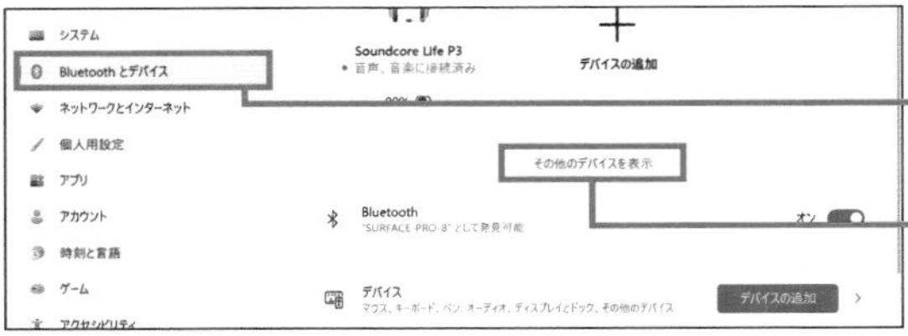

❶「設定」アプリを開いて、
❷[Bluetooth とデバイス] をクリックし、
❸[その他のデバイスを表示] をクリックします。

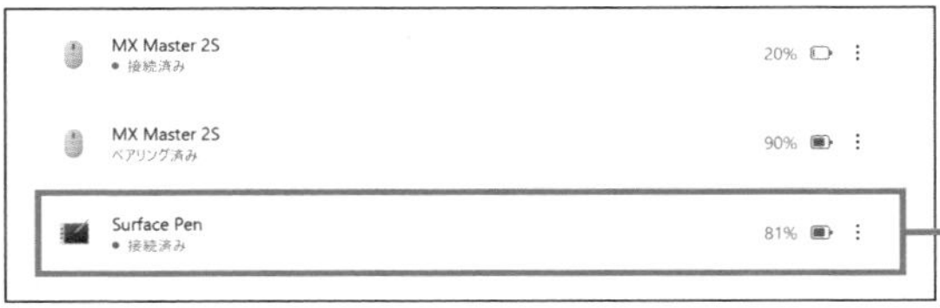

❹ Surface ペンの現在の電池容量を確認します。これを確認している時点では Surface ペンの電池残量は 81% でした。

OnePoint 充電式の場合

Surface ペンの電池は単 6 電池でちょっと特殊な電池なので何個かストックを買っておくとよいでしょう。また今回の確認方法以外にも、Surface ペンなら「Surface」アプリからもすぐに電池残量を確認することができます。ちなみに Surface Pro 8 と充電式の Surface スリムペン 2 を使っている場合は、タイプカバーに置いておくだけで充電できるので電池残量は気にならなくなるメリットがあります。

SECTION 096 周辺機器

Surfaceペンでスムーズにメモをとる

Surfaceペンでメモやノートに書き込むなら、書き込むアプリをスムーズに開くようにするとよいでしょう。ここではSurfaceペンを使ってスムーズにOneNoteを開く方法を解説します。

Surfaceペンのクリックで OneNoteを開いてメモをとる

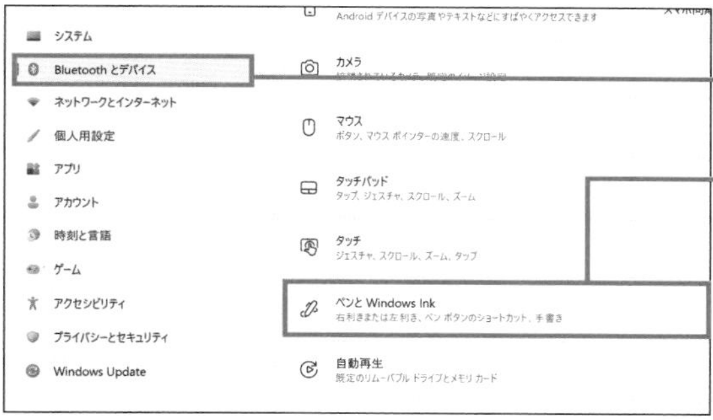

❶「設定」アプリを開いて、

❷ [Bluetooth とデバイス] をクリックし、

❸ [ペンと Windows Ink] をクリックします。

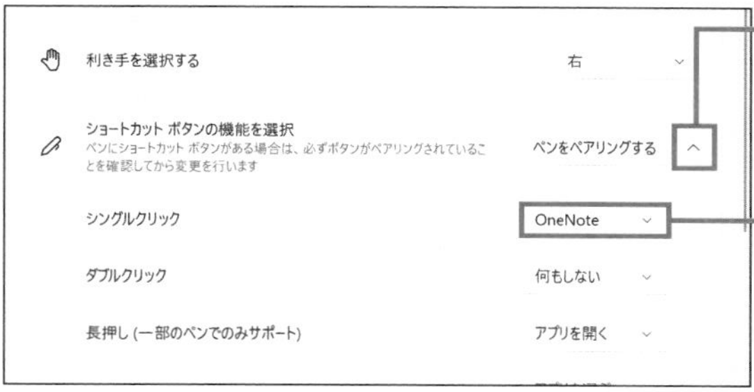

❹ [ショートカットボタンの機能を選択] の項目を開いて、

❺ [シングルクリック] の項目で [OneNote] を選択します。

❻ これで Surface ペンのシングルクリックですぐに OneNote が開くようになりました。

MEMO たくさんのメモ

たくさんのノートやメモをとるなら「付箋」アプリや Whiteboard よりも OneNote のほうがノートの分類ができて便利です。

SECTION 097 周辺機器

スライドショーを Surfaceペンで楽に進める

PowerPointのスライドショーでプレゼンしているときは、Surfaceペンを使うとページ送り・ページ戻りができて便利です。Microsoft製のハードウェアとソフトウェアの連携技といえます。

SurfaceペンでPowerPointのスライドショーのページ送りをする

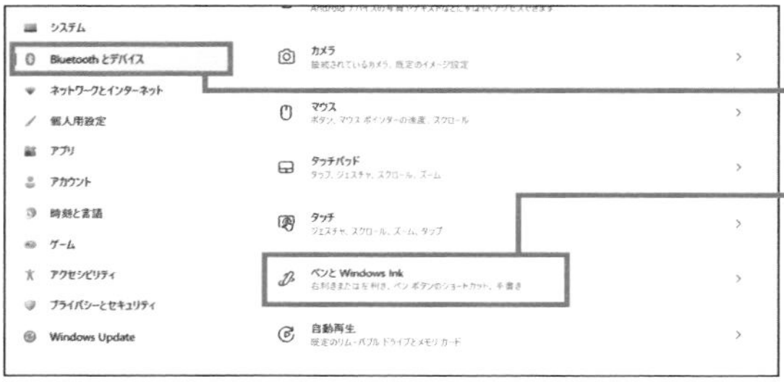

❶「設定」アプリを開いて、

❷［Bluetooth とデバイス］をクリックし、

❸［ペンと Windows Ink］をクリックします。

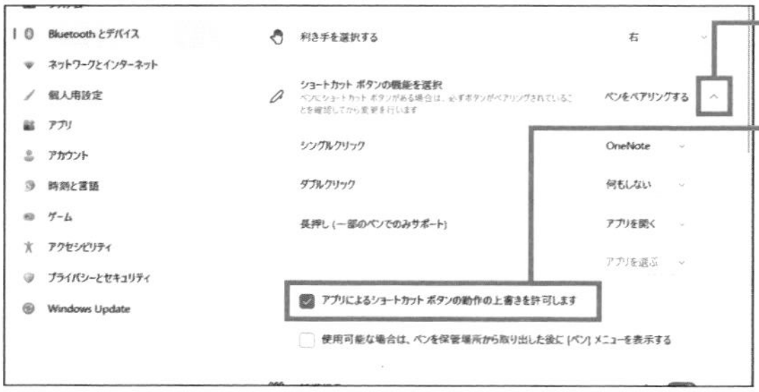

❹［ショートカットボタンの機能を選択］の項目を開いて、

❺［アプリによるショートカットボタンの動作の上書きを許可します］をオンにします。

❻ PowerPoint を開いてスライドショーを開始します。

❼ Surface ペンのトップのボタンをクリックするとスライドショーが前に進みます。

MEMO ページ戻り

ボタンを長押しするとページ戻りもできます。遠隔で画面を操作しながらプレゼンするときはこの機能が大いに活躍することでしょう。

SECTION 098 周辺機器

MicrosoftモダンUSB-C スピーカーで会議を快適にする

Microsoftストアでは、ビデオ会議のスピーカーとマイクを高音質にしてくれる「Microsoft モダンUSB-Cスピーカー」という周辺機器を販売しています。ビデオ会議をする機会が多いならこういった外部機器を使ったほうが会話がより高音質になります。

MicrosoftモダンUSB-Cスピーカーで会議を快適にする

Microsoft純正のスピーカー「MicrosoftモダンUSB-Cスピーカー」は、会議、電話、音楽向けに最適化されていて、Windowsでビデオ会議をするならぜひ導入したい商品です。

筐体もコンパクトでデスクにおいてもすっきりとしていて邪魔にならないデザインです。

Microsoft純正スピーカーということもあり、Microsoft Teamsボタンがあります。このボタンでMicrosoft Teamsを即座に起動することができます。また、ビデオ会議していると発話者以外はミュートにしたほうがよいシーンがあったりしますが、その際はこのミュートボタンですぐにミュート状態にできるのが便利です。筆者も実際に試しましたが、このサイズ感からは想像できない音質のよさがありました。ケーブルも本体に収納できて携帯性にも優れているので、外出先で使うのもよいでしょう。

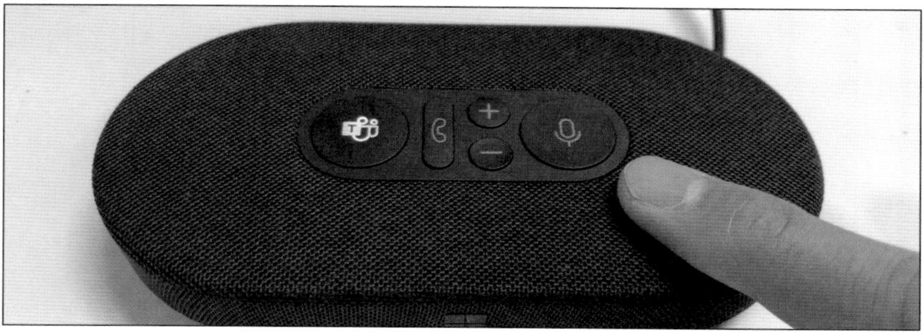

SECTION 099 周辺機器

AirPodsをSurfaceで活用する

iPhoneをお使いの方なら、無線のBluetoothイヤホンとしてAirPodsをお持ちの方もいることでしょう。AirPodsはApple製品ですがWindowsでもBluetoothイヤホンとして接続することができます。ここでは、AirPodsとSurfaceを接続する方法を解説します。

AirPodsをSurfaceと接続する

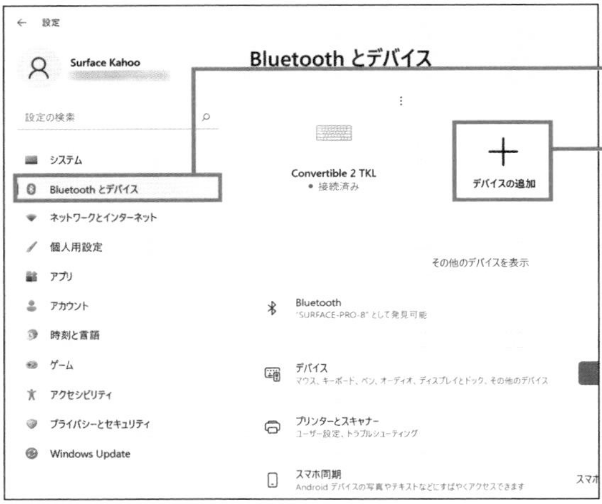

❶「設定」アプリを開いて、

❷[Bluetooth とデバイス]をクリックし、

❸[デバイスの追加]をクリックします。

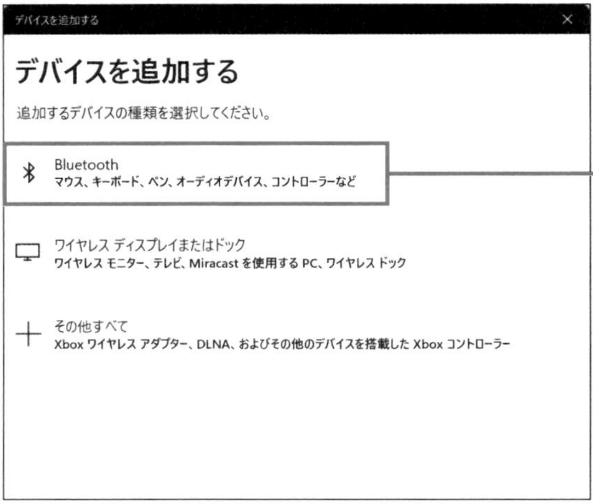

❹[Bluetooth]をクリックします。

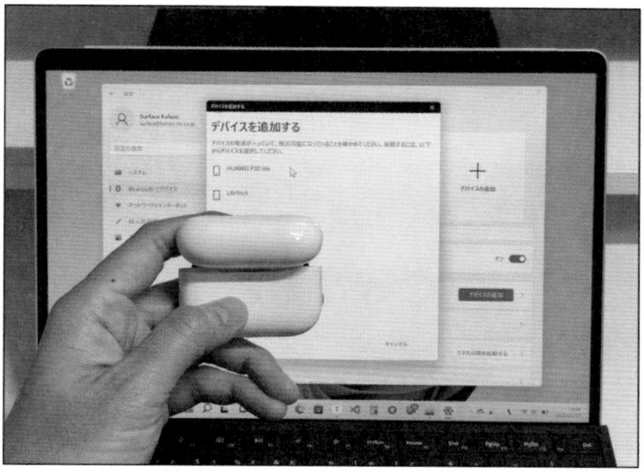

❺次にAirPods側のケースの蓋を開けて、ケースの背面にあるボタンを長押しします。

❻白いライトが点滅するまで押し続けて、ライトが点滅したら手を離します。

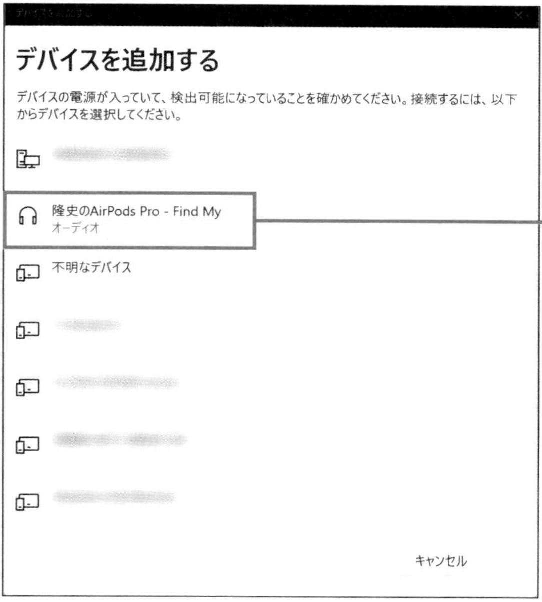

❼デバイスのリストに「ヘッドフォン」もしくはAirPodsに付けた名前で出てくるので、

❽それを選択すれば接続完了です。

OnePoint イヤホンを使い分ける

これは筆者の体感的なものですが、SurfaceとiPhoneの両方とも近くにある場合、AirPodsはiPhoneに接続しにいくことのほうが多い気がします。AirPodsはApple製品なのでこのあたりは仕方ないところかもしれません。SurfaceとBluetoothイヤホンを接続することが多いならSurface専用のBluetoothイヤホンを買うことを検討してもよいでしょう。

SECTION 100 周辺機器

ノートPCクーラーで動作を安定させる

ノートPCクーラーを使うと、Surface本体をダイレクトに冷やすことができるので、熱暴走でパフォーマンスが下がりにくく快適にパソコン作業をすることができます。

ノートPCクーラーで動作を安定させる

パソコンは基本的に熱に弱く、特に電源駆動時はいくらか冷やすことが求められます。
デスクトップパソコンは大型の空冷ファンが付いていることがほとんどですが、ノートパソコンは省スペースや軽量化するためにファンが小さかったりファンが付いていなかったりするので、使い続けると熱くなりすぎてその結果パフォーマンスが下がることがあります。
実際 Surface Pro 7 の Intel Core i3、Intel Core i5 モデルはファンレス構造が故に本体が冷えにくいことがあり、CPU のクロック数が極端に下がってしまう現象を筆者は確認しています。
そこで便利なのがノート PC クーラーです。ノート PC クーラーを Surface の下に設置すると常時冷却ファンで風があたっている状態になり Surface 本体を冷やすことができ、CPU パフォーマンスを下げにくくする効果があります。
特にデスクトップ化して常時外部モニターに映している状態は負荷がかかりやすいので、導入を検討してみましょう。amazon などで探すと 2000 円～ 4000 円くらいで購入することができます。

▲クロック数が下がる

▶ノート PC クーラー

▲ノート PC クーラー

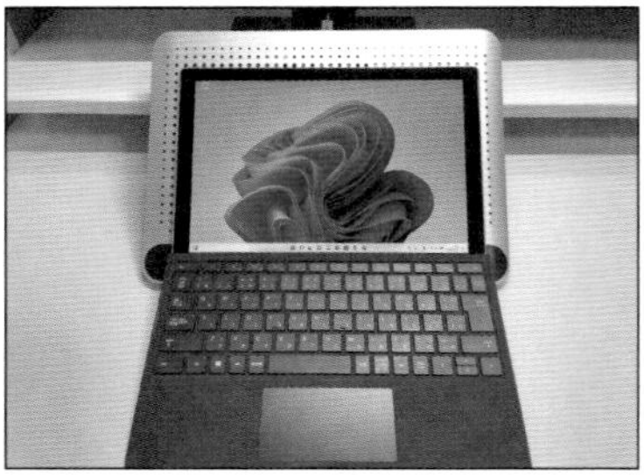

▲ノート PC クーラーで冷やしながら使う

SECTION 101 周辺機器

外部ストレージで保存容量を大幅に増やす

Surfaceの内部ストレージ容量が足りなくなったら、外部SSDや外部HDDを購入してストレージ容量を増やしましょう。または足りなくなる前から外部ストレージを活用することで効率的なファイル管理も有効です。

Surfaceに外部ストレージを接続して保存容量を増やす

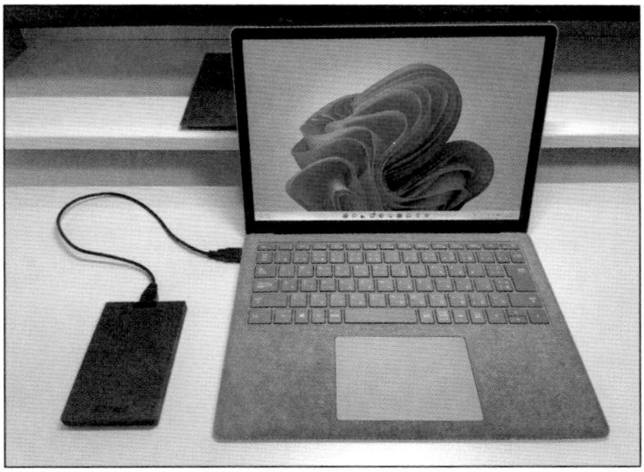

パソコン内のパーツの中でも、CPUやメモリーに比べてSSDやHDDであるストレージは比較的あとから拡張しやすいパーツといえます。内蔵ストレージが足りなくなったら外部SSDや外部HDDをUSBで接続するだけで全体のストレージ容量を増やすことができるからです。たとえば、筆者は1TBのUSB外付けHDDを所有しています。

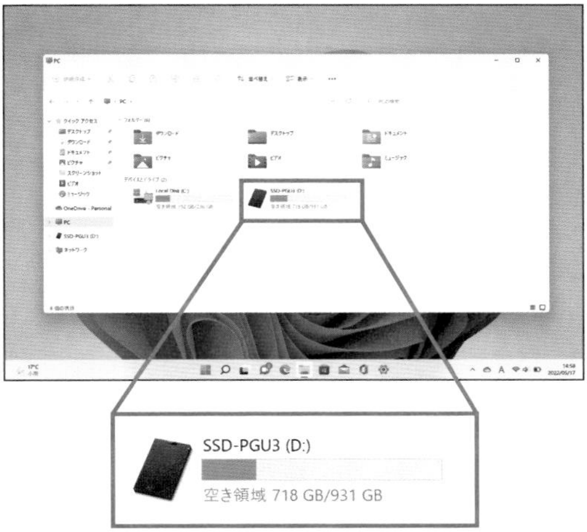

このSurface Laptop 4の内蔵ストレージ容量は256GBなので、スマホで撮りためた写真や動画を入れていくとあっという間にストレージ容量を食い潰してします。そのため、写真や動画は最初から外付けHDDのほうに保存するようにしています。

エクスプローラーを見ると、931GBのドライブが増えて、残り718GB使えるようになっています。

外部ストレージは1台持っておくといざというときに役立つ便利な周辺機器です。

SECTION 102 周辺機器

モバイルバッテリーで外出時も安心して使う

USB-Cポートを搭載しているSurfaceであれば、モバイルバッテリーを使うことによって外出時のバッテリー時間を延ばすことができます。ここではSurfaceに使えるモバイルバッテリーについて解説します。

モバイルバッテリーを利用する

ここ数年で発売されている Surfacea は USB-C ポートを搭載しています。USB-C ポートがあれば Surface Connect 以外でも USB-C ケーブルで Surface のバッテリーを充電することができます。そして USB-C ケーブルで充電できるということはモバイルバッテリーを使って充電することも可能ということになります。

モバイルバッテリーを使って Surface を含む一般的なノートパソコンを充電にするのに重要なのはワット数（W）です。最低でも 60W 以上の出力が可能なモバイルバッテリーを選びましょう。60W 未満だとスマホなどの充電には適していますがノートパソコンなどの機器の充電には厳しいので注意が必要です。

また、モバイルバッテリーは PSE マークを表示していて、なるべく名の知れたメーカーを選ぶとよいでしょう。近年夏場などの暑い時期の粗悪なモバイルバッテリーによる発火事故などが発生しています。PSE マークを表示しているかどうかが 1 つの判断基準となります。

下記写真で使用しているのはアンカー・ジャパンの「Anker PowerCore Ⅲ Elite 25600 87W」です。こういった 60W 以上のモバイルバッテリーであれば Surface でも安定して充電することができます。

▲モバイルバッテリー（協力：アンカー・ジャパン）

モバイルバッテリーの充電でも Surface Connect の充電と同様にタスクトレイのバッテリーアイコンに充電マークが付きます。外出時に Surface と一緒にモバイルバッテリーを持っていれば Surface を長時間使用することが可能となります。

COLUMN　モバイルバッテリーの W 数を選ぶ目安

ここで紹介している製品のように 87W の出力があるモバイルバッテリーであれば、Surface と一緒にスマホなども同時に充電することができます。しかし、高出力のモバイルバッテリーは種類も少なく高価ですので、外出先では Surface 単体しか充電しないのであれば 60W 出力のモバイルバッテリーでも十分です。目的に応じて選ぶとよいでしょう。

SECTION
103
周辺機器

ACアダプタからスマホを高速充電する

SurfaceのACアダプタには、機種によってUSB充電ポートが付いているものがあります。スマートフォンやタブレットなどのデバイスには必要十分な充電器にもなるでしょう。

ACアダプタからスマホを高速充電する

Surface の AC アダプタには、USB 充電ポートが付いているものがあります。たとえば、こちらは Surface Pro 7 の AC アダプタですが、USB 充電ポートがひっそりと存在します。

このポートにスマホの充電ケーブルで接続するとスマホの充電ができます。AC アダプタ 1 つで Surface もスマートフォンも一緒に充電することができます。

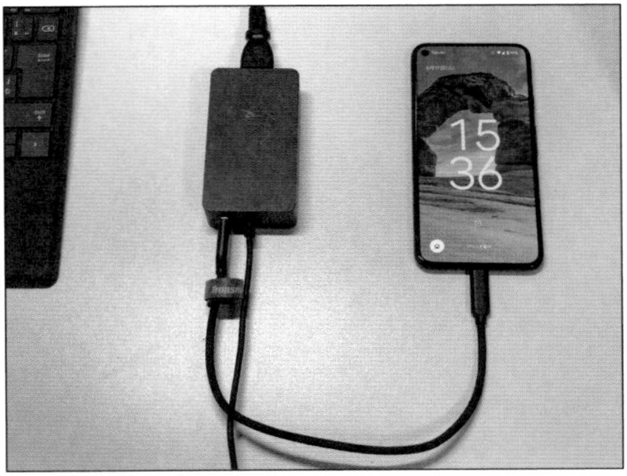

MEMO **充電機能のみ**

AC アダプタの USB 充電ポートは、充電機能だけで、Surface 本体と通信しません。

SECTION 104 周辺機器

タイプカバーを常に清潔に保つ

Surfaceのタイプカバーは、パームレストといわれる手首があたるところが汚れがちです。こまめにお手入れをして清潔に保つようにしましょう。

Surfaceのタイプカバーをお手入れする

Surface のタイプカバーのお手入れに関して、Microsoft 公式ドキュメントには以下のように書かれています。

カバーとキーボードのお手入れ

タッチ カバーとタイプ カバーは、わずかなお手入れで快適にお使いいただけます。 掃除するときは、糸くずの出ない布を水で薄めた中性洗剤で湿らせて汚れを拭き取ってください。 洗浄液を直接 Surface やカバーにかけないでください。 このようなお手入れをこまめに行っていただくことで、タッチ カバーやタイプカバーを美しい状態に保つことができます。

カバーの留め具やマグネット部分に汚れが付いた場合は、糸くずの出ない布に少量のイソプロピル アルコール (消毒用アルコール) を付けて清掃してください。

▲ Microsoft 公式サイト

掃除するときは、糸くずの出ない布を水で薄めた中性洗剤で湿らせて汚れを拭き取ってください。 洗浄液を直接 Surface やカバーにかけないでください。
水で薄めた中性洗剤で汚れを拭き取るとよいようです。決して洗浄液を直接かけることのないよう注意しましょう。筆者も実際にこの方法でお手入れしてみました。
特に内部に染みこむことなく拭けているようです。そして拭いてみると結構汚れが付いていることもわかりました。パームレストは一番汚れやすい部分ですので定期的に拭いたほうがよさそうです。たまにお手入れしてあげると Surface への愛着も湧いてきそうですね。

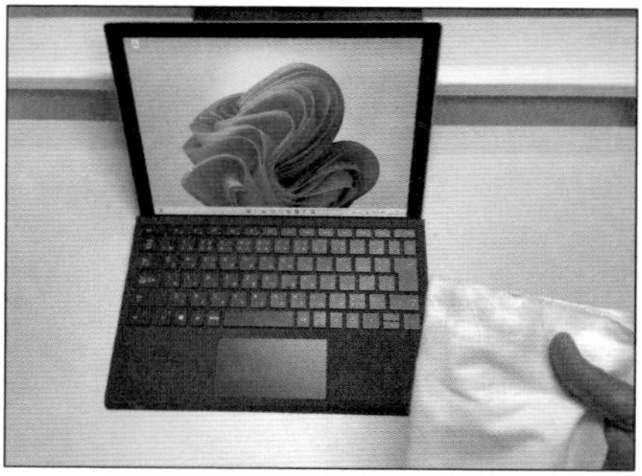

第6章

おすすめアプリ&サービスの活用技

本章では、Windowsに初期搭載されているアプリや、Surfaceと相性のよい便利なアプリなどの使い方について解説しています。たとえば、SurfaceとOneNoteを使えば強力なデジタルノートとして使うことができて、Surfaceをより一層活用できることでしょう。

SECTION 105 アプリケーション

チャットアプリを連絡手段として活用する

Windows 11は、Microsoft製のコミュニケーションツールとして「チャット」アプリが標準でインストールされています。「チャット」アプリを使えばちょっとした連絡手段として活用することができます。ここでは「チャット」アプリの設定方法を解説します。

「チャット」アプリの利用を開始する

❶タスクバーにある「チャット」アプリのアイコンをクリックすると、アカウント設定が始まります。

❷今ログインしているMicrosoftアカウントでよければ、[続行] ボタンをクリックします。

MEMO 連絡先の同期

この時Outlook.comとSkypeの連絡先を同期したくない場合はチェックを外しましょう。

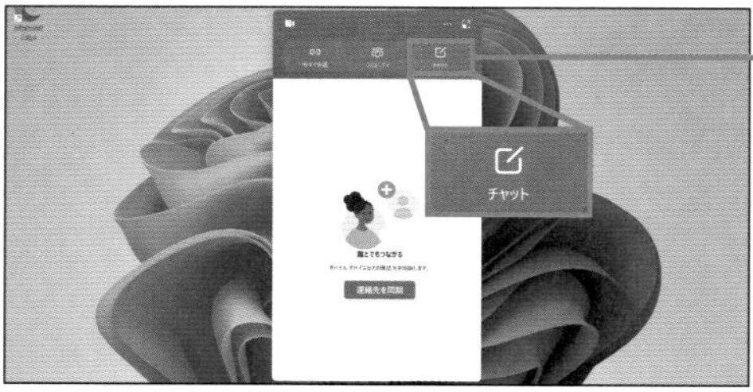

❸[チャット] をクリックします。

❹[新しいチャット] 画面が表示され、チャットができるようになります。

SECTION 106 アプリケーション

チャットに友達を招待する

Windows 11には「チャット」アプリが標準でインストールされているので、気軽に友達とメッセージのやりとりができます。ここでは友達を招待する方法を解説します。

チャットに友達を招待する

友達が「チャット」アプリの招待を受け取るには、友達のパソコンでも前セクションの「チャット」アプリの利用を開始するの作業が完了している必要があります。まだ友達が「チャット」アプリのアカウント設定をしていない場合は別の連絡手段で教えてあげましょう。

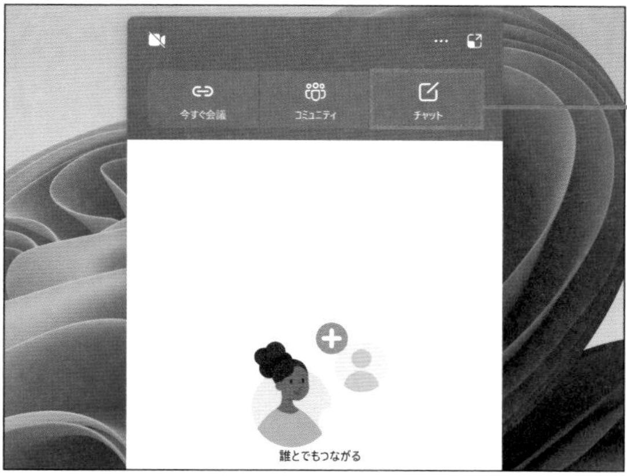

❶「チャット」アプリを起動して、

❷[チャット]をクリックします。

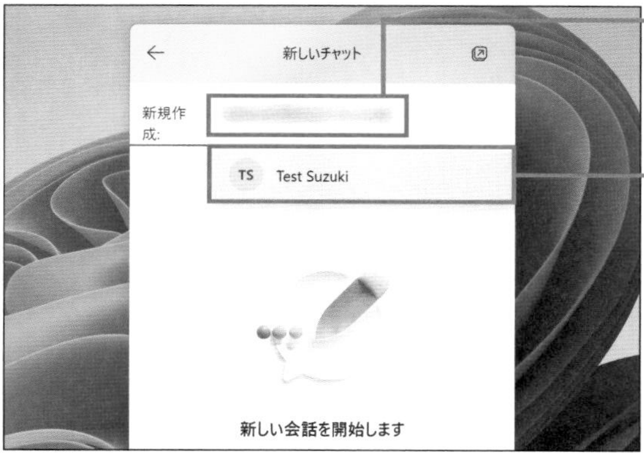

❸[新規作成]の欄に友達のMicrosoftアカウントのEメールアドレスを入力すると、

❹ユーザー名が現れるのでそれをクリックします。

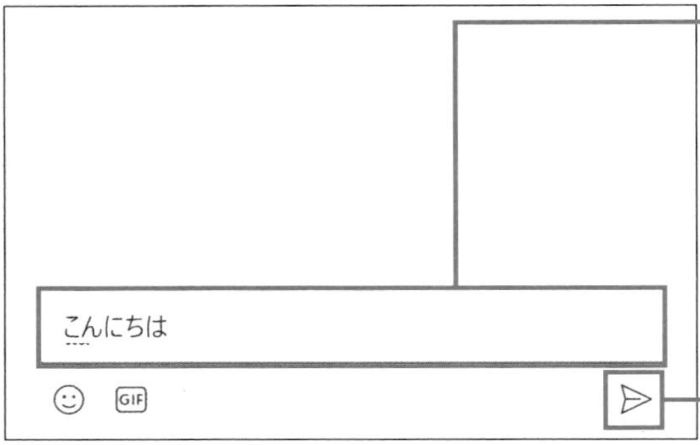

❺チャット開始画面となります。

❻メッセージを入力し、

❼ ▷をクリックします。

❽友達のパソコンに通知が届きます。

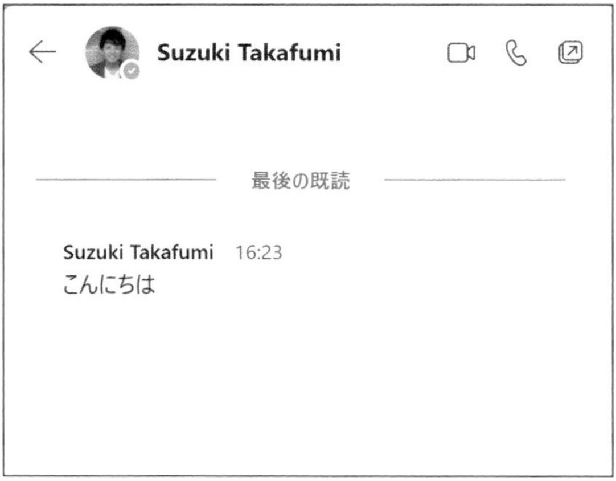

❾友達の「チャット」アプリを開くとメッセージが届いているのがわかります。

⑩大きなチャットウィンドウにするには、右上のをクリックします。

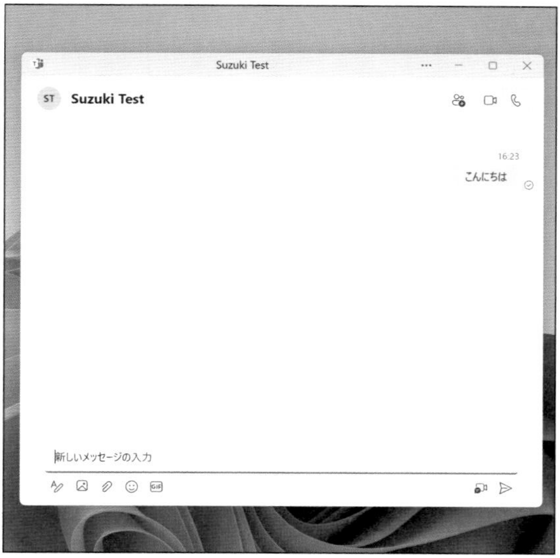

⑪大きなチャットウィンドウでメッセージのやりとりが可能となります。この画面では文字の装飾やファイル・画像を送ったりすることができます。

OnePoint　**サインインだけで使える**

「チャット」アプリは Windows 11 に標準インストールされているので、パソコンにサインインするだけで使える便利な連絡手段となります。パソコンどうしなら「チャット」アプリを活用していきましょう。

SECTION 107 アプリケーション

チャットで手軽にメッセージをやりとりする

「チャット」アプリを使えば手軽にメッセージをやりとりできます。文字以外でも、ファイルを添付したり画像を送ったりすることができます。ここでは「チャット」アプリを使ったいろいろなメッセージ送信の方法を解説します。

チャットで手軽にメッセージを送る

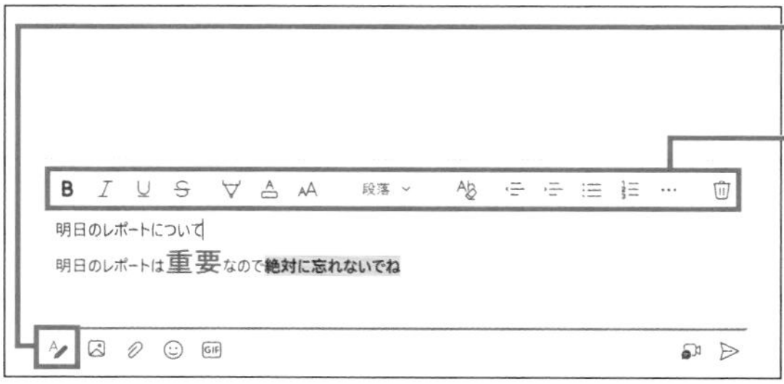

❶一番左のボタンをクリックすると、

❷メッセージの文字に書式設定が可能なモードに変わります。

MEMO 文字装飾

重要なことを伝えたいときは文字装飾をするとよいでしょう。

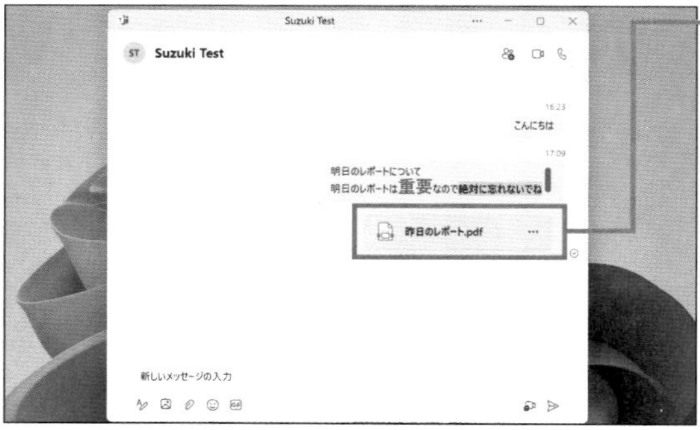

❸「チャット」アプリに PDF などの文章ファイルをドラッグ&ドロップすると、

❹ファイルを直接送信することも可能です。

OnePoint 画像も送れる

ファイル添付では画像も送れてメッセージ内に直接表示ができます。「チャット」アプリに最初から用意されている絵文字や GIF アニメも送ることができます。文字以外もやりとりできることを覚えておき、コミュニケーションに役立てましょう。

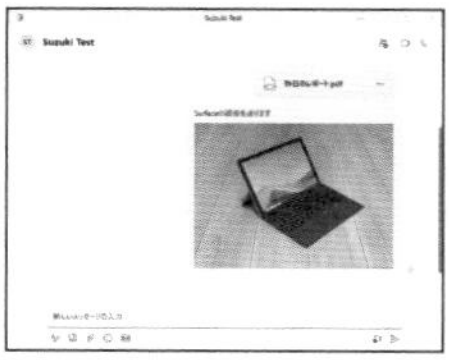

SECTION
108
アプリケーション

ミーティングを開催して複数人で会話する

「チャット」アプリはビデオ通話もできます。ビデオ通話を通してミーティングを行えば、メッセージのやりとりよりも数段コミュニケーションがはかどります。ここでは「チャット」アプリのビデオ通話の始め方を解説します。

「チャット」アプリでビデオ通話を始める

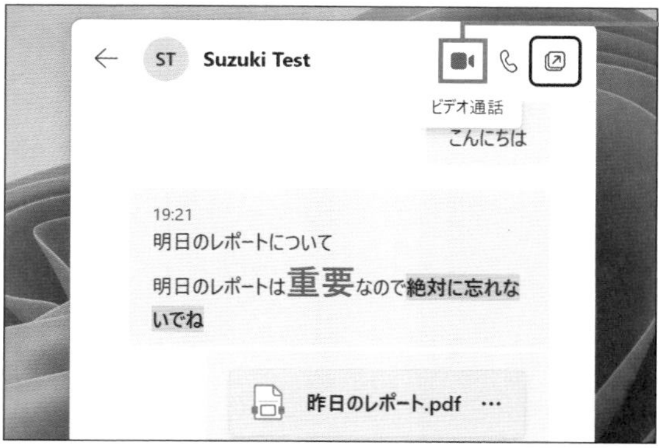

❶チャット画面内右上の［ビデオ通話］ボタンをクリックします。

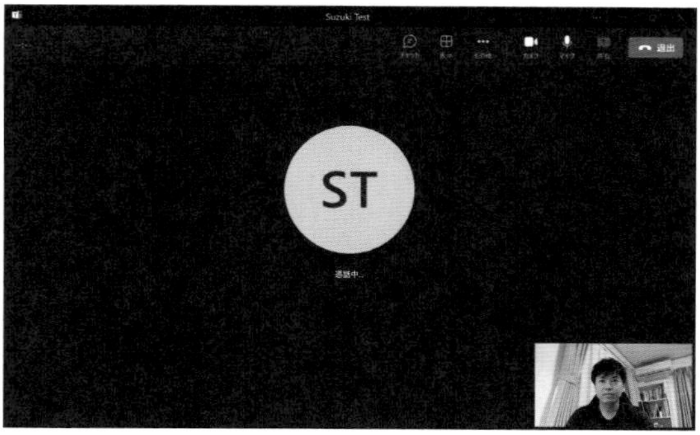

❷すぐに相手へのコール画面に切り替わります。

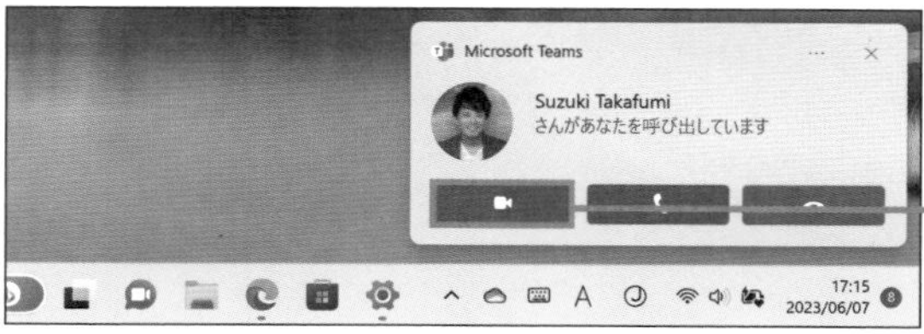

❸相手側のパソコンの「チャット」アプリでビデオ通話を呼び出している通知がくるので、

❹ビデオカメラのアイコンをクリックすれば、ビデオ通話が開始します。

第5章
第6章 •アプリケーション•
第7章

SECTION 109 アプリケーション

チャットアプリのビデオ通話中の機能を活用する

「チャット」アプリのビデオ通話にはさまざまな機能が備わっています。中にはビジネス上のコミュニケーションには欠かせない画面共有やミュート機能などもあります。ここではその使い方について解説します。

第5章
第6章 ・アプリケーション・
第7章

「チャット」アプリのビデオ通話中の機能を活用する

音声をミュートにする

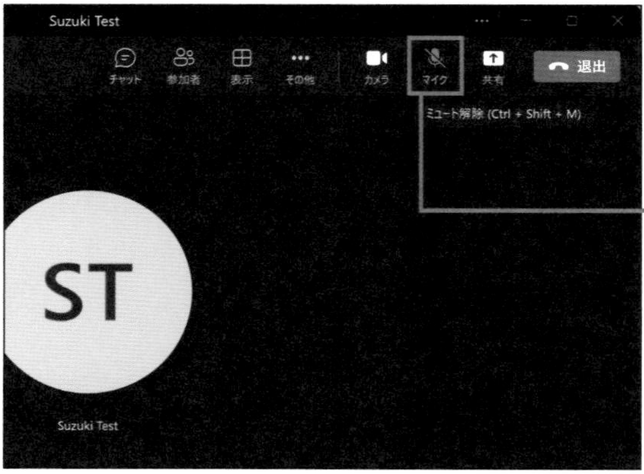

❶複数人でミーティングしているときは、自分のマイクはミュートにしておいたほうが雑音が入らなくなり発話者の声が聞き取りやすくなります。

❷右上のマイクアイコンまたは Ctrl + Shift + M キーのキーボードショートカットですばやくミュートにするとよいでしょう。

カメラをオフにする

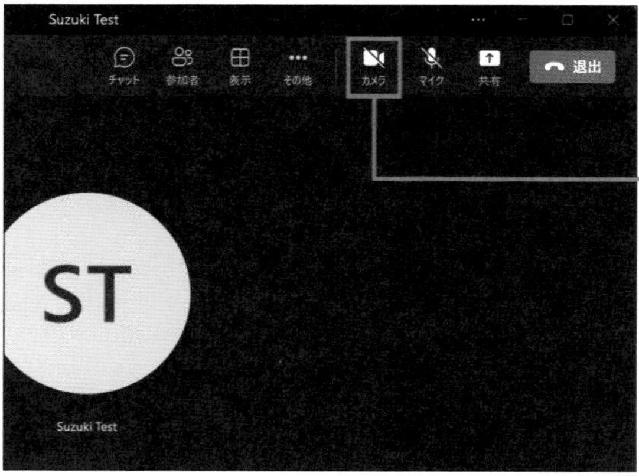

❶ビデオ通話をしていて急に映したくないものがあるときはカメラをオフにするとよいでしょう。

❷右上のビデオカメラアイコンまたは Ctrl + Shift + O キーのキーボードショートカットですばやくカメラのオンオフを切り替えるとよいでしょう。

画面共有をする

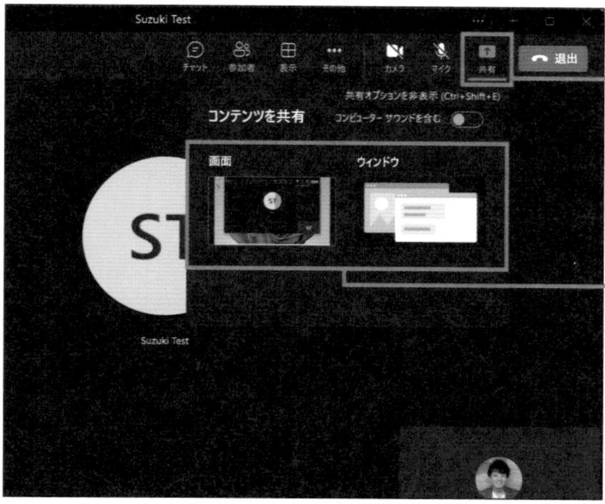

❶ミーティング中で自分のパソコン内のファイルを見せながら説明したいときがあります。そういうときは画面共有を実施します。

❷右上の矢印アイコンをクリックして、

❸共有したい対象を選びます。ウィンドウ単位でも共有できますが、複数のファイルを切り替えながら説明したいときは画面ごと共有を使います。

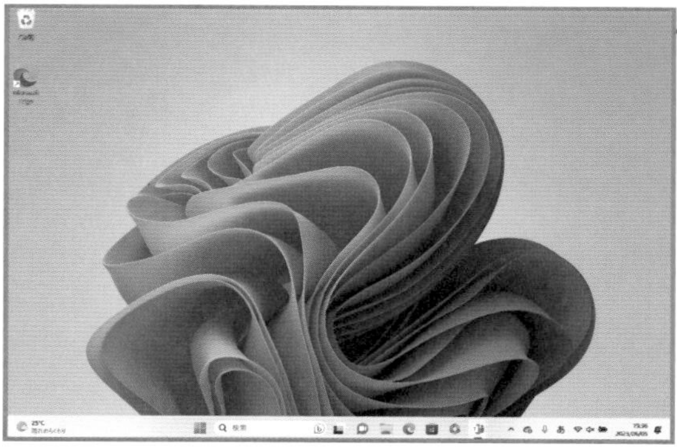

❹画面共有をすると、対象の画面が赤枠表示されて画面共有されていることがわかりやすくなっています。

ビデオ通話中にチャットで文字を送る

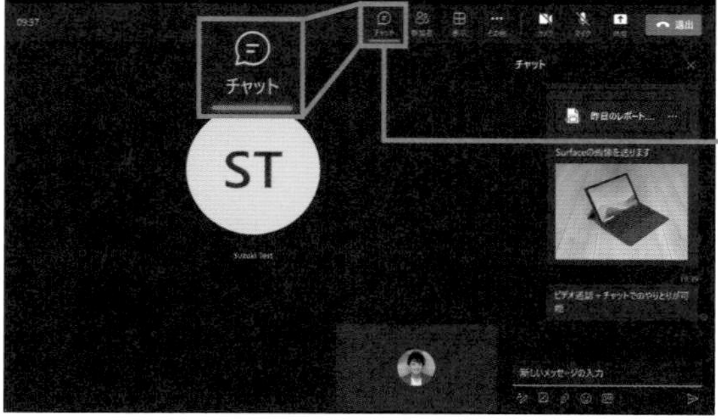

❶ビデオ通話中にURLなどの文字情報を送りたいときがあります。

❷そのようなときは画面上部のメッセージアイコンをクリックして、チャットを始めることができます。

参加者を追加する

❶ビデオ通話中に追加で参加者を増やしたいときは、

❷画面上部の人物アイコンをクリックします。

❸現在の参加者一覧が表示され、空欄にMicrosoftアカウントのメールアドレスを入力すれば現在のビデオ通話に追加で招待することができます。

カメラとマイクを確認する

❶ビデオ通話を始めたときにこちら側のカメラが映されてなかったり、こちら側の声が届いていないことがあります。そのようなときはカメラとマイクの設定が正しいか確認します。

❷画面上部のメニューアイコンから［デバイスの設定］をクリックします。

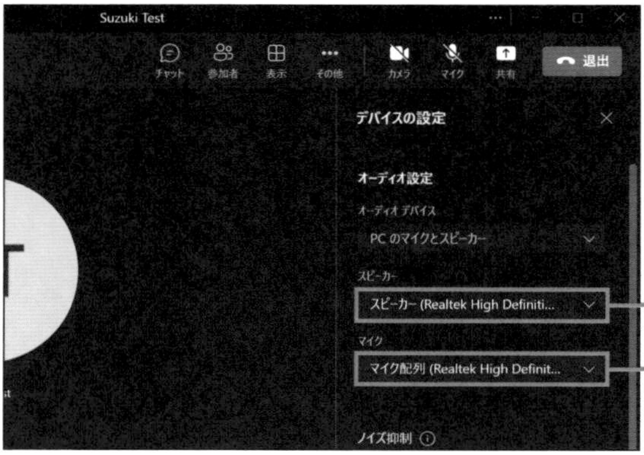

❸［オーディオ設定］の項目でスピーカーやマイクの設定を正しいものに選択します。

自分の背景を変更する

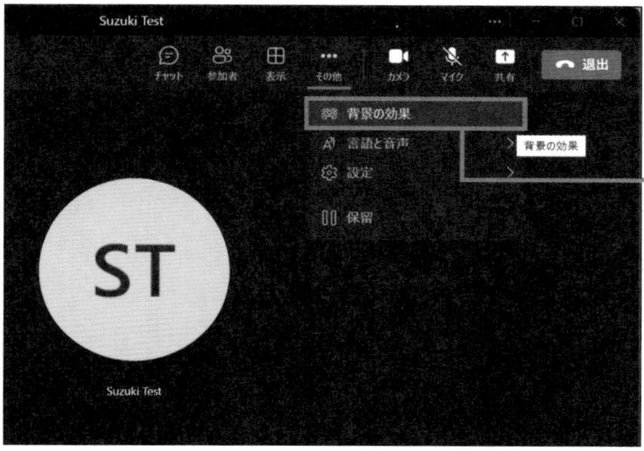

❶ビデオ通話中は自分だけ映して部屋の様子を映したくないときは、背景効果を設定します。

❷画面上部のメニューで［背景効果］をクリックします。

❸ここで「チャット」アプリが用意するさまざまな背景を選択します。

❹適用すると「チャット」アプリ側でビデオ画面がリアルタイムで画像処理されて人物以外は背景画像にすることができます。

COLUMN　画面共有を使いこなす

オンライン会議でよく自分のパソコンの画面を相手に見せることがあるときは、外部モニターと画面共有を組み合わせると使いやすいです。ウィンドウ単位で共有すると、他のウィンドウに切り替えたいときや他のウィンドウを同時に見せたいときにスムーズな進行が難しいですが、外部モニターを１つ用意してそのモニターごと画面単位で共有すれば、ウィンドウの切り替えや同時に見せたいときはそのモニター内にウィンドウを配置するだけですし、今見せている画面が何なのかが自分にとってもわかりやすくなります。今の時代オンラインで画面を見せるという機会は多いので、自分の中でよく慣れた画面共有の方法を決めておくとよいでしょう。

SECTION 110 アプリケーション

OneNoteをノート代わりに利用する

Windowsの純正ノートアプリであるOneNoteを使えば、紙に書いているかのようにノート代わりとして使うこともできます。特にSurface Proシリーズとの相性が抜群によく、Surfaceを使うならぜひ利用したい機能です。

OneNoteをノート代わりに利用する

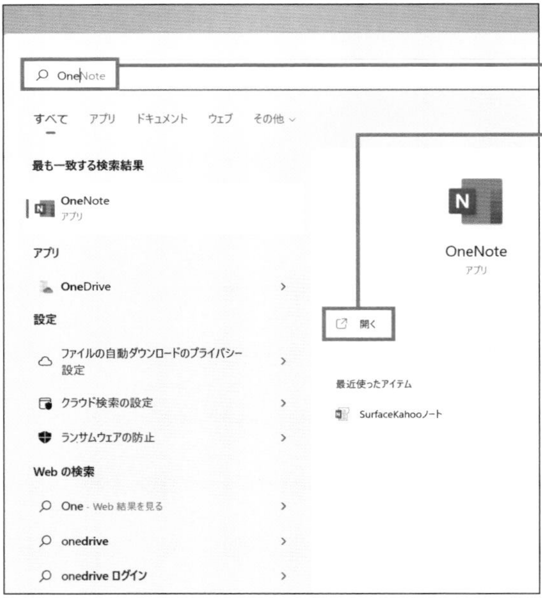

❶スタートメニューを開いて、

❷「OneNote」と入力して、検索すると、

❸OneNoteが表示されるので、[開く]をクリックします。

MEMO ピン留め

よく使う場合はタスクバーにピン留めするとよいでしょう。

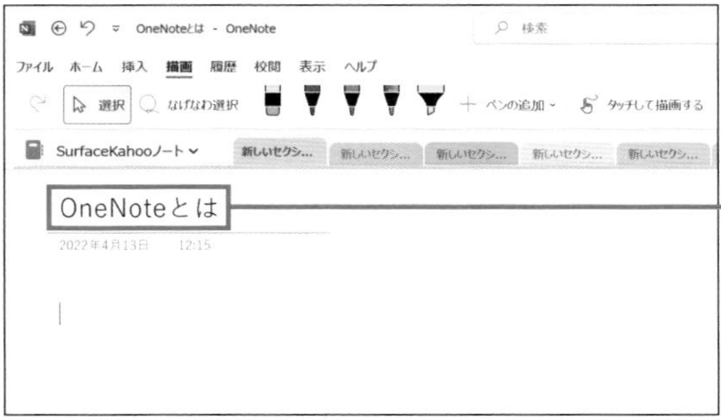

❹OneNoteを起動すると、

❺すぐにここから書き始められる状態となります。

❻何も考えずにノートを書き始めると、あとから探すことが難しくなるので、最初にページタイトルを入力します。

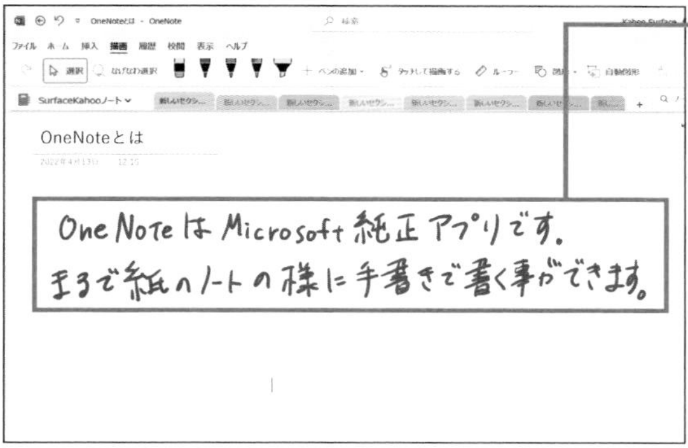

❼ Surface ペンを使って書いていきます。

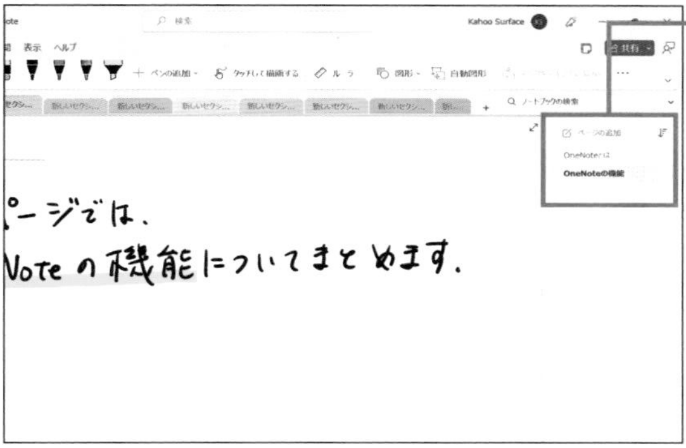

❽ 複数ページを追加していっても、ページタイトルを入力しておけば、右側のページ一覧で見つけやすくなります。

COLUMN　OneNote のノートの使い分け

OneNote は［ノート］－［セクション］－［ページ］という親子構造で書いていきます。授業のノートとして複数の実際のノートを使い分けているように、OneNote 上でも複数のノートを使い分けるとよいでしょう。たとえば、学生の方で授業ごとにノートを分けるとしたら以下のようになります。

こうすれば複数のノートを持ち歩くこともないですし、OneNote は書いたら即 OneDrive というクラウドストレージに保存してくれるので紛失することもなくなります。使い方によっては大変便利なアプリとなります。ノート、セクション、ページにはそれぞれ名前を付けたり変えたりできるので、自分の目的に沿って名前付けをしていくとあとから探しやすく使い勝手がよくなります。

SECTION 111 アプリケーション

手書きした文字をテキストに変換する

OneNoteは手書きした文字をテキストデータに変換することができます。議事録はメモとして手書きで書き留めておいて、あとからテキストデータでメールで送信するなど、活用方法はいろいろあります。

手書きした文字をテキストに変換する

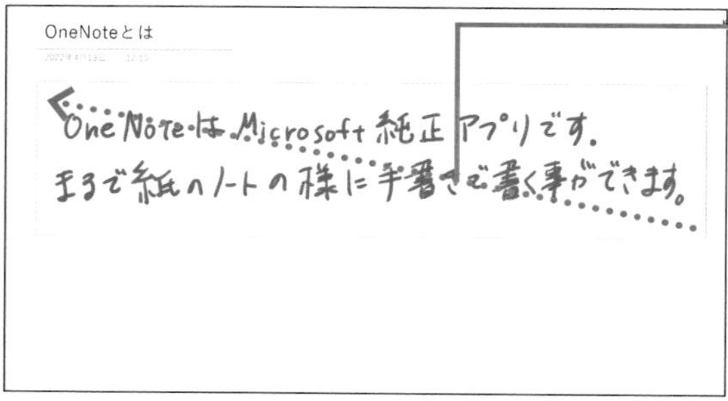
OneNoteとは
OneNoteはMicrosoft純正アプリです。
まるで紙のノートの様に手書きで書く事ができます。

❶ OneNoteに手書きで書いた文字をマウスまたはタッチ操作で範囲選択をします。

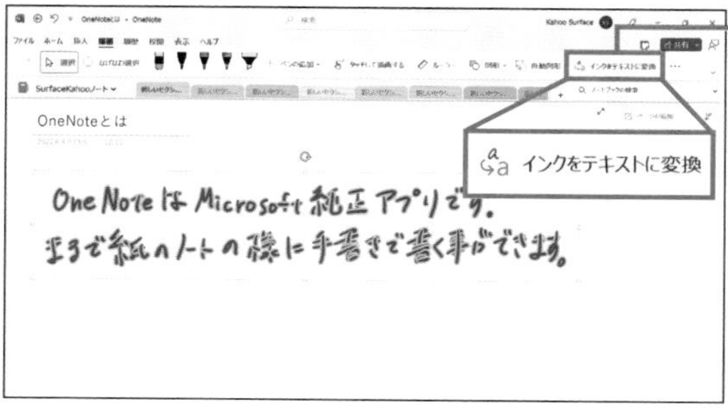
OneNoteとは
インクをテキストに変換

❷ ［描画］タブの［インクをテキストに変換］をクリックします。

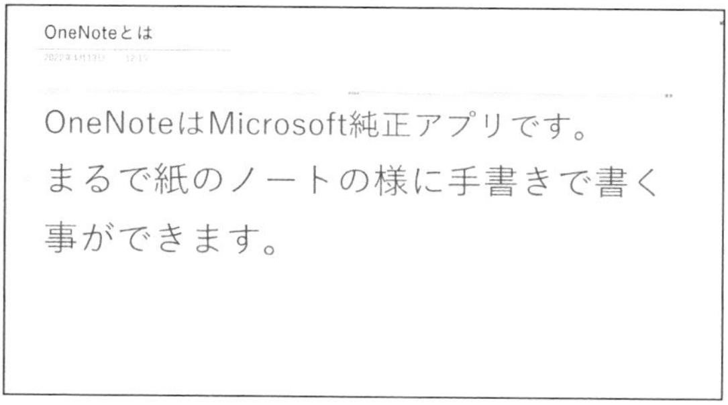
OneNoteとは
OneNoteはMicrosoft純正アプリです。
まるで紙のノートの様に手書きで書く
事ができます。

❸ 文字の大きさなどは調整が必要ですが、結構な精度でテキストデータに変換することができます。

SECTION
112
アプリケーション

手書きできれいな図形やグラフを作成する

OneNoteは手書き図形を書くときれいな図形に変換してくれる機能があります。何かを図におこすときにすばやくきれいに図形を書いていくには大変重宝する機能です。

手書きできれいな図形やグラフを作成する

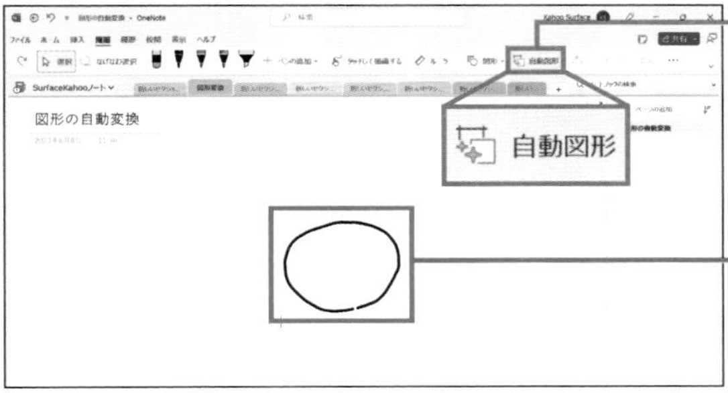

❶［描画］タブの［自動図形］をクリックします。

❷図形（ここでは「丸」）を書くと、

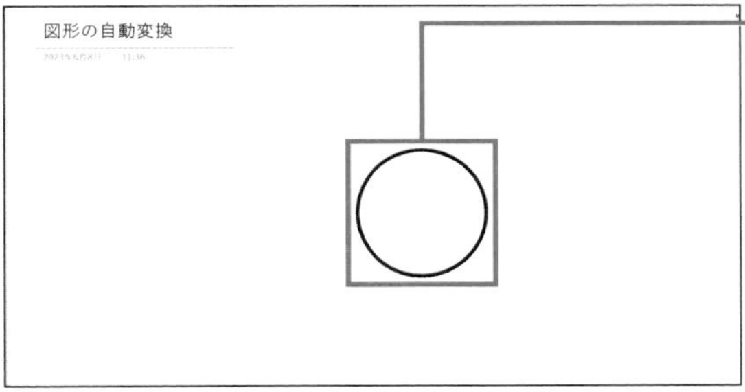

❸自動的にきれいな図形に変換されます。

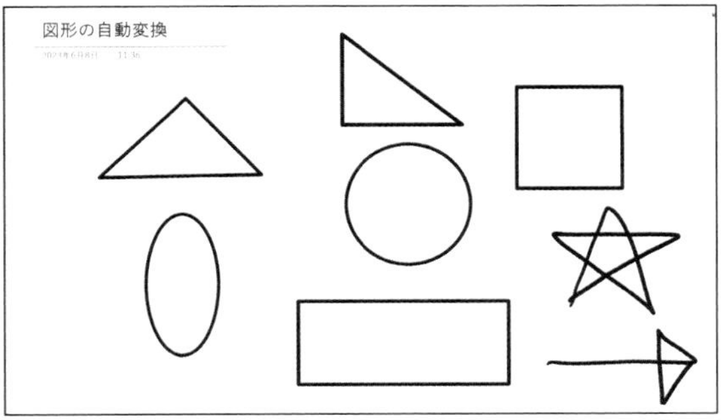

❹丸・三角・四角はきれいな図形に変換されますが、星などの複雑な図形は難しいようです。

MEMO **文字も変換**

この機能を有効にしている間は、普通に書いた文字も図形に変換されてしまうことがあるので、必要に応じて有効にするとよいでしょう。

SECTION 113 アプリケーション

OneNote上の文字をスムーズに検索する

OneNote上に書いた手書きの文字はあとからテキストとして検索することができます。たくさんのノートを書いていても検索で見つけられるのはまさにデジタルノートがなせる技と言っても過言ではないでしょう。

OneNote上の文字をスムーズに検索する

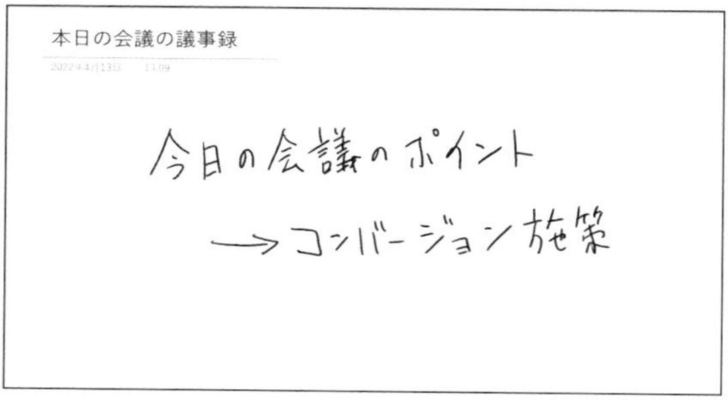

❶たとえば、左のような手書きのページがあるとします。

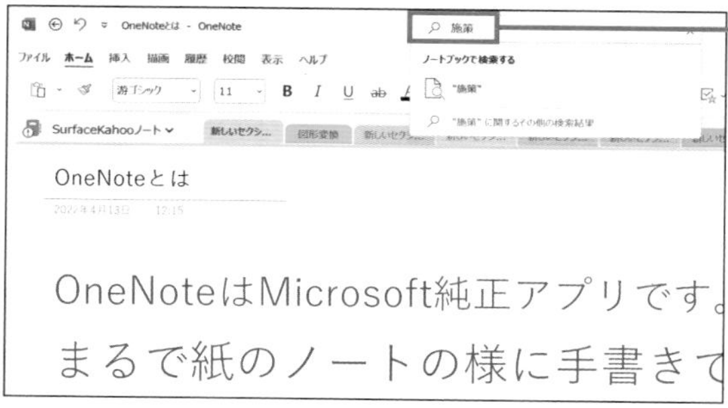

❷別のページからアプリ上部の検索バーに「施策」と入力してみます。

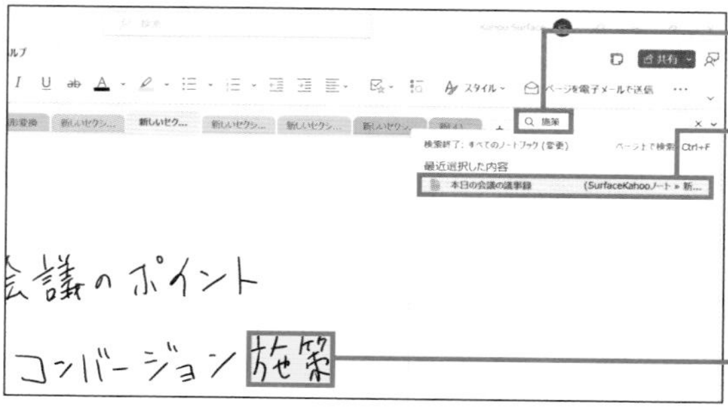

❸右側に検索結果が表示されるので、

❹ページ名をクリックすると、

❺その部分に移動できます。手書き文字でも検索できる素晴らしい機能です。

SECTION 114 アプリケーション

ノートシールを追加して情報整理する

OneNoteにはノートシールという情報を整理するのに便利な機能があります。タスクや質問などをリスト化したいときに重宝します。ノートシールを使えばあとから検索もしやすくなるので積極的に使っていくとよいでしょう。

ノートシールを追加して情報整理する

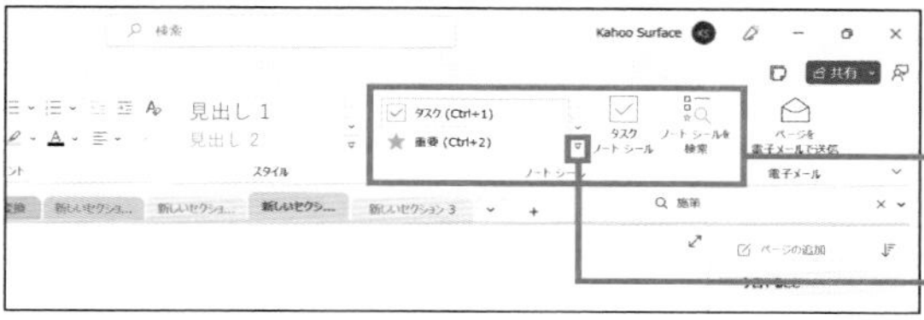

❶［ホーム］タブをクリックすると、

❷［ノートシール］が表示されます。

❸ ⌄ をクリックすると、

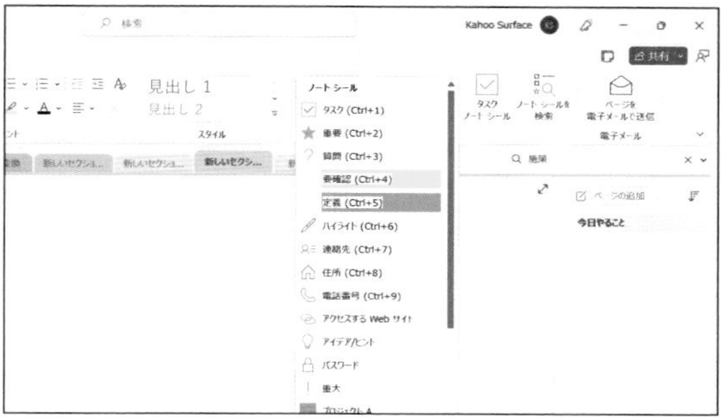

❹一覧が表示されて、目的に応じて使うことができます。

MEMO クラシックリボン

リボンメニューの一番右の ⌄ ボタンから、クラシックリボンかシンプルリボンにレイアウトを切り替えることができます。ここではクラシックリボンで説明しています。

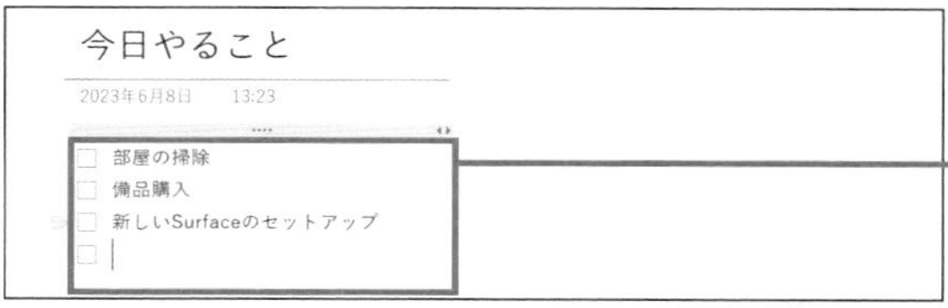

❺たとえば、［タスク］のチェックボックスを選択すると、

❻今日やることリストなどで活用できます。

OnePoint キーボードショートカット

Ctrl ＋［数字］キーのキーボードショートカットが最初から割り当てられているので、積極的に使っていくと情報が整理されてより使いやすいものとなります。［ノートシールを検索］ボタンで簡単にノートシールを検索することもできます。

SECTION 115 アプリケーション

OneNoteの録音機能でメモの取り逃しを防ぐ

OneNoteには直接音声を録音する機能が備わっています。議事録や授業などで活用すれば、手書きのノートと合わせて音声データも同時に残すことができます。ここではOneNoteの録音機能を解説します。

OneNoteの録音機能を活用する

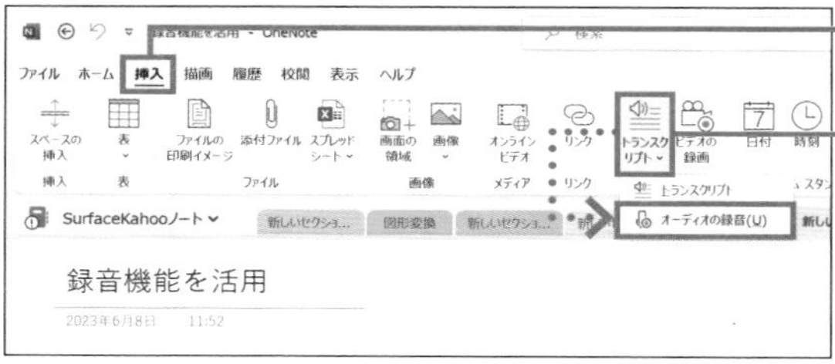

❶ クラシックリボンレイアウトにして、[挿入]タブをクリックし、

❷ [トランスクリプト]→[オーディオの録音]順にクリックします。

❸「録音中…」というタブが現れて、録音していることがわかります。

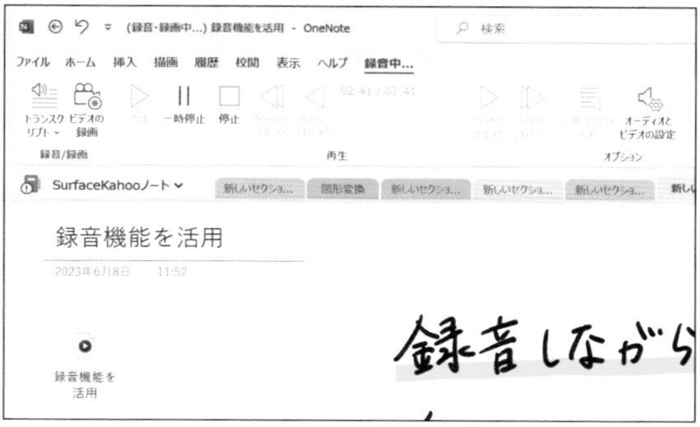

❹ 録音中でも、同時に手書きメモやキーボードによる入力も可能です。

SECTION 116 アプリケーション

OneNoteをほかの人と共同編集する

OneNoteはほかの人と共同編集して1つのノートに同時に直接書き込むことができます。離れた場所にいても一緒にノートを作ることができる便利な機能です。

OneNoteをほかの人と共同編集する

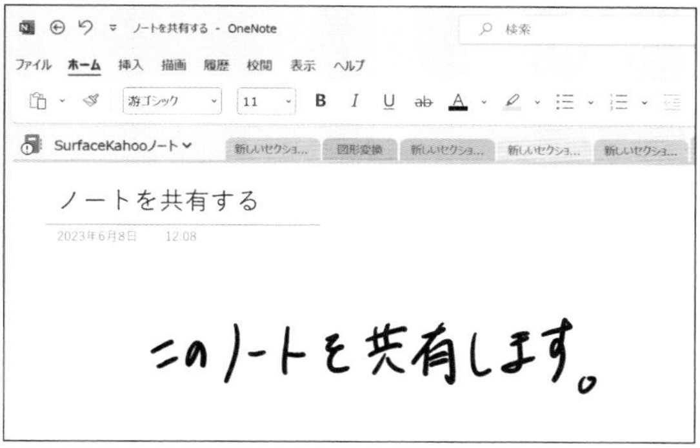

❶共有したいノートブックを開いて、

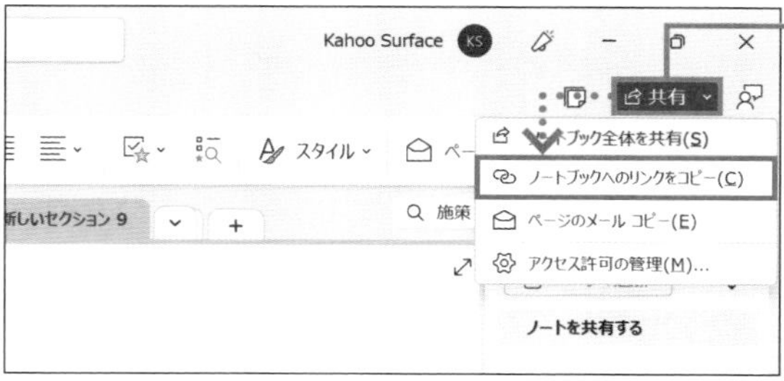

❷右上の［共有］→［ノートブックへのリンクをコピー］の順にクリックします。

❸ブラウザーから共有可能なリンクが作られるので、

❹表示されたURLを共有相手に渡せば共有できますが、

❺共有条件を変えたいときは［リンクを知っていれば誰でも編集できます］をクリックします。

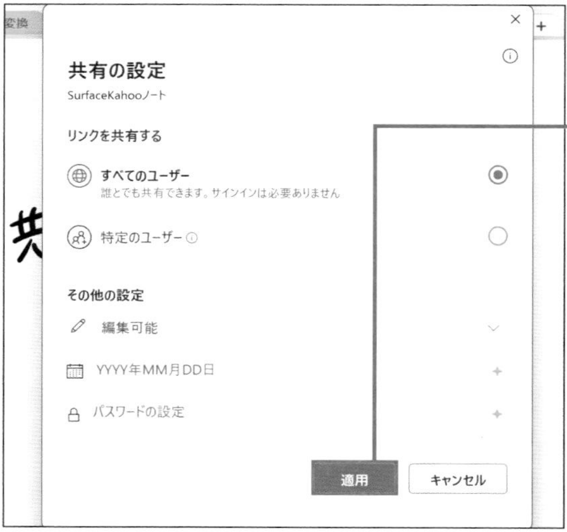

❻この画面で、共有ユーザーの限定や編集可否の設定ができます。

❼［適用］ボタンをクリックします。

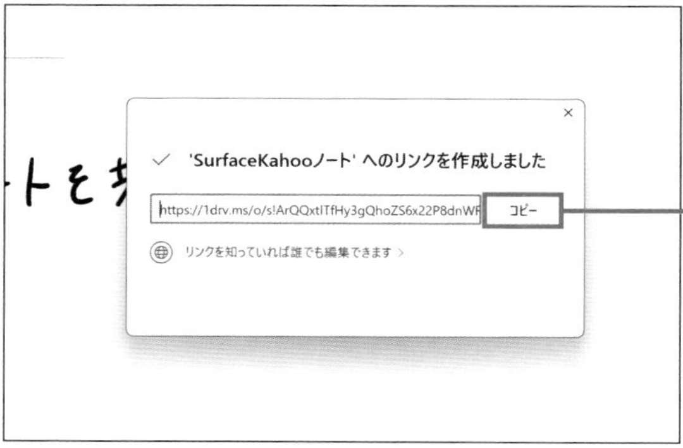

❽［コピー］をクリックして、URL を共有したい相手に渡します。

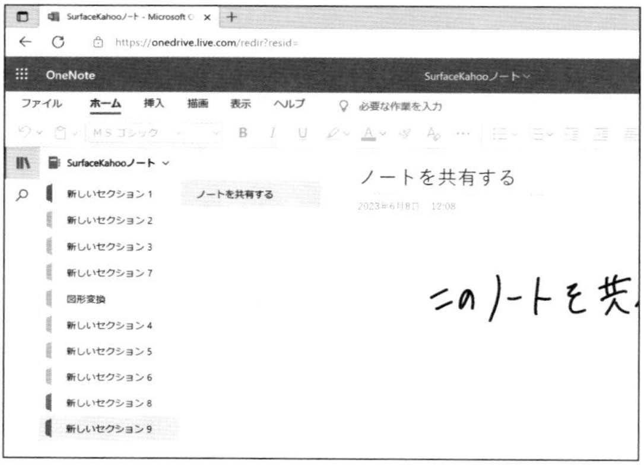

❾共有された相手は渡されたURL を Web ブラウザー上で開くだけで OneNote のノート内容にアクセスできます。

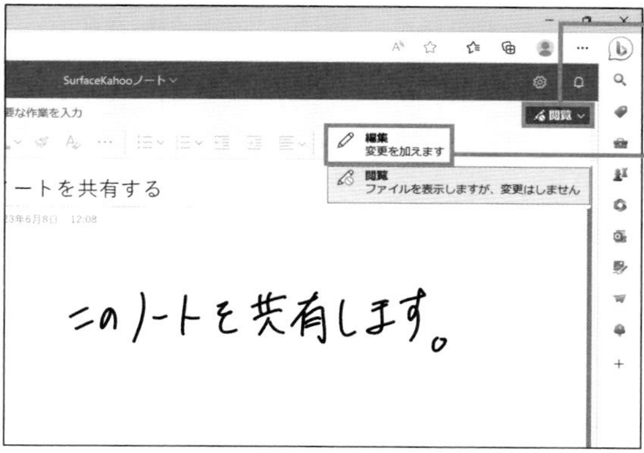

⑩編集するには画面上部の［閲覧］をクリックして、

⑪［編集］をクリックします。

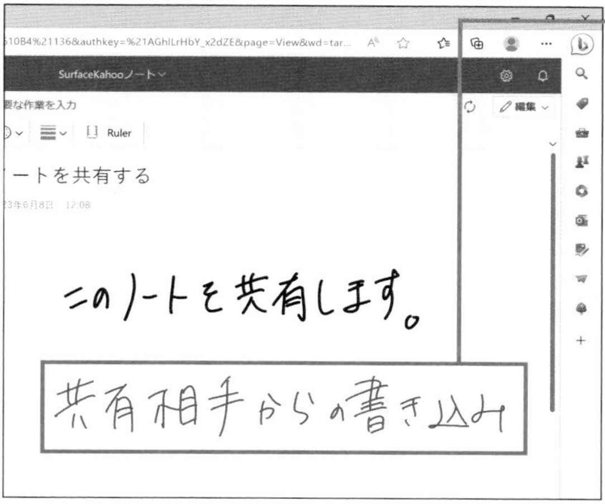

⑫Webブラウザー上で直接ノートに書き込むことができます。

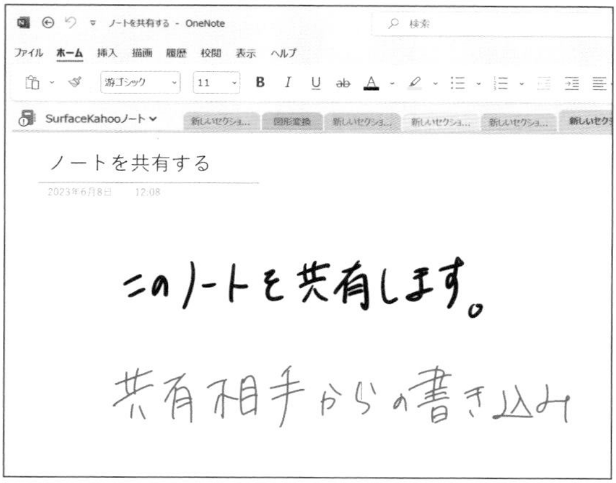

⑬共有したほうのOneNoteにも同じ内容が反映されます。リモートワークで複数人で書き込むオンライン上のホワイトボードとしても活用できそうです。

SECTION 117 アプリケーション

OneDriveでファイルを手軽に共有する

OneDrive内のファイルは、エクスプローラーで共有することができます。手順も簡単なので覚えておけば簡単にファイルのやりとりが可能となります。

OneDriveでファイルを共有する

ここでは「プロジェクト進行表.xlsx」というExcelファイルを含んだ「テストプロジェクト」というフォルダーごと共有する方法を解説します。

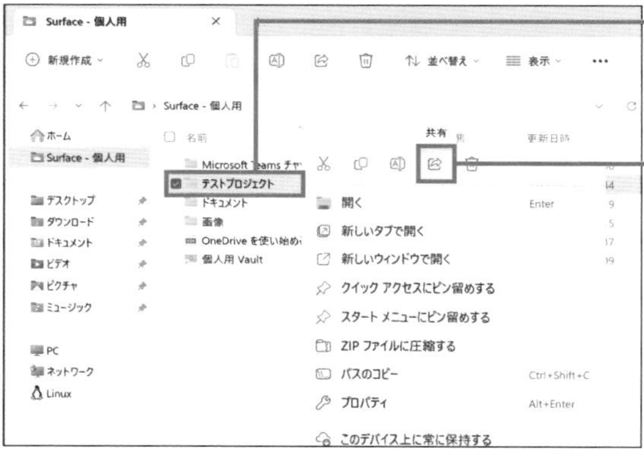

❶共有したいフォルダーを右クリックし、

❷表示されるメニューの上に並んでいるボタンで、左から4番目の［共有］をクリックします。

❸共有に関する設定をするウィンドウが開きます。

❹［リンクを知っていれば誰でも編集できます］をクリックすると、どのように共有するかが設定できます。

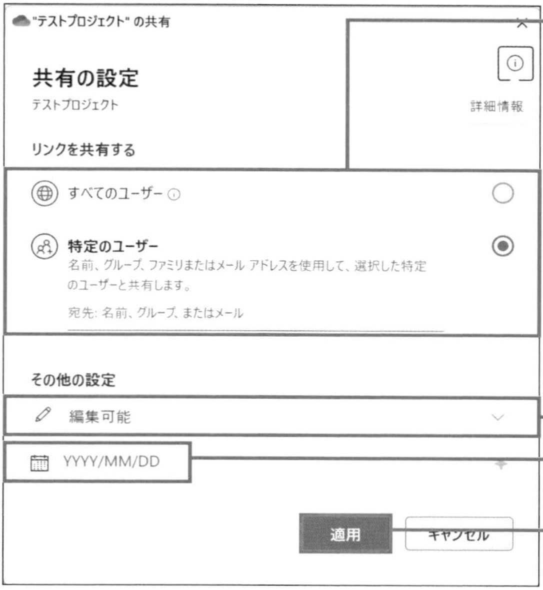

❺共有する範囲や編集の許可を設定します。不特定多数の人に共有したい場合は［すべてのユーザー］にし、特定に人にだけ共有したい場合は［特定のユーザー］にしてメールアドレスを入力します。

❻共有フォルダー内のファイルを編集したりファイルをアップロードする場合はその他の設定で［編集可能］とし、ファイルを渡すだけなら［表示可能］を選択します。

❼その他共有する期限やパスワードを適宜設定したら、

❽［適用］をクリックします。

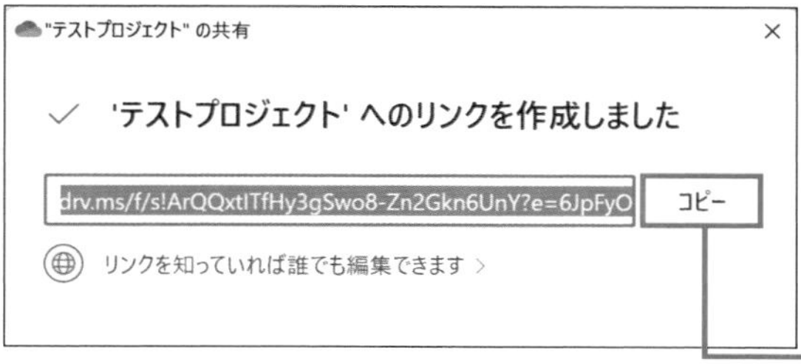

❾共有に関する設定をするウィンドウに戻り、ここから相手のメールアドレスを入力して共有リンクをメールで送るか、または共有リンクをコピーして何か他の連絡手段で共有リンクを送ります。

❿ここでは［コピー］をクリックしてクリップボードにコピーしました。

⓫コピーした URL を共有したいユーザーに送ります。

⓬共有リンクをもらったユーザーはそのリンクを開くだけでファイルにアクセスできます。

SECTION 118 アプリケーション

万が一の場合に備えてバックアップをとる

パソコンで作業をするのなら、万が一パソコンが急に故障しても大丈夫なようにデータのバックアップをとるようにしましょう。ここでは今の時代にあったおすすめのバックアップ方法を解説します。

万が一の場合に備えてバックアップをとる

パソコンというものはいつ壊れるかわかりません。新品であっても初期不良により突然電源が入らなくなることもありえます。そういう万が一の場合に備えて、パソコン内のデータは常にバックアップをとっておくことが重要です。
Windowsには標準のバックアップ機能がありますが、Windows 7からある機能で今となっては使い勝手がよいとはいえないため筆者はあまりおすすめしていません。

そこでクラウドストレージを使ったバックアップ方法をおすすめしています。
パソコンを使って何か書いたり作ったりしているとその作業ファイルが作られますが、それらの作業ファイルを最初からクラウドストレージ上に保存すれば、ファイルを保存したタイミングで常にクラウドストレージにも保存されるため、それだけでバックアップになります。

クラウドストレージとしては、Microsoft製のOneDriveか、もしくはGoogle製のGoogleドライブなどありますが、初めての方はWindows 11に最初からインストールされているOneDriveの方がすぐ使えるためとっつきやすいといえます。

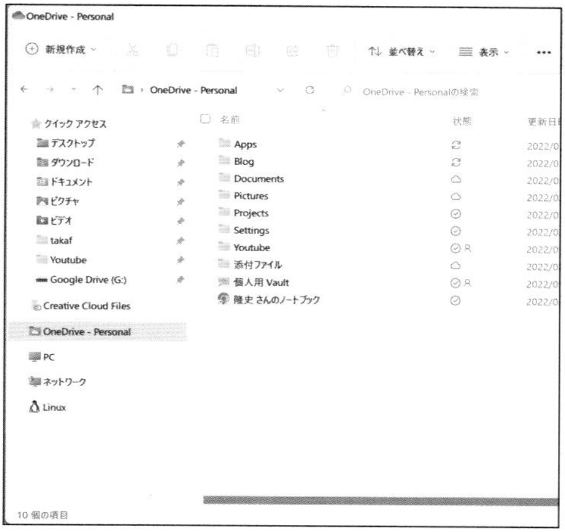

これらの無料で使える容量としては、それぞれOneDriveが5GB、Googleドライブが15GBまで利用することができるので、まずはこの無料容量枠でバックアップを始めてみるとよいでしょう。
扱うファイルがテキストファイルやOffice系ファイルだけであれば比較的軽量なので、この無料容量枠だけでも十分に活用することができます。
ちなみに筆者はOneDrive上にカテゴリ別にフォルダーを分けてファイルを格納するようにしています。
また、この無料容量枠で足りなくなった場合は課金することで容量を増やすことができます。OneDriveもGoogleドライブも月額250円程度で100GBの容量を増やすことができます。

▲ OneDriveの料金プラン

▲ Googleドライブの料金プラン

たくさんのストレージを使う場合はより上位のプランでもよいですが、個人利用でドキュメント系ファイルのみであれば100GBでも十分だったりします。ほかのパソコンにもOfficeをインストールする必要がある場合は「Microsoft 365 Personal」がおすすめです。その場合は1TBのストレージを使えます。
このクラウドストレージを使ってバックアップをしていく際は、テキストファイルやOffice系ファイルなどのドキュメント系ファイルのみアップするようにして、スマホで撮影した写真や動画などのファイルは外付けHDDなどの外部ストレージに保存することをおすすめします。すべてのファイルをクラウドストレージにアップしてしまうとすぐに容量上限に達してしまうからです。写真や動画などの容量の大きいファイルこそ外付けHDDなどのストレージがよいでしょう。
このようにバックアップにクラウドストレージを活用すれば、パソコン作業中にネット回線さえつながっているだけで自動でバックアップをとることにもなりますし、パソコンを買い換えた際もデータの移行をする手間もなくなるので今の時代に合った大変便利なバックアップ方法といえます。ぜひ活用してみてください。

SECTION 119 アプリケーション

複数人でOfficeファイルを共同編集する

ExcelなどのOfficeファイルは複数人で同時に共同編集することも可能です。Officeファイルの共同編集はリモートワークにおける必須機能といえるでしょう。

複数人でOfficeファイルを共同編集する

❶ Office ファイルの共同編集を始めるには、OneDrive 上で共有したいファイルを開き右上の［共有］ボタンをクリックします。

MEMO 共有可能なファイル

共有可能なファイルは OneDrive 上にあるファイルに限られます。

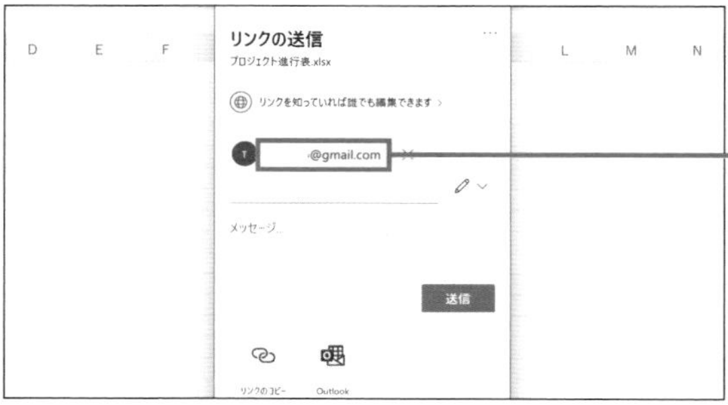

❷ 共有したい相手のメールアドレスを入力します。

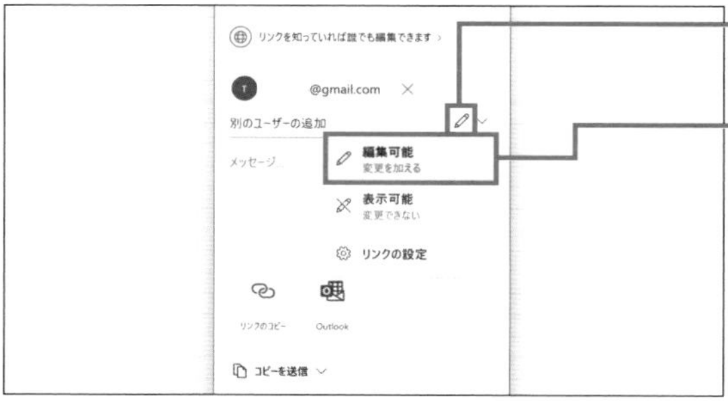

❸ 共同編集する場合は、鉛筆ボタンをクリックし、

❹［編集可能］を選択して、

❺ 手順❷の画面の［送信］ボタンをクリックします。

❻共有したい相手にメールが届きます。

❼メール本文中の［開く］をクリックします。

MEMO　メールが届かない場合

メールが届かない場合は、共有リンクを他の方法で送ります。

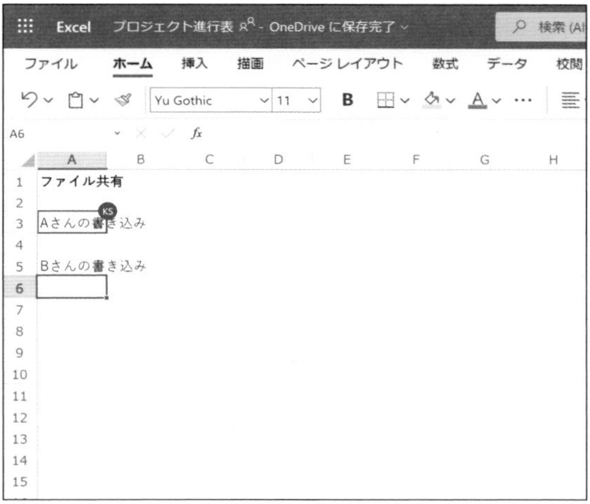

❽共有された Excel ファイルはブラウザー上で開くことができます。

❾ブラウザー上でセルに直接書き込むことができます。

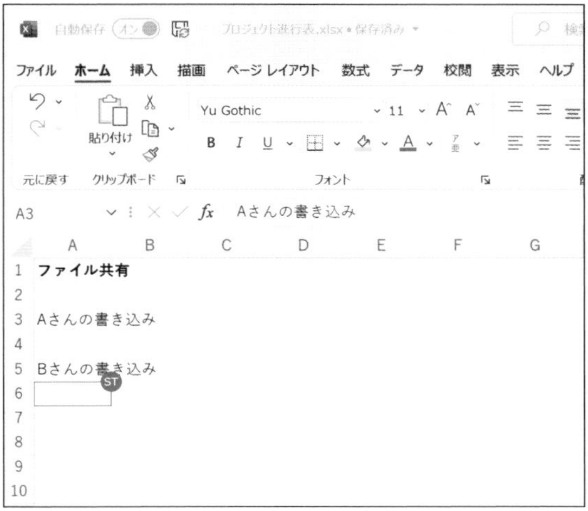

❿共有をした側のユーザーのファイルでもリアルタイムに変更が反映されます。複数人でも同時に Excel ファイルを閲覧・編集できるのは大変便利な機能です。

SECTION 120
アプリケーション

Kindleアプリで電子書籍を読む

Windowsでも「Kindle」アプリで電子書籍を読むことができます。Surface ProやSurface Goなどのタブレット型端末であればタブレットモードでより快適に電子書籍が楽しめます。

「Kindle」アプリで電子書籍を読む

❶ Amazon の Web サイトにアクセスし、「kindle アプリ」と入力して、検索し、「Kindle」アプリをダウンロードします。

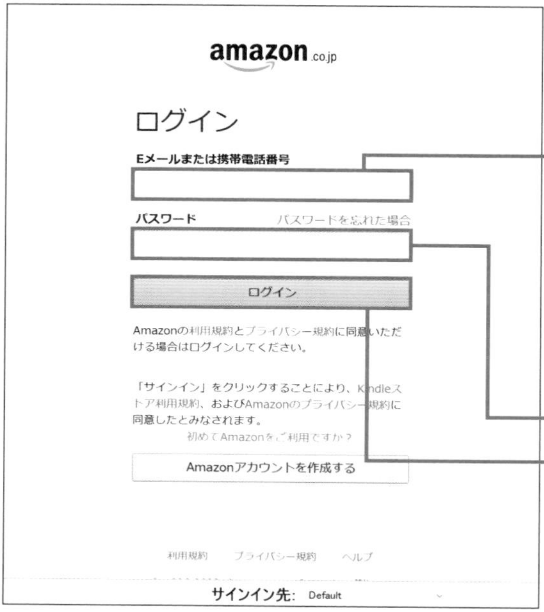

❷「Kindle」アプリをインストール後、アプリを開くと最初に Amazon のログインが求められます。

❸ E メールまたは携帯電話番号を入力し、

MEMO アカウント

「E メールまたは電話番号」のところには、Kindle 電子書籍を購入している Amazon アカウントを入力します。

❹ パスワードを入力して、

❺［ログイン］をクリックします。

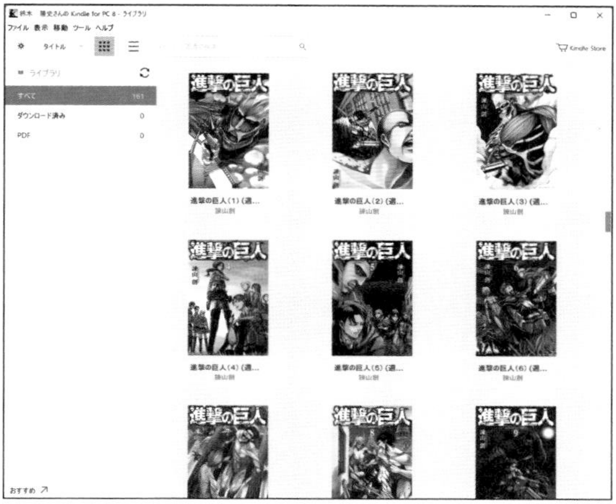

❻ログインが完了すると、今までAmazonで購入した電子書籍が確認できます。

❼Surface Pro 8で電子書籍を読むととても快適です。雑誌なら縦で読むとほとんど実寸の雑誌サイト変わらないので拡大することなく読むことができます。

❽漫画なら横で見開きで読んでも十分快適に読めます。ビジネス書なら縦でも横でも好きなほうで読むとよいでしょう。

SECTION 121 アプリケーション

Adobe Acrobat ReaderでPDFを閲覧する

PDFファイルはAdobe社の技術によって作られた電子文書ファイルです。PDFファイルは「Adobe Acrobat Reader」アプリで閲覧することができます。

Adobe Acrobat ReaderでPDFを閲覧する

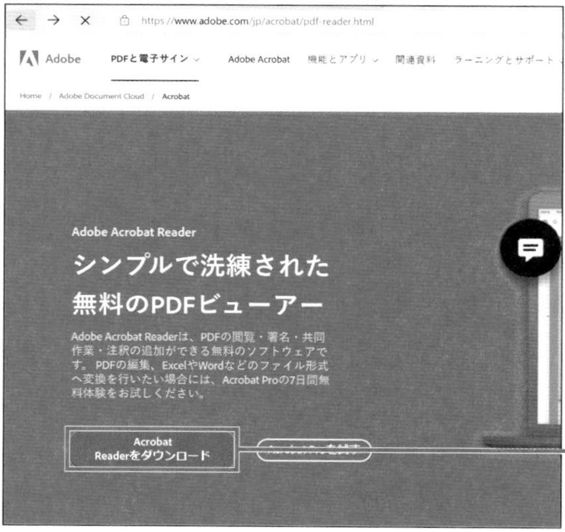

❶ Adobe Acrobat Reader の Web ページにアクセスし、

https://www.adobe.com/jp/acrobat/pdf-reader.html

❷ [Acrobat Reader を ダ ウ ン ロード] をクリックします。

❸ ダウンロードするときに一緒に McAfee というアンチウイルスソフト入れるか聞かれます。

❹ 特に必要ない場合はチェックを外して、

❺ [Acrobat Reader を ダ ウ ン ロード] をクリックします。

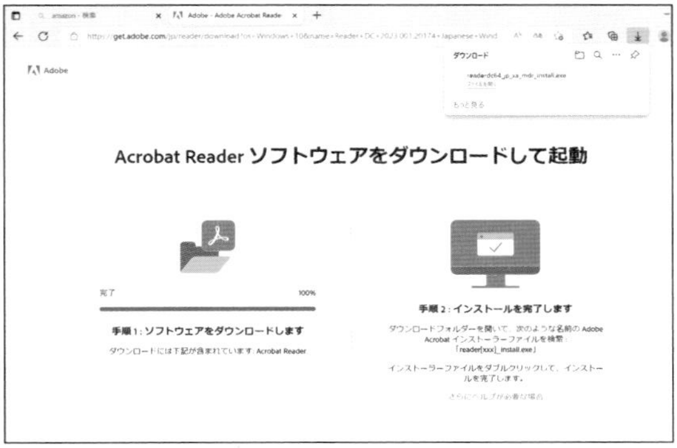
Adobe
ダウンロード
Acrobat Reader ソフトウェアをダウンロードして起動
完了
100%
手順 1：ソフトウェアをダウンロードします
ダウンロードには下記が含まれています: Acrobat Reader
手順 2：インストールを完了します
ダウンロードフォルダーを開いて、次のような名前の Adobe Acrobat インストーラーファイルを検索：
「reader[xxx]_install.exe」
インストーラーファイルをダブルクリックして、インストールを完了します。

❻ダウンロードしたインストーラーをダブルクリックして、実行すると、インストール処理が開始します。

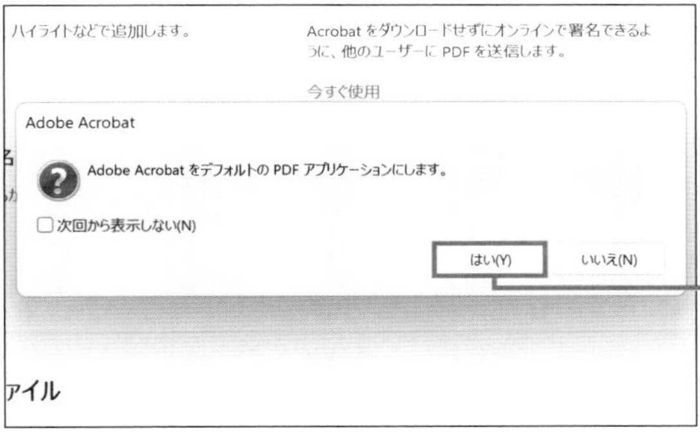
ハイライトなどで追加します。
Acrobat をダウンロードせずにオンラインで署名できるように、他のユーザーに PDF を送信します。
今すぐ使用
Adobe Acrobat
Adobe Acrobat をデフォルトの PDF アプリケーションにします。
次回から表示しない(N)
はい(Y)
いいえ(N)
ァイル

❼インストールが完了した後で、Acrobat Reader を起動すると、

❽PDF ファイルを開く際のデフォルトのアプリにするかどうか聞かれます。

❾ここでは、［はい］をクリックします。

ホーム
ツール
ログイン
PDF を書き出し
Adobe Export PDF
Document Cloud へ
ようこそ
Adobe Acrobat、Adobe Sign、Adobe Document Cloud サービスを、場所を問わず利用する際の 4 つのヒントについて説明します。
01 場所を問わずに利用
変換
Acrobat Pro DCで
PDFを変換・編集

❿これで PDF ファイルを Acrobat Reader で読めるようになりました。

OnePoint **Microsoft Edge を使う**

PDF ファイルは Microsoft Edge でも見ることができます。そして、Surface ペンが使える Surface と Microsoft Edge を使えばペンで直接書き込むこともできます。PDF ファイルを扱う際は、Acrobat Reader と Microsoft Edge を必要に応じて使い分けるとよいでしょう。

SECTION 122 アプリケーション

Visual Studio Codeでテキストを編集する

Windows標準のテキスト編集アプリである「メモ帳」は、長文のテキスト作成には機能的にもの足りなかったりします。Microsoft謹製のテキストエディタである「Visual Studio Code」をインストールしてテキスト編集を快適にしましょう。

Visual Studio Codeでテキストを編集する

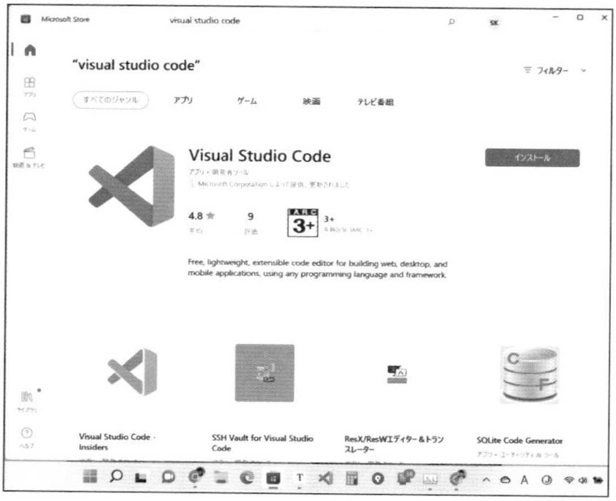

❶「Microsoft Store」アプリを開いて、

❷「visual studio code」と入力すると、

❸検索結果に「Visual Studio Code」が表示されるので、

❹[インストール] をクリックします。

MEMO　Sモードの場合

SモードのWindowsの場合は、検索しても、「Visual Studio Code」がヒットしないことがあります。

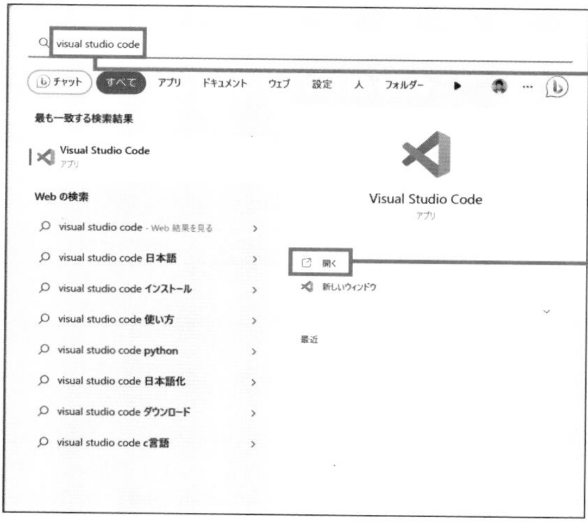

❺スタートメニューを開いて、

❻検索ボックスに「visual studio code」と入力して、

❼検索結果の「Visual Studio Code」アプリの [開く] をクリックします。

ファイル(F) 編集(E) 選択(S) 表示(V) 移動(G) 実行(R) ターミナル(T) ヘルプ(H)
Untitled-1 - Visual St
作業の開始
Untitled-1
1

Visual Studio Codeはこのようなテキストエディタとなっています。

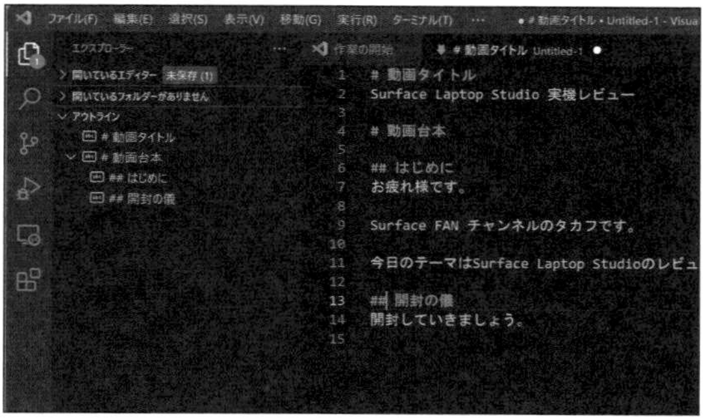
ファイル(F) 編集(E) 選択(S) 表示(V) 移動(G) 実行(R) ターミナル(T) …
● # 動画タイトル • Untitled-1 - Visua
エクスプローラー
作業の開始
動画タイトル Untitled-1
開いているエディター 未保存 (1)
開いているフォルダーがありません
アウトライン
動画タイトル
動画台本
はじめに
開封の儀
動画タイトル
Surface Laptop Studio 実機レビュー
動画台本
はじめに
お疲れ様です。
Surface FAN チャンネルのタカフです。
今日のテーマはSurface Laptop Studioのレビュ
開封の儀
開封していきましょう。

テキスト編集に便利なマークダウン記法で書くことでテキストに色付けしたりアウトライン表示をしたりできます。これらは「メモ帳」アプリではできないことです。

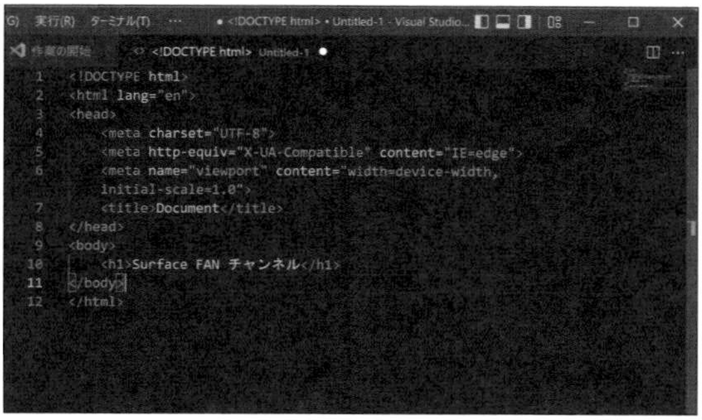
実行(R) ターミナル(T) …
● <!DOCTYPE html> • Untitled-1 - Visual Studio...
作業の開始
<!DOCTYPE html> Untitled-1
<!DOCTYPE html>
<html lang="en">
<head>
<meta charset="UTF-8">
<meta http-equiv="X-UA-Compatible" content="IE=edge">
<meta name="viewport" content="width=device-width,
initial-scale=1.0">
<title>Document</title>
</head>
<body>
<h1>Surface FAN チャンネル</h1>
</body>
</html>

htmlを書くテキストエディタとしても使えます。

OnePoint プログラマーも利用

Visual Studio Codeはプログラマーの間でも使っている人が多い優秀なテキストエディタです。拡張機能をインストールすることでさらに強力なテキストエディタとなります。使いこなすとテキスト編集は格段に快適になることでしょう。

SECTION 123 アプリケーション

Googleドライブでファイルを手軽に共有する

Googleアカウントがあれば Googleドライブというクラウドストレージが使えます。無料で15GBまで使えて、友達とファイルを簡単に共有できます。ここではGoogleドライブを使ったファイル共有方法を解説します。

第5章
第6章 アプリケーション
第7章

Googleドライブでファイルを共有する

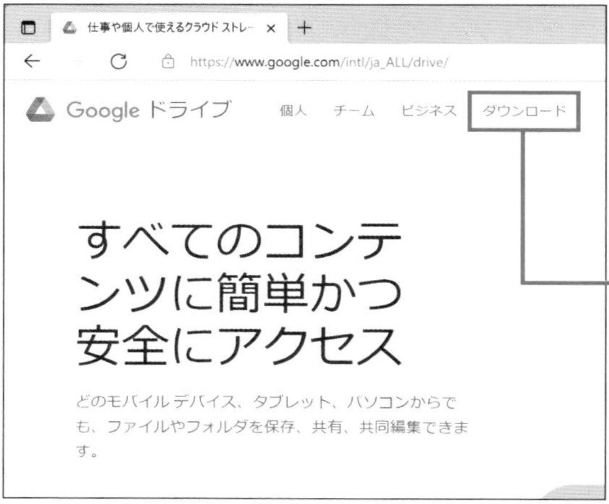
仕事や個人で使えるクラウド ストレー
https://www.google.com/intl/ja_ALL/drive/
Google ドライブ
個人
チーム
ビジネス
ダウンロード
すべてのコンテンツに簡単かつ安全にアクセス
どのモバイル デバイス、タブレット、パソコンからでも、ファイルやフォルダを保存、共有、共同編集できます。

❶まずは Googleドライブを Surface にインストールします。

❷Googleドライブのサイト（https://www.google.com/intl/ja_ALL/drive/）にアクセスし、

❸［ダウンロード］をクリックします。

MEMO 表示されない場合

［ダウンロード］が表示されない場合は、≡をクリックして、［ダウンロード］をクリックします。

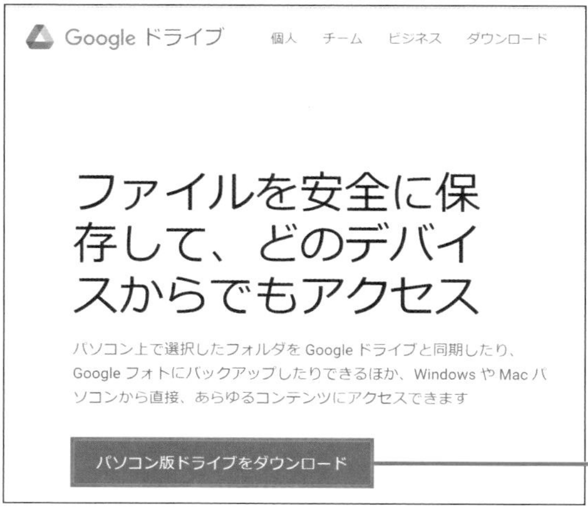
Google ドライブ
個人
チーム
ビジネス
ダウンロード
ファイルを安全に保存して、どのデバイスからでもアクセス
パソコン上で選択したフォルダを Google ドライブと同期したり、Google フォトにバックアップしたりできるほか、Windows や Mac パソコンから直接、あらゆるコンテンツにアクセスできます
パソコン版ドライブをダウンロード

❹［パソコン版ドライブをダウンロード］をクリックします。

❺「GoogleDriveSetup.exe」がダウンロードされるので、

❻ダブルクリックして、インストールします。

❼インストールするとGoogleドライブへのログイン画面が表示されるので、

❽［ブラウザでログイン］をクリックして、Googleアカウントでログインをします。

❾Googleアカウントでログインが完了するとSurfaceの中にGoogleドライブ専用のドライブが作られます。Gドライブとして割り当てられているのが枠ですよね。

❿Googleドライブをインストールしたらあとはいつものエクスプローラーの使い方と同じです。「マイドライブ」の中にフォルダーを作ったりファイルを置いたりします。エクスプローラーと違うのはここにファイルを入れると同時にクラウドのほうにも保存してくれることです。

⓫ 友達にファイルを共有したいときは、共有したいファイルを右クリックし、

⓬ 表示されるメニューから［その他のオプションを表示］をクリックします。

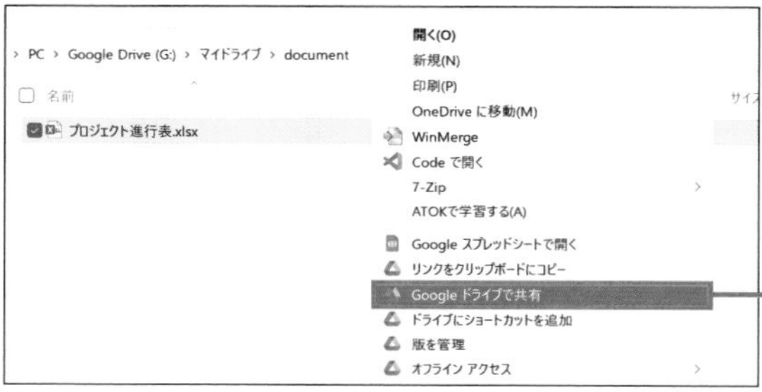

⓭［Google ドライブで共有］をクリックします。

⓮ 共有したい友達の Google アカウントを入力し、

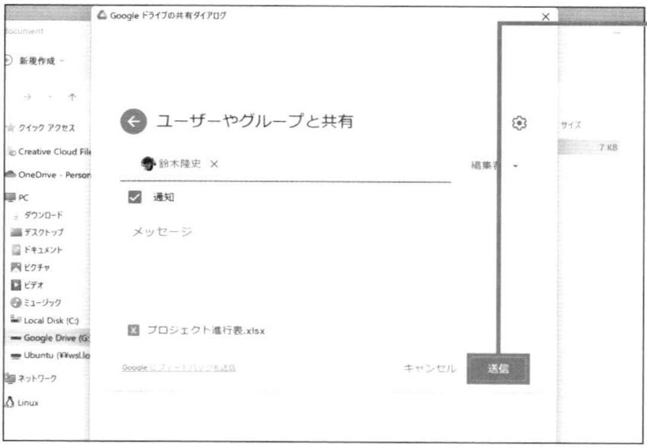

⓯［送信］をクリックします。

MEMO　アカウントを限定

アカウントを限定して共有すれば安全にファイルをやりとりできます。

SECTION 124 アプリケーション

Googleドライブの変更履歴を活用する

Googleドライブの変更履歴を活用すれば過去に編集した状態のファイルを開くことができます。間違って編集して保存してしばらく経ったあとに過去の正しい状態に戻したいときなどに便利です。

Google ドライブの変更履歴を活用する

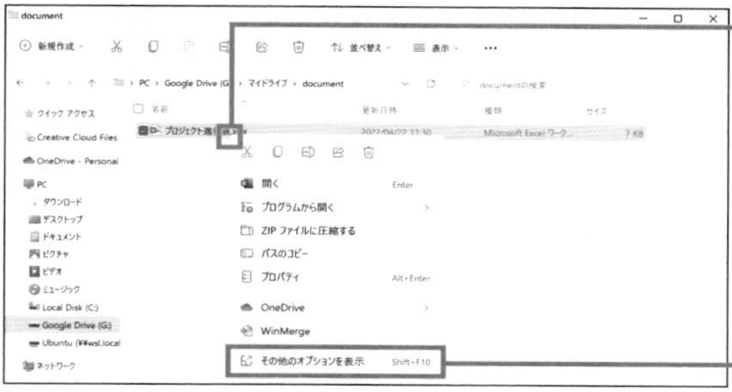

❶過去の状態を取り出したいファイルを右クリックし、

❷表示されるメニューから［その他のオプションを表示］をクリックします。

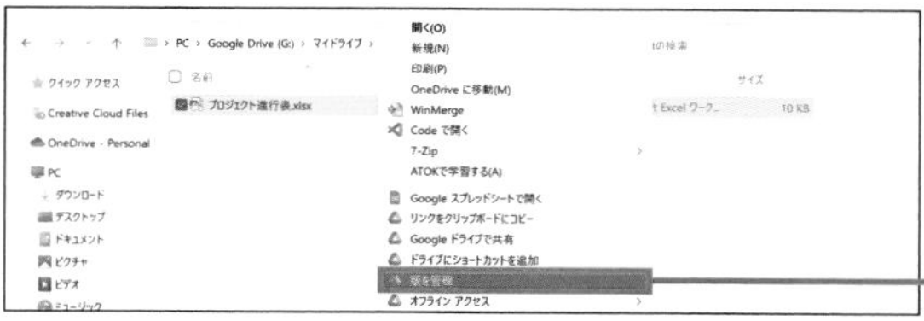

❸［版を管理］をクリックします。

❹過去に編集した要所要所のポイントで保存されたファイル一覧が表示されます。

❺ここからファイルを開くとそのときの状態のファイルを開くことができます。

OnePoint 自動で履歴が保存される

Google ドライブ上でファイルを編集しているだけで自動で変更履歴を保存してくれるので、普段からのファイル操作は Google ドライブ上で行うといざというときに重宝します。なお、［版を管理］が表示されるのは、しばらく時間がかかることがあります。

SECTION 125 アプリケーション

Chromeリモートデスクトップを設定する

Google Chromeのリモートデスクトップを設定すると、外出先からスマホで自宅のパソコンの画面を開くことができます。Googleアカウントでログインした上で接続するので比較的安全に操作することができます。

Chromeリモートデスクトップを設定する

Google Chrome リモート デスクトップ
パソコンにアクセス
画面を共有
家や職場のパソコンへのリモート アクセスや他のユーザーとの画面の共有を簡単に行うことができます。
スマートフォンやタブレット、別のパソコンを使って、離れた場所からご自分のパソコンに安全にアクセスできます。
画面を共有してリアルタイムで共同作業したり、別のパソコンを接続してリモート サポートを受けたり提供したりできます。

❶ Chrome リモートデスクトップは最初に Surface のほうで設定をします。

❷ Google Chrome を開いて、

❸「Chrome リモートデスクトップ」のサイト（https://remotedesktop.google.com/）にアクセスします。

❹［パソコンにアクセス］をクリックします。

Google Chrome リモート デスクトップ
このデバイス
リモート アクセス
リモート サポート
SSH 経由でセットアップする
リモート アクセスの設定
別のデバイスからリモート アクセスできるようにこのパソコンを設定します。始めるにはダウンロード ボタンをクリックしてください。
Chrome リモート デスクトップをダウンロード
ヘルプ
フィードバックを送信
テーマを切り替え

❺「リモートアクセスの設定」の［Chrome リモートデスクトップをダウンロード］のボタンをクリックします。

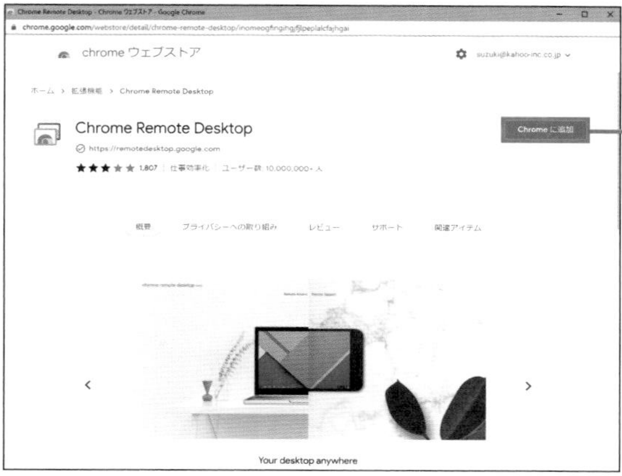

❻ Chrome ウェブストアが開くので、

❼ [Chrome に追加] をクリックします。

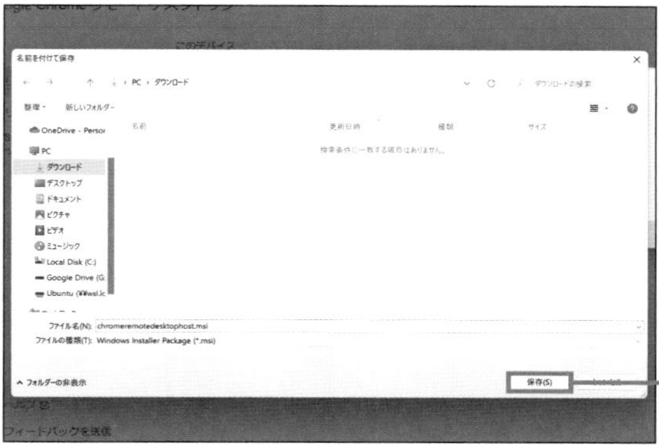

❽ インストーラーをダウンロードするよう求められるので、

❾ [保存] をクリックして、ダウンロードします。

❿ [同意してインストール] をクリックします。

⓫ このパソコンの名前を入力して、

MEMO **名前の選択**

現在設定している名前があらかじめ入力されています。

⓬ [次へ] をクリックします。

⓭リモート接続の際に入力する PIN を入力し、

⓮再度同じ PIN を入力して、

⓯［起動］をクリックします。

⓰設定が完了します。

スマホからアクセスする

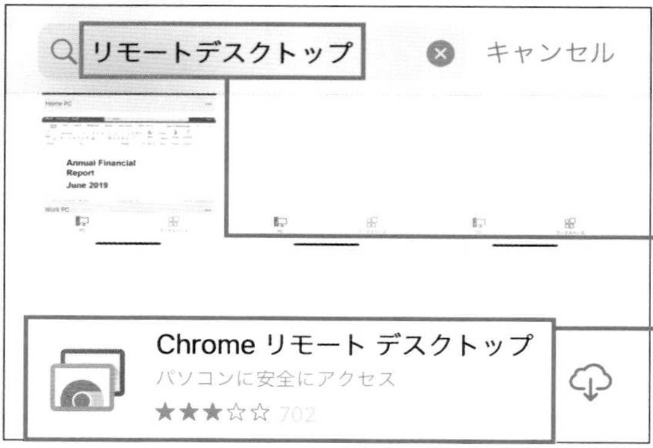

❶次にスマホからリモートデスクトップで接続してみます。ここでは iPhone を使用します。

❷AppStore を開いて、

❸「リモートデスクトップ」と検索し、

❹「Chrome リモート デスクトップ」アプリをインストールします。

❺アプリを開いて、

❻上記と同じ Google アカウントでログインします。

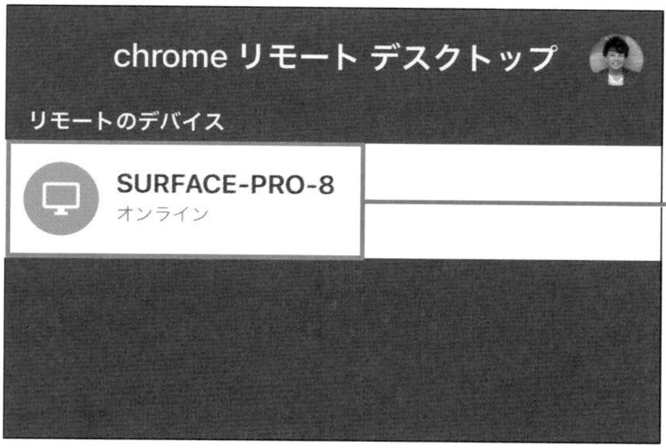

❼先ほど設定したパソコン名が表示されるので、それをクリックします。

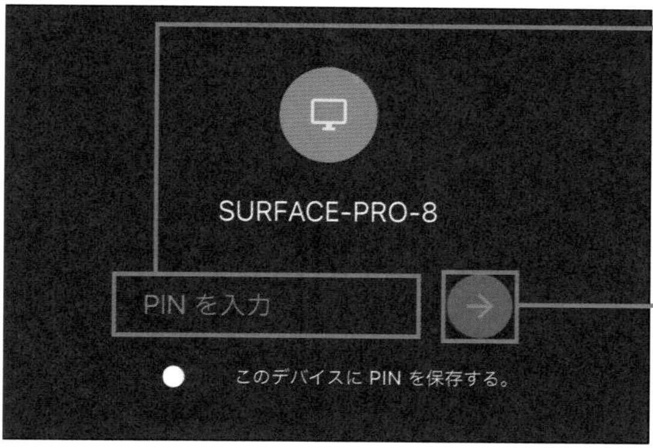

❽先ほど設定した PIN を入力します。

❾をクリックします。

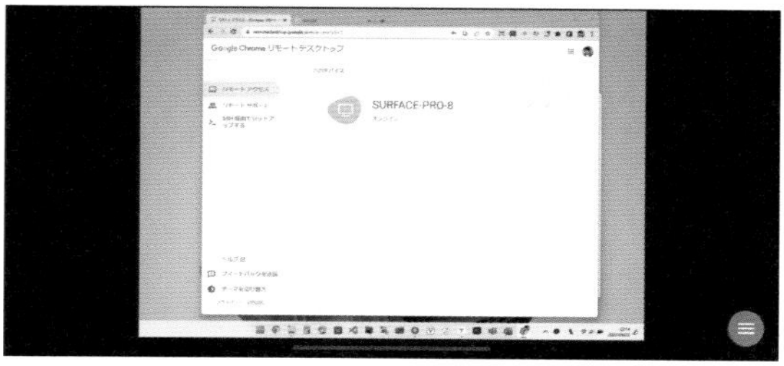

❿リモートデスクトップ接続ができました。横画面にしたほうが操作しやすいでしょう。

⓫タップでデスクトップの操作が可能です。文字も入力することができますが、現在は日本語は対応していないようでした。Surface を自宅に置いてきた場合でも操作が可能となります。

SECTION 126 アプリケーション

メールアプリでメールを閲覧できるようにする

Windows 11に最初からインストールされている「メール」アプリは、さまざまなメールアカウントのメールのやりとりができます。ここでは「メール」アプリにGmailアカウントを設定する方法を解説します。

「メール」アプリでGmailを閲覧できるようにする

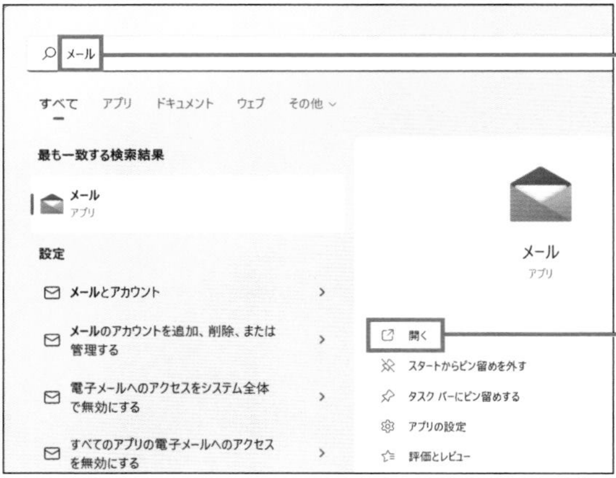

❶スタートメニューを開いて、

❷検索ボックスに「メール」と入力して、

❸検索結果の「メール」の［開く］をクリックして、「メール」アプリを開きます。

❹まだ何も設定しない場合はアカウントの追加画面が開くので、［Google］をクリックします。

MEMO Gmail アカウント

場合によってはおすすめのところにGmailアカウントが候補として表示されます。

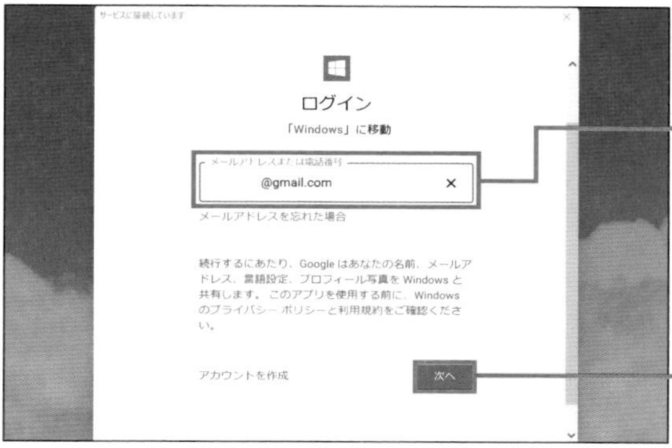

❺ Google アカウントのログイン画面が開きます。

❻ Google アカウントのメールアドレスを入力し、

❼ [次へ] をクリックします。

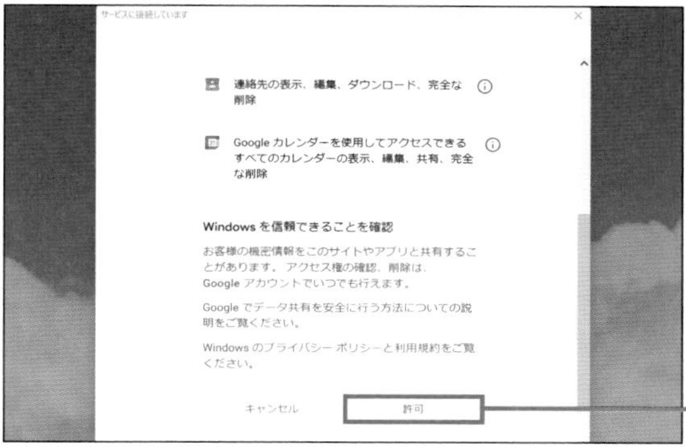

❽ WindowsからGoogleアカウントの各種サービスに許可していいかを求められるので、

❾ [許可] をクリックして、許可します。

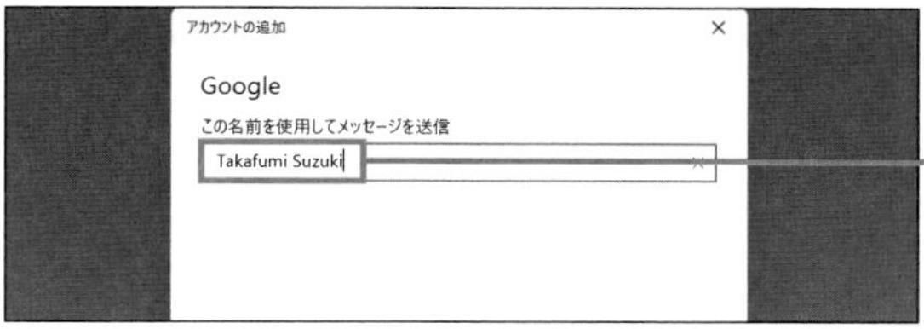

❿ この「メール」アプリを使用する際の名前を入力します。

⓫ Google アカウントへの接続が完了すると、「メール」アプリで Gmail の内容を閲覧することができます。「メール」アプリでのメール閲覧は、ブラウザーの Web メーラーとはまた違った簡単さがあります。

SECTION 127 アプリケーション

カレンダーと連携させてスケジュール管理する

Windows 11に最初からインストールされている「カレンダー」アプリは、Microsoft以外のアカウントのカレンダーとも同期することができます。ここでは「カレンダー」アプリにGoogleアカウントのカレンダーを連携させる方法を解説します。

「カレンダー」アプリにGoogleアカウントを連携する

前セクションの「メール」アプリでGmailを閲覧できるようにすると、「カレンダー」アプリも連携した状態となりますが、ここでは改めてアカウントを設定する方法を解説します。

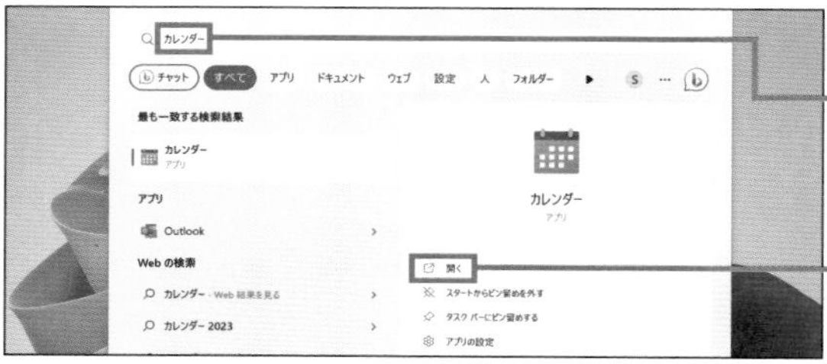

❶スタートメニューを開いて、

❷検索ボックスに「カレンダー」と入力して、

❸検索結果の「カレンダー」アプリの［開く］をクリックします。

❹「カレンダー」アプリ左下の歯車アイコンの設定ボタンクリックし、

❺［アカウントの管理］をクリックします。

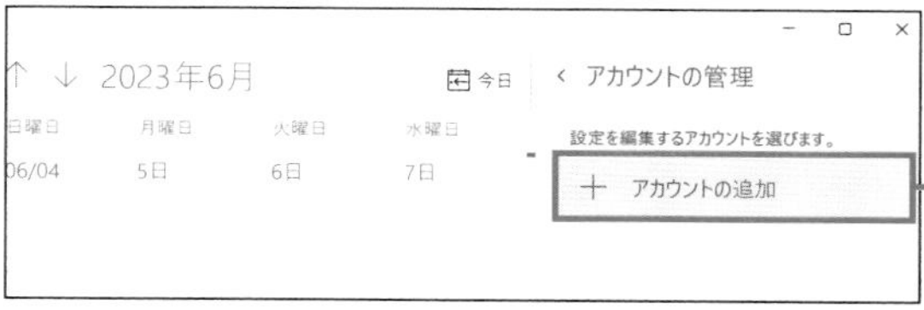

❻［アカウントの追加］をクリックします。

❼アカウントの追加画面が開くので、[Google] をクリックします。

MEMO おすすめ

場合によってはおすすめのところに Gmail のアカウントが候補として表示されます。

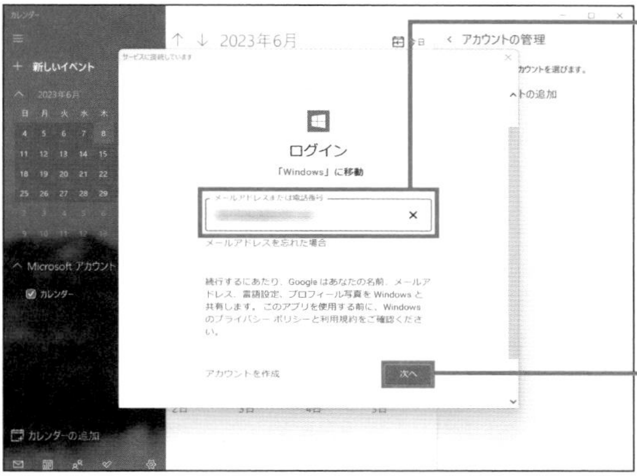

❽Google アカウントのログイン画面が開きます。Google アカウントの「メールアドレス」または「電話番号」を入力し、

❾[次へ] をクリックします。

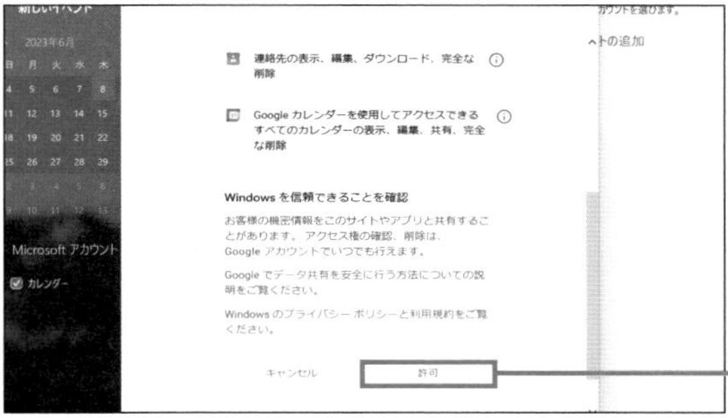

❿WindowsからGoogleアカウントの各種サービスに許可していいかを求められるので、[許可] をクリックして、許可します。

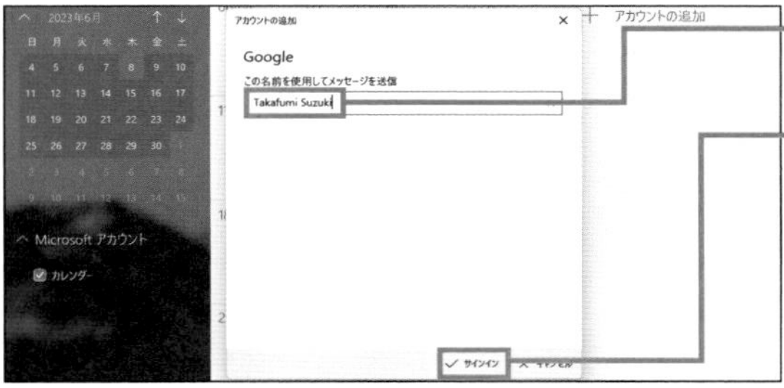

⓫この「メール」アプリを使用する際の名前を入力して、

⓬[サインイン] をクリックすると、

⓭Google アカウントのカレンダーと同期して、「カレンダー」アプリでもスケジュールを確認できるようになります。

SECTION 128 アプリケーション

フォトアプリで写真をきれいに加工する

Windows 11に最初からインストールされている「フォト」アプリは、写真をきれいに加工する機能を備えています。ちょっとした画像加工なら「フォト」アプリでも十分可能です。

「フォト」アプリで写真をきれいに加工する

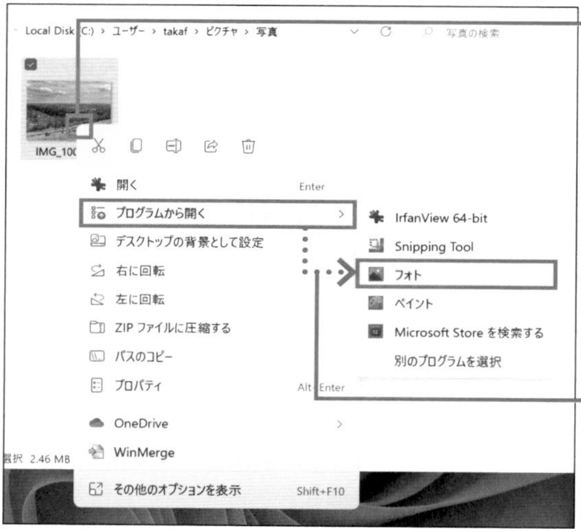

❶画像加工したいファイルを選択して右クリックし、

❷表示されるメニューから［プログラムから開く］→［フォト］の順にクリックします。

❸アプリ上部のメニューから［画像の編集］ボタンをクリックします。

MEMO キーボードショートカット

Ctrl + E キーでも編集画面を開くことができます。

❹編集画面が開きます。[調整] タブをクリックすると、

❺明るさや露出など自由に調整することができます。

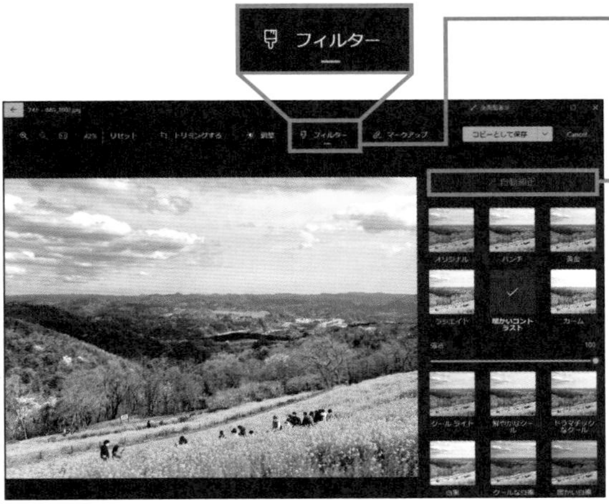

❻[フィルター] タブをクリックし、

❼[自動補正] ボタンをクリックすると、

❽Windows 側で自動で調整された値に補正してくれます。

❾[フィルター] タブで雰囲気のある写真に変えることもできます。

SECTION 129 アプリケーション

OneDriveの個人用Vaultフォルダーで安全に保存する

OneDriveの個人用Vaultフォルダーは、開くときにもう1段階の認証を必要とするので、ファイルを安全に保存することができます。OneDrive の保護された領域であり、どこからでもアクセスできる利便性を犠牲にすることなく、機密性の高いファイルを保存できます。

OneDriveの個人用Vaultフォルダーをセットアップする

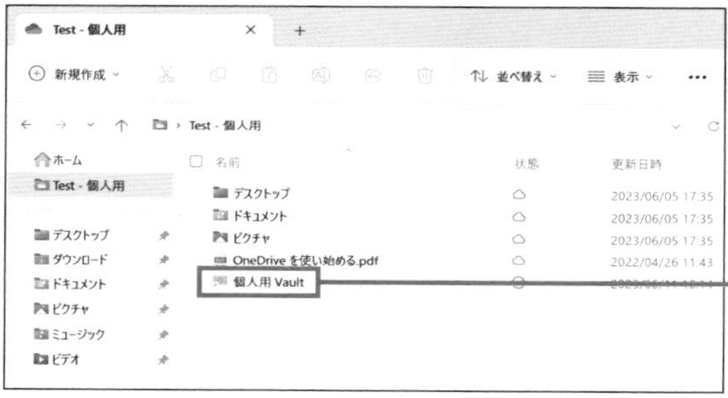

❶ OneDrive フォルダーを開いて、［個人用 Vault］をダブルクリックして、開きます。

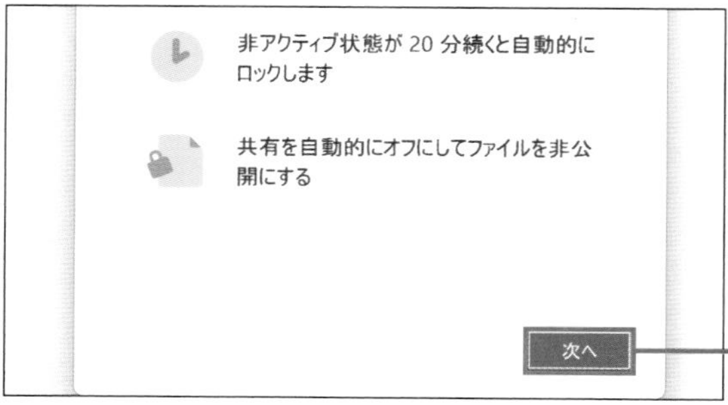

❷［次へ］をクリックします。

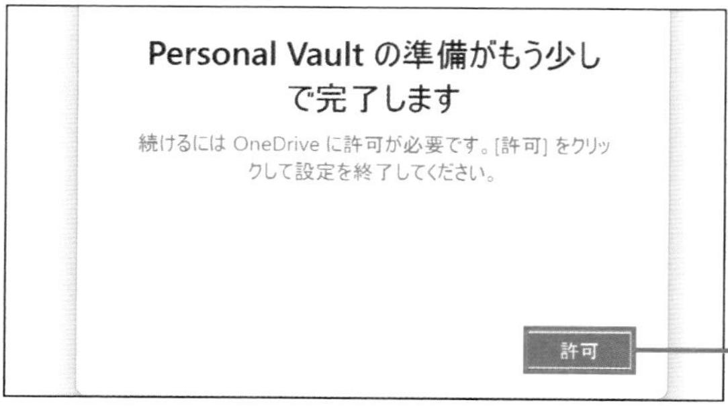

❸［許可］をクリックします。

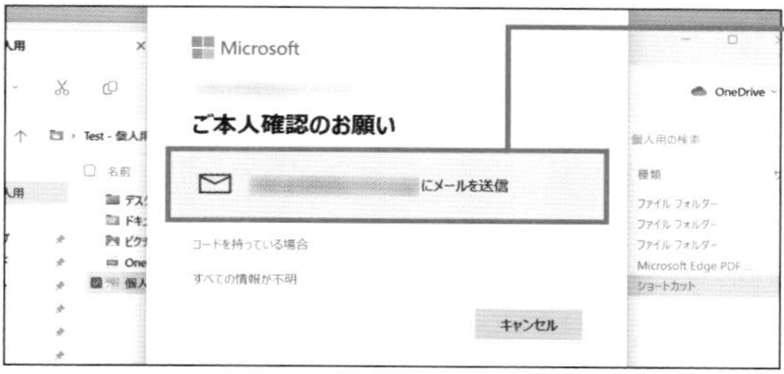

❹ここをクリックし、本人確認のためメールを送信して、確認コードを入力します。

❺個人用 Vault フォルダーのセットアップが完了しました。

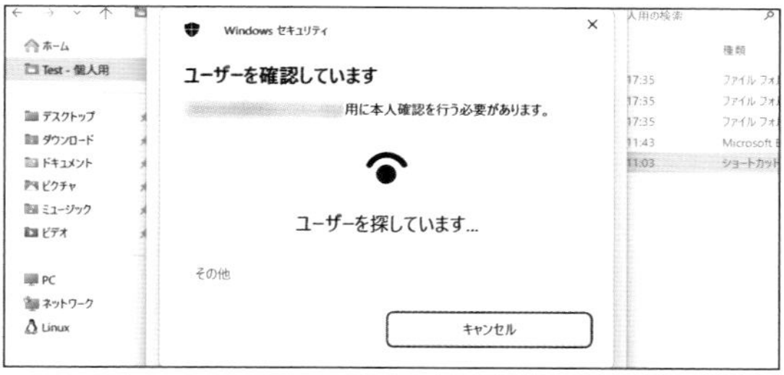

❻個人用 Vault フォルダーを開こうとすると、顔認証をセットアップしている場合は顔認証が求められます。

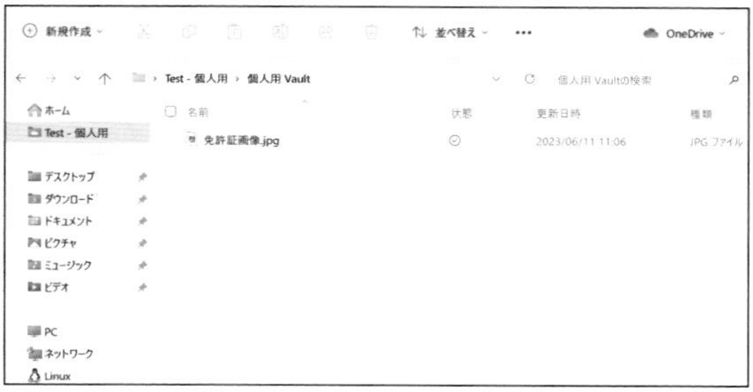

❼顔認証が成功した場合のみフォルダーが開きます。ここでは免許証画像を入れています。

OnePoint 個人用 Vault フォルダーに追加できるファイルは 3 つまで

通常は個人用 Vault フォルダーに保存できるファイルの数は 3 つまでとなっていますが、Microsoft 365 のサブスクリプションに契約している場合はストレージの上限までファイル数に関係なく保存できます。オンラインの契約などでよく使う免許証画像くらいの保存であれば通常版でも十分活用できます。

SECTION 130 アプリケーション

便利なアプリをMicrosoft Storeから探す

Microsoft Storeを使えば簡単に便利なアプリをインストールすることができます。またアプリだけでなくゲームもMicrosoft Storeを通じてインストールできます。ここではMicrosoft Storeの使い方を解説します。

便利なアプリをMicrosoft Storeから探す

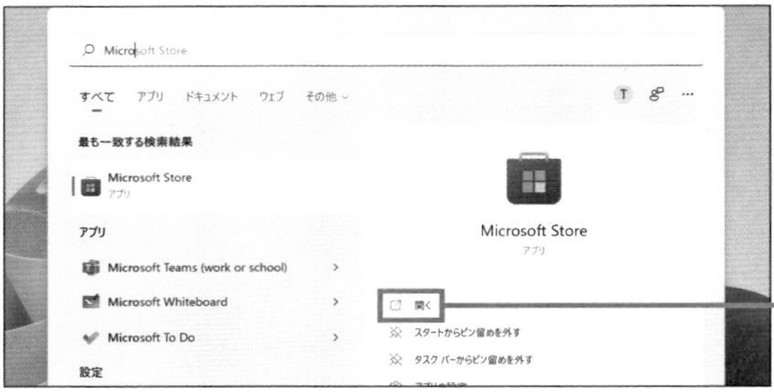

❶スタートメニューを開いて、

❷「Microsoft Store」と検索して、「Microsoft Store」アプリの［開く］をクリックして、開きます。Windows 11を使い始めた直後ならタスクバーにもピン留めされているのでそこからでもアプリを開けます。

❸「Microsoft Store」アプリ上部の検索バーからいろいろなアプリを検索できます。

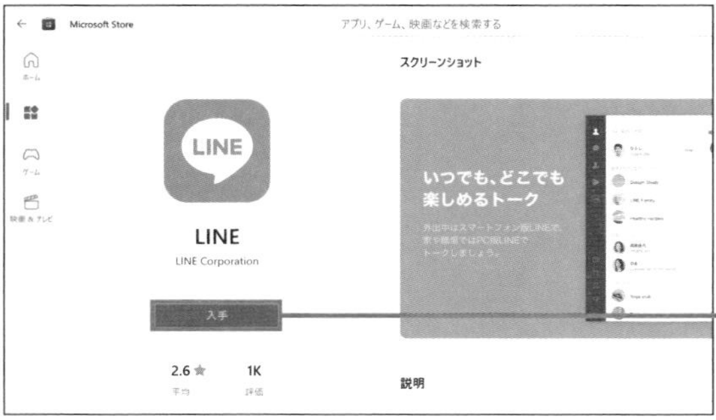

❹Windows版の「LINE」アプリをインストールすればパソコンからでもLINEメッセージのやりとりができます。

❺「iTunes」アプリも簡単にインストールできます。今までiTunesで購入した音楽や、またはサブスクリプションのApple Musicに加入していれば、パソコンでも好きな音楽を聞くことができます。

❻Windows版の「TikTok」アプリもインストールすることができます。スマホだけでなくパソコンでもTikTokの動画を楽しむことができます。

❼「Zoom」アプリも配布されています。Zoomのサイトにいかなくても Microsoft Store からインストールできます。

❽Microsoft Store を通じてゲームもインストールすることができます。

COLUMN　Microsoft Store

今まではそのアプリを配布されているサイトにアクセスしてダウンロード・インストールするのが普通でしたが、有名なアプリなら Microsoft Store からでもインストールできるようになりました。Microsoft Store のアプリは日々増えていってるので今後も期待できるアプリストアとなりそうです。

SECTION 131 アプリケーション

Androidアプリを Surfaceでも利用する

Windows 11では「Android」アプリを動かすことができます。インストールできる「Android」アプリはamazonアプリストアのアプリに限られていますが、全機種タッチパネル対応のSurfaceシリーズはスマホアプリと相性がよいので今後の展開に期待がもてます。

「Android」アプリをインストールする

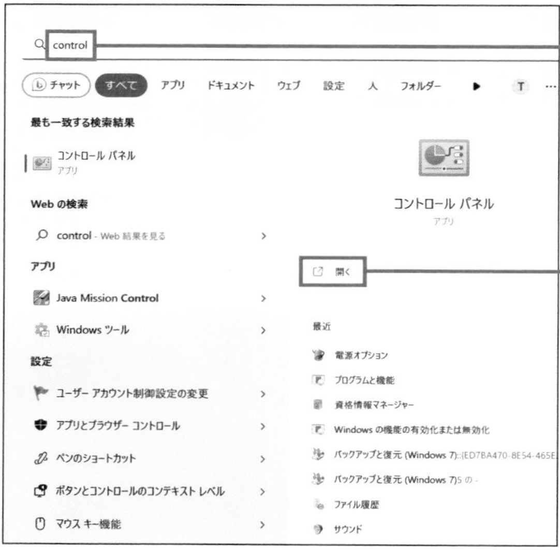

❶スタートメニューを開いて、

❷検索ボックスに「control」と入力して、

❸検索結果の［コントロールパネル］の［開く］をクリックします。

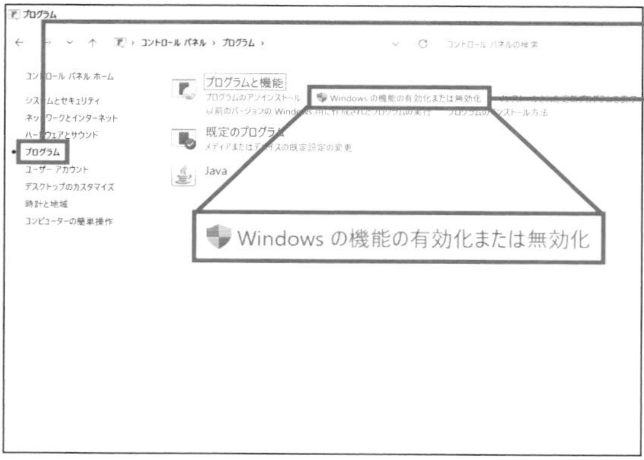

❹［プログラム］をクリックし、

❺［Windows の機能の有効化または無効化］をクリックします。

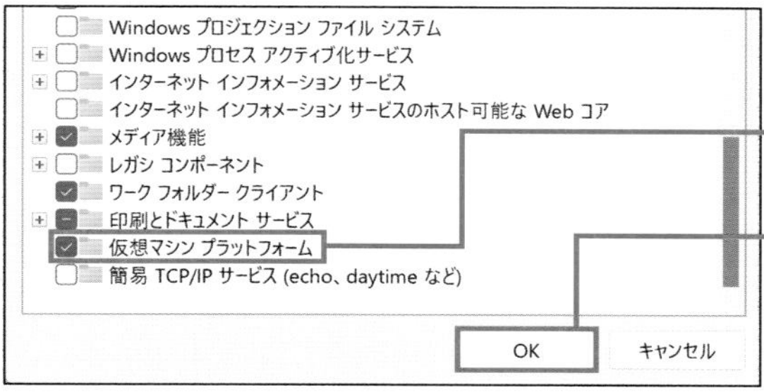

❻[Windows の機能] ダイアログボックスが表示されるので、

❼[仮想マシン プラットフォーム] にチェックを入れて、

❽[OK] をクリックします。この後有効化するために再起動することがあります。

❾238 ページを参考にして、「Microsoft Store」アプリを開いて、

❿「amazon アプリストア」で検索し、

⓫表示される「Amazon アプリストア」をインストールし、

⓬インストールが完了したら、[開く] をクリックします。

⓭Amazon アプリストアを開くと、各種「Android」アプリが並んでいます。ここから好きな「Android」アプリをインストールすることができます。

COLUMN　おすすめの Android アプリ

筆者のおすすめの「Android」アプリは「Kindle」アプリです。Kindle アプリとしては Windows 版もありますが、それよりも動作が速いため軽快に電子書籍を閲覧することができます。

COLUMN

Surfaceでアプリの活用の幅を広げる

パソコン作業をする時は、ほとんどが何か専用のアプリを使って作業することになります。専用アプリを使いこなすようになればパソコン作業が一段とはかどるようになってきます。ここでは、Surface を活用したアプリの一例を紹介します。

Excel で表計算をする

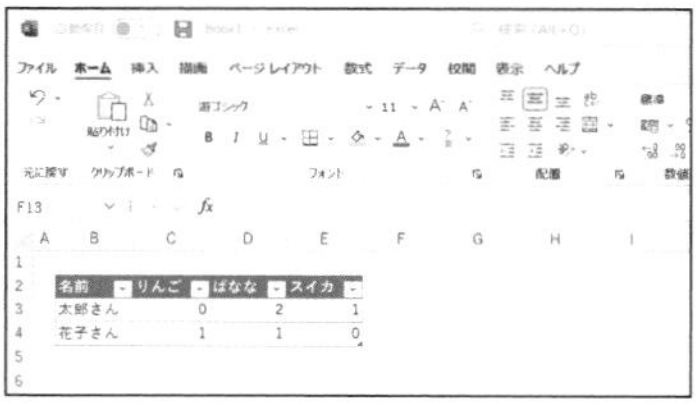

たくさんの数値を集計したり、情報を表にまとめる場合は、Excel が便利です。Excel は高機能で、関数やグラフの活用により効率的な作業が可能です。Surface の 3：2 の画面サイズは表の表示に適しており、タッチパネル操作も直感的です。

OneNote を使って手書きで考えをまとめる

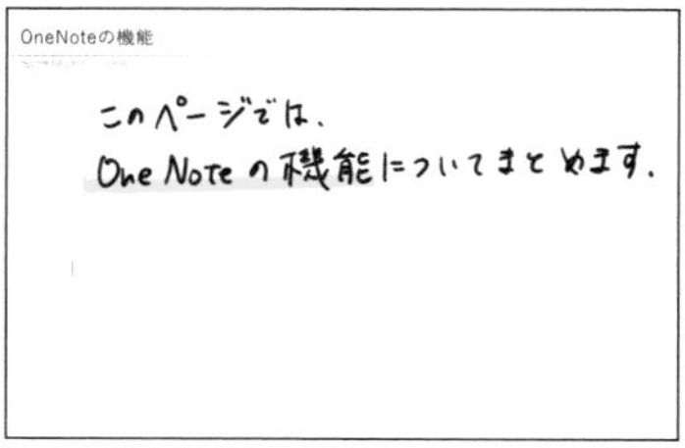

頭の中で考えていることを手書きで書き留めるには、OneNote が適しています。One Note ではノートやページに分けて書けるので情報を整理しやすく、手書き文字の検索も容易です。特にタブレット型の Surface Pro シリーズを使用している場合は、OneNote は、ぜひ活用したいアプリです。

メモ帳で文章の下書きをする

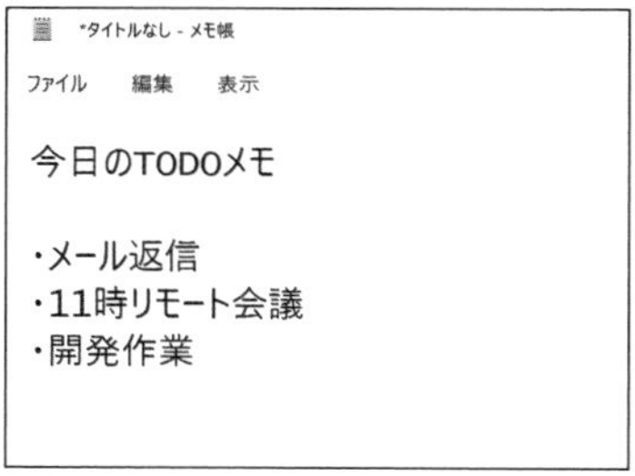

メモ帳は文章の下書きに最適です。たとえば、筆者は長いメールを書く際には、まず「メモ帳」アプリで下書きを作成し、その後に「メール」アプリに文章をコピー＆ペーストします。この方法には、誤ってメールを送信することを回避できるというメリットや、シンプルな UI により文章執筆に集中できるという利点があります。

第7章

安心して使うための
トラブル回避技

本章では、Surfaceを使うにあたってセキュリティに関する内容、不具合が発生したときの解決方法、またその修理について解説しています。パソコンを長く安全に使うには基本的なセキュリティ知識を頭に入れておくことが大切です。ここでSurfaceに特化したセキュリティ知識をインプットしておきましょう。

SECTION 132 セキュリティ

サインイン用のPINを変更する

Surfaceにサインインするときの PIN は変更することができます。標準設定だけだと数字だけしか設定できませんが、セキュリティ性を高めるなら英数字を含むPINに変更しておきましょう

サインイン用のPINを変更する

❶「設定」アプリを開いて、

❷［アカウント］をクリックし、

❸［サインインオプション］をクリックします。

❹［PIN（Windows Hello)］の項目を開いて、

❺［PIN の変更］をクリックします。

❻現状の PIN を入力します。

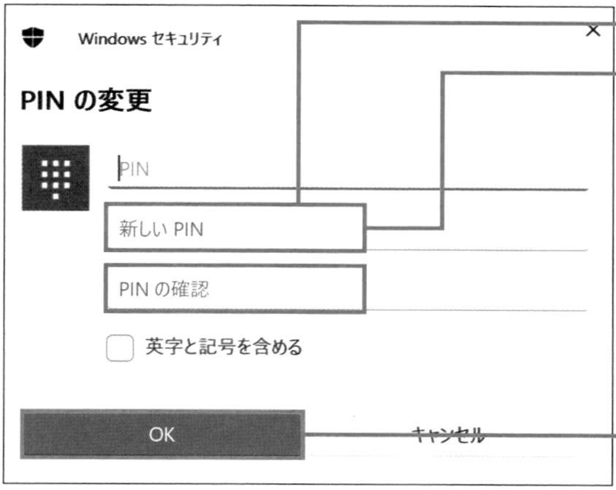

❼新しい PIN を入力し、

❽手順❼と同じ PIN を入力して、

❾［OK］をクリックします。

OnePoint

英字と記号を含める

PIN とは「Personal Identification Number」の略で直訳すると個人識別番号ですが、Windows においてはサインインするときの番号として使用します。
初期状態の入力だと数字だけの PIN になってしまいますので、［英字と記号を含める］にオンにして英字や記号も含めた PIN に変更するとよいでしょう。
英字や記号を含めたほうが第三者にとってわかりにくくなりセキュリティが向上します。またキーボード入力時に入力しやすいというメリットもあるでしょう。
顔認証や指紋認証はたまに動作しない場合もあるので、そのようなときのためにも PIN は必要な認証方法であるといえます。

SECTION 133 セキュリティ

顔認証でスムーズにサインインする

Surfaceシリーズの多くのデバイスは顔認証機能が備わっています。顔認証機能をセットアップしておけば瞬時にWindowsにサインインすることができます。ここではそのセットアップ方法を解説します。

顔認証をセットアップしてスムーズにサインインする

❶「設定」アプリを開いて、

❷[アカウント]をクリックし、

❸[サインインオプション]をクリックします。

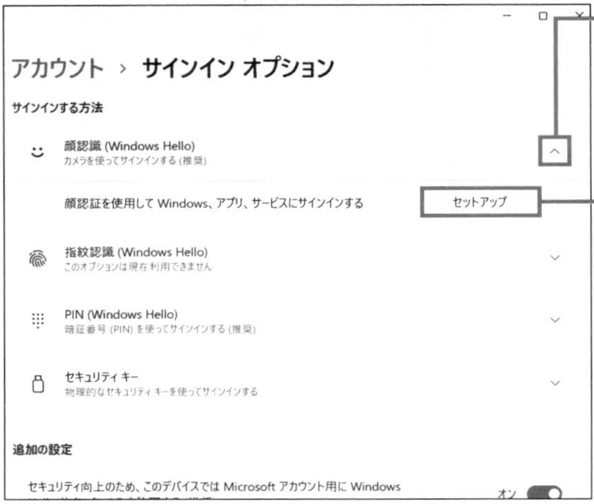

❹[顔認証(Windows Hello)]の項目を開いて、

❺[セットアップ]をクリックします。

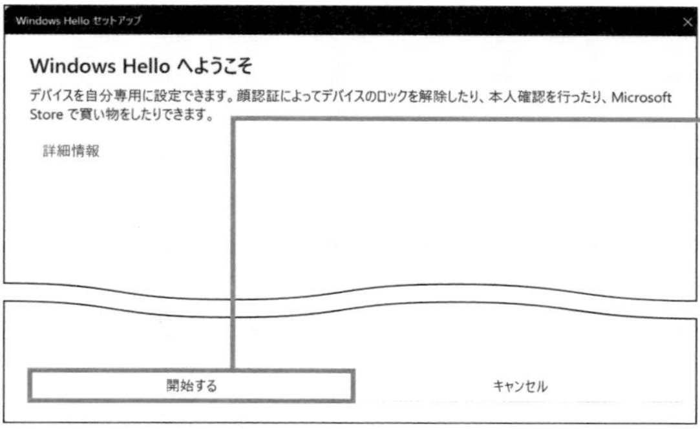

❻ Windows Hello セットアップのウィンドウが開きます。

❼ [開始する] をクリックします。

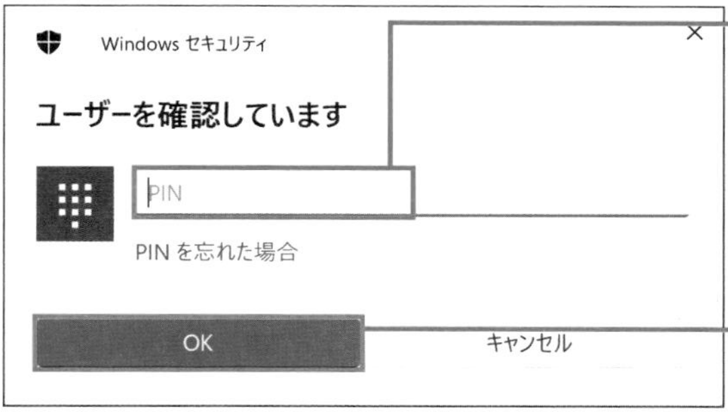

❽ 顔認証をセットアップする前にそのユーザーかどうかを確認するために PIN を入力して、

❾ [OK] をクリックします。

❿ フレームの中央に顔が写るように調節して、カメラをまっすぐ見続けると、設定が完了します。

⓫ [閉じる] をクリックします。

OnePoint　すばやくサインインできる

顔認証は PIN による認証よりもすばやくサインインできるので、Surface を快適に使うならセットアップしておきたい認証方法です。

SECTION 134 セキュリティ

パスワードレス認証でセキュリティを強化する

Microsoftアカウントはパスワードによる認証方法をなくしてセキュリティを強化することができます。パスワード自体を削除してしまうので、パスワードが漏洩する機会がなくなります。ここではパスワードレス認証のセットアップ方法を解説します。

パスワードレス認証でセキュリティを強化する

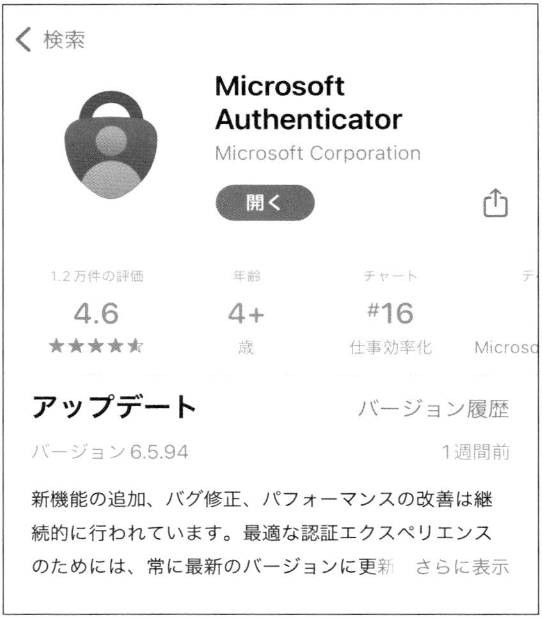

❶パスワードレス認証をセットアップするには、スマホに「Microsoft Authenticator」アプリをインストールして、サインインしておきます。

App Store

Google Play

MEMO 日本語の名称

App Store では、「Microsoft 認証システム」と表示されることもあります。

MEMO アプリストア

各アプリストアで「Microsoft 認証システム」や「Microsoft Authenticator」で検索すると見つかります。または左の QR コードをスマホで読み取るとアクセスできます。

❷次に Microsoft アカウントの Web ページにアクセスします。「Microsoft アカウント」で検索するとすぐに出てきます。URL は以下のとおりです。

https://account.microsoft.com/account?lang=ja-jp

❸［サインイン］をクリックして、Microsoft アカウントでサインインをします。

❹画面上部の［セキュリティ］をクリックします。

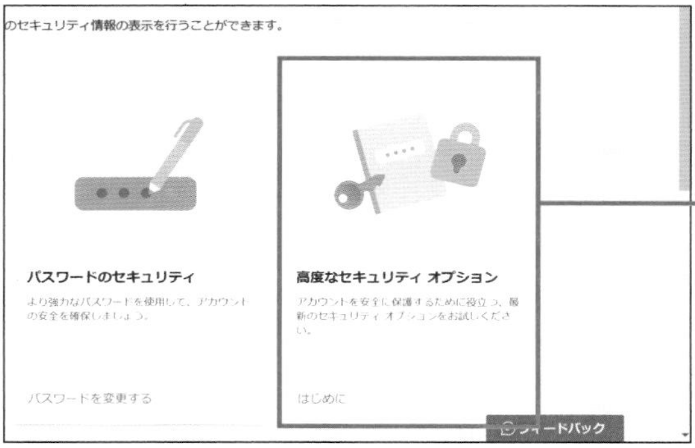

❺［高度なセキュリティオプション］をクリックします。

MEMO **認証メール**

「ご本人確認のお願い」が表示されたら、メールを送信し、確認コードを入力します。

Microsoft
パスワードから自由になる
パスワードなしでサインインするためのスマートフォン アプリを入手します。利便性とセキュリティが向上します。
キャンセル
今すぐ入手する

❻「Microsoft Authenticator」アプリをインストールするよう求められます。[今すぐ入手する] をクリックします。

Microsoft
Microsoft Authenticator アプリのダウンロード
電話のブラウザーに移動し、aka.ms/authapp を入力して、アプリをダウンロードします。
携帯電話にアプリをダウンロードしたら、次へ をクリックします。
スキップ
次へ

❼[次へ] をクリックします。

Microsoft
Microsoft Authenticator にサインインするには、次の手順を実行します:
1. 携帯電話で Microsoft Authenticator アプリを開きます
2. この QR コードをスキャンします
完了

❽QR コードが表示されるので、

❾この QR コードを「Microsoft Authenticator」アプリでスキャンします。[検証済み ID] をタップし、[QR コードをスキャンします] をタップします。

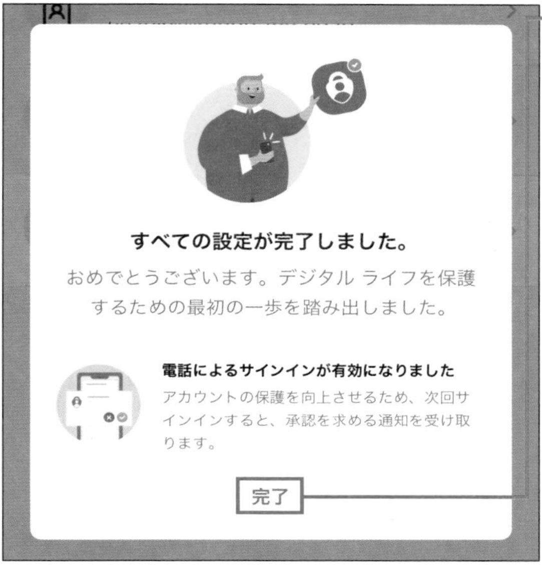
すべての設定が完了しました。
おめでとうございます。デジタル ライフを保護するための最初の一歩を踏み出しました。
電話によるサインインが有効になりました
アカウントの保護を向上させるため、次回サインインすると、承認を求める通知を受け取ります。
完了

⑩アプリでの読み込み完了画面です。［完了］をタップします。

⑪手順❽の画面でも［完了］をクリックしておきます。

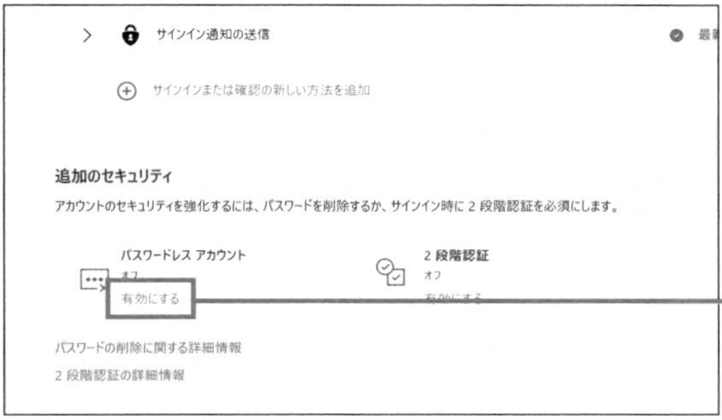
サインイン通知の送信
サインインまたは確認の新しい方法を追加
追加のセキュリティ
アカウントのセキュリティを強化するには、パスワードを削除するか、サインイン時に 2 段階認証を必須にします。
パスワードレス アカウント
有効にする
2 段階認証
オフ
パスワードの削除に関する詳細情報
2 段階認証の詳細情報

⑫Microsoft アカウントの Web ページ（249 ページ参照）で、［高度なセキュリティオプション］をクリックして表示されるページの［パスワードレス アカウント］の項目の［有効にする］をクリックします。

パスワードレス アカウントを設定する
パスワードレス アカウントを使用すると、フィッシングとパスワード攻撃のリスクが軽減します。
セットアップを開始するには、[次へ] を選択し、電話で Microsoft Authenticator アプリから要求を承認して、パスワードを削除します。
パスワードを削除すると、一部の古いアプリ、サービス、デバイスにアクセスできなくなるおそれがあります。詳細情報
キャンセル
次へ

⑬［次へ］をクリックします。

リクエストの承認
Authenticator アプリを開いて要求を承認し、パスワードを削除してアカウントを設定します。
キャンセル

⓮パソコンでこの画面が表示されたら、スマホの画面を確認します。

ワンタイム パスワード コード
27
5870 2300
Microsoft アカウントのパスワード削除リクエスト
Windows で unknown location から
拒否
承認

⓯「Microsoft Authenticator」アプリで「Microsoft アカウントのパスワード削除リクエスト」の承認を求められるので、[承認] をタップします。

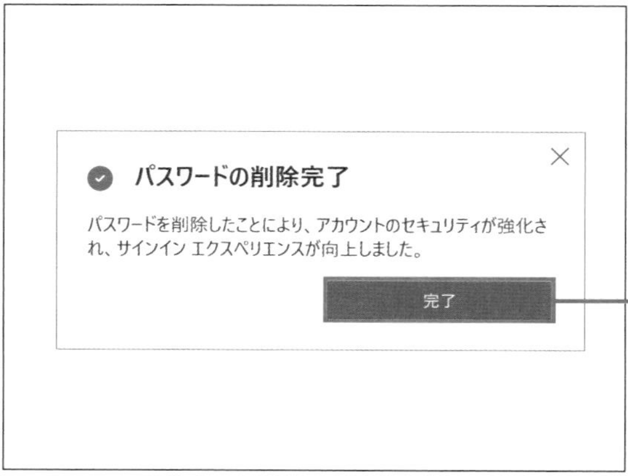
パスワードの削除完了
パスワードを削除したことにより、アカウントのセキュリティが強化され、サインイン エクスペリエンスが向上しました。
完了

⓰パソコンの Microsoft アカウントの Web ページでもパスワードが削除されたことがわかります。

⓱[完了] をクリックします。

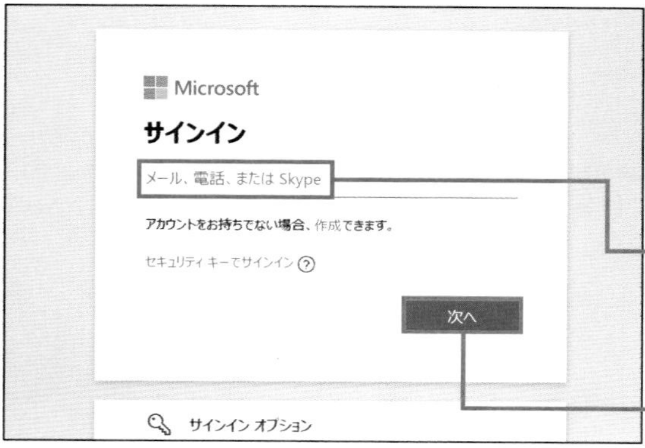

⑱これでパスワードレス認証のセットアップは完了です。これからは「Microsoft Authenticator」アプリを通してMicrosoftアカウントの認証を行います。

⑲試しに、Microsoftアカウントにサインインをしてみます。Microsoftアカウントのメールアドレスを入力して、

⑳［次へ］をクリックします。

㉑「Microsoft Authenticator」アプリでの確認を促されるので、

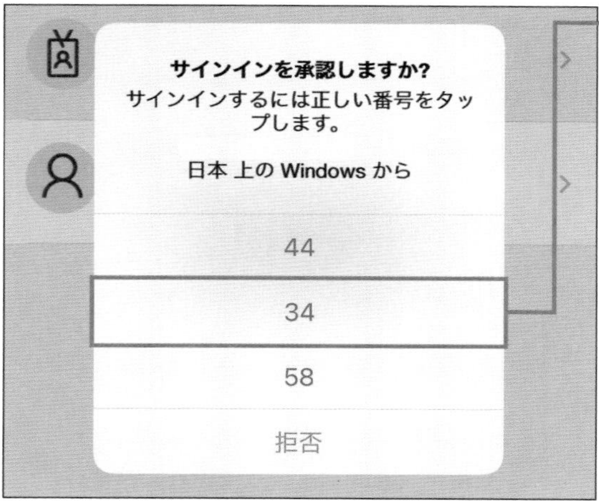

㉒サイトに表示されている指示に従います。ここでは［34］をタップすると、

㉓Windowsにサインインできます。

SECTION 135 セキュリティ

紛失してしまったSurfaceを探す

Windowsの機能でSurfaceの居場所をリモートから探すことできます。Surfaceを万が一紛失してしまったときのために、この機能が使えるように設定しておくとよいでしょう。

紛失してしまったSurfaceを探す

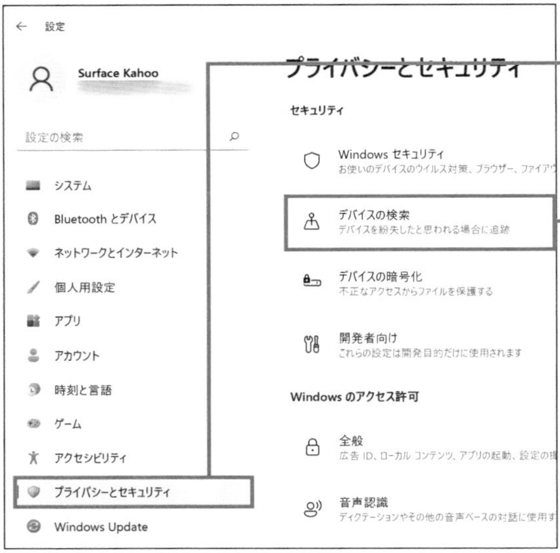

❶「設定」アプリを開いて、

❷［プライバシーとセキュリティ］をクリックし、

❸［デバイスの検索］をクリックします。

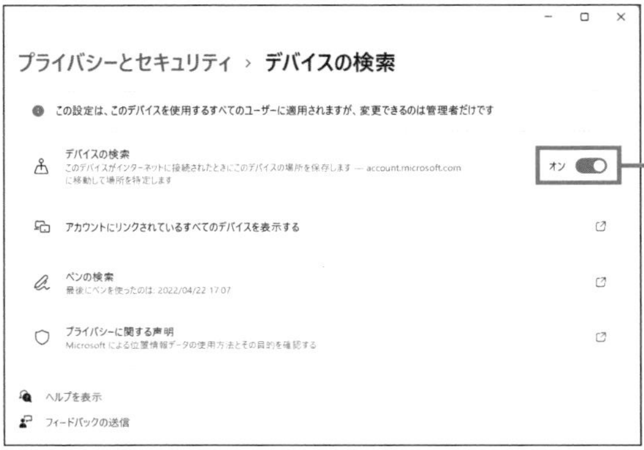

❹［デバイスの検索］を［オン］にすると、Surfaceをリモートから検索することができるようになります。

❺ Surfaceをリモートから検索するにはMicrosoftの下記Webページにアクセスします。Microsoftアカウントのサインインが必要です。URLは以下のとおりです。

https://account.microsoft.com/devices

❻ [デバイスを探す] をクリックします。

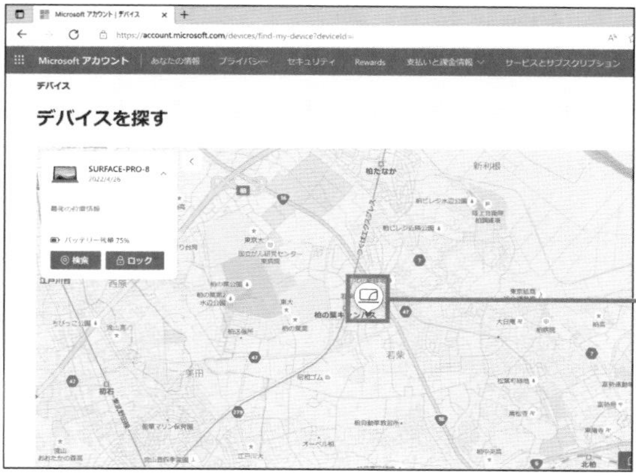

❼ Surfaceの位置情報がわかります。

OnePoint

GPS精度

表示される場所は、実際の場所からは少し離れています。スマホほどGPS精度は高くないようなので、あくまでおおよその位置を確認する方法として捉えておくとよいでしょう。

SECTION 136 セキュリティ

遠隔でSurfaceのロックを行う

前セクションのSurfaceの位置情報を検索する機能には、遠隔でロックやパスワードリセットをすることもできます。拾ってくれた方にメッセージを表示することもできるので紛失してしまった際は試してみるとよいでしょう。

遠隔でSurfaceのロックを行う

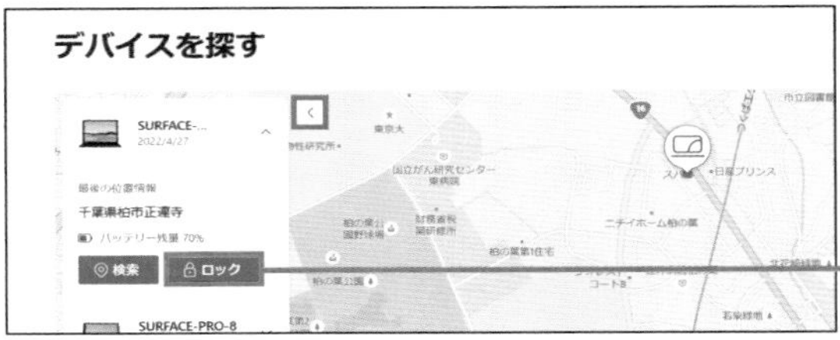
デバイスを探す
SURFACE-...
2022/4/27
千葉県柏市正蓮寺
検索
ロック
SURFACE-PRO-8

❶前セクションの「紛失してしまったSurfaceを探す」を参考にしてSurfaceの位置情報を表示させます。

❷遠隔でロックしたいSurfaceの［ロック］をクリックします。

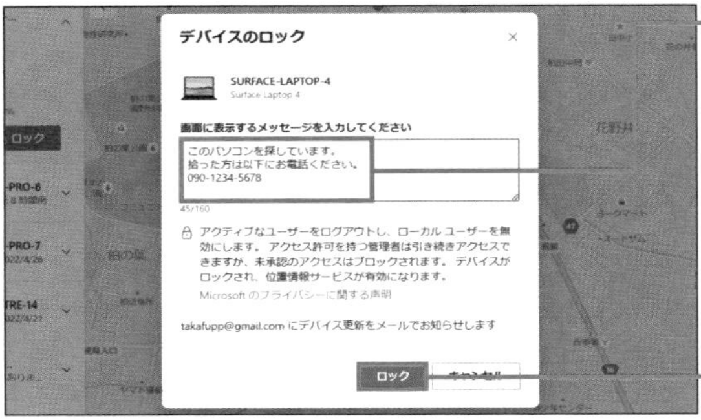
デバイスのロック
SURFACE-LAPTOP-4
Surface Laptop 4
画面に表示するメッセージを入力してください
このパソコンを探しています。
拾った方は以下にお電話ください。
090-1234-5678
45/160
アクティブなユーザーをログアウトし、ローカル ユーザーを無効にします。アクセス許可を持つ管理者は引き続きアクセスできますが、未承認のアクセスはブロックされます。デバイスがロックされ、位置情報サービスが有効になります。
Microsoft のプライバシーに関する声明
takafupp@gmail.com にデバイス更新をメールでお知らせします
ロック

❸ロック画面で表示させたいメッセージを入力し、

MEMO 連絡先を入力

紛失して探したい場合は連絡先を書くとよいでしょう。

❹［ロック］をクリックします。

デバイスをロックしています...
SURFACE-LAPTOP-4
Surface Laptop 4
最長 1 分かかることがあります。

❺デバイスのロックが成功するとこのような画面となります。ただし、デバイスの電源が入っていない状態だと遠隔でロックはできません。

このパソコンを探しています。
拾った方は以下にお電話ください。
090-1234-5678

❻ロックされたパソコンを開いてみると、ロック画面に先ほど設定したメッセージが表示されます。

SECTION 137 セキュリティ

離席時に自動ロックをかけるように設定する

パソコンの前から離れたときに自動でロックをかけることができます。ロックをしないままデスクトップ画面を開いていると大事な情報が見られてしまう恐れもあるので、そのようなときは自動ロックを設定しておくとよいでしょう。

離席時に自動ロックをかけるように設定する

離席時に自動的にロックをかけるにはスマホを連携して活用します。まずはいつも使っているスマホと Surface を Bluetooth でペアリングをします。ここでは iPhone とペアリングして自動ロックする方法を解説します。

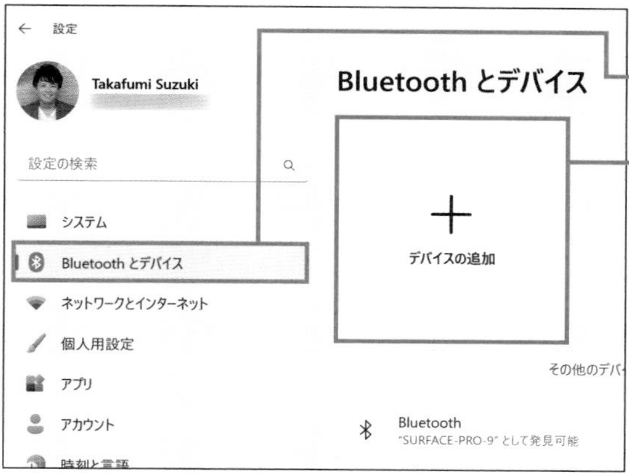

❶「設定」アプリを開いて、

❷［Bluetooth とデバイス］をクリックし、

❸［デバイスの追加］をクリックします。

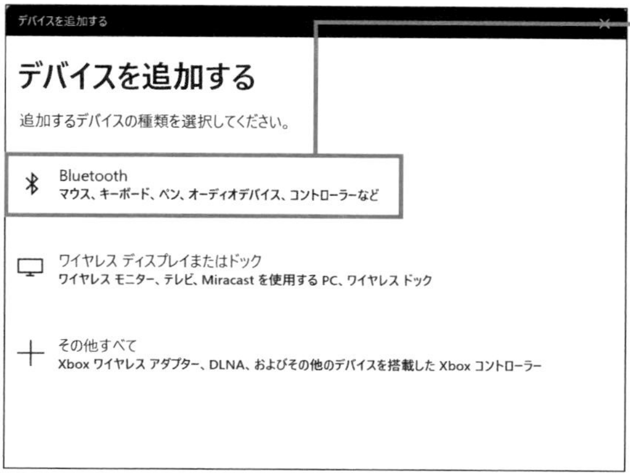

❹「デバイスを追加する」の画面で［Bluetooth］をクリックします。

❺ Bluetooth の待ち受け状態になります。

❻ iPhoneの「設定」アプリで[Bluetooth]のメニューを開くと、

❼ Surfaceに付けた名前（ここでは[SURFACE-PRO-8]）が出てくるので、タップします。

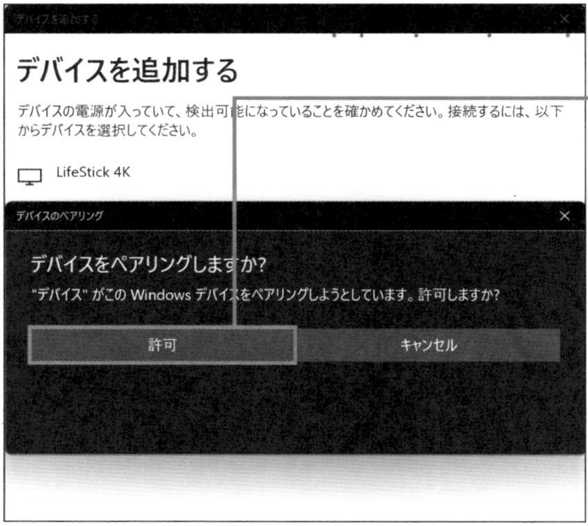

❽ Surface側でもペアリング許可が求められるので、

❾ [許可]をクリックします。

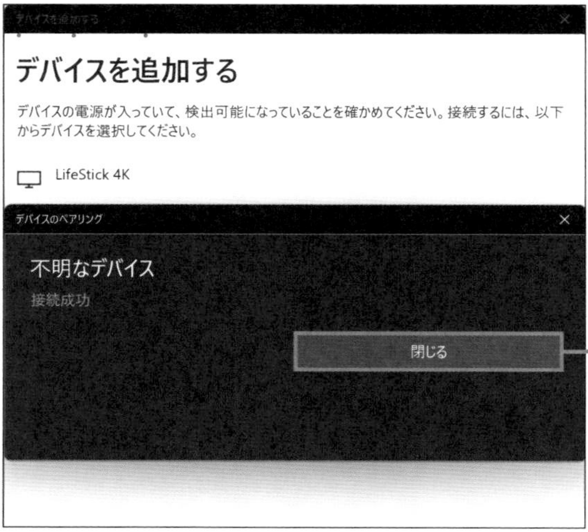

❿ iPhoneとのペアリングはこれで完了です。

⓫ [閉じる]をクリックします。

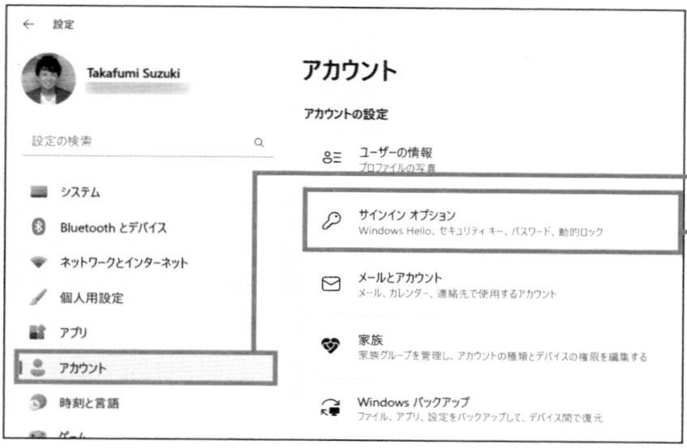

⑫続いて自動的にロックする設定の手順です。

⑬「設定」アプリを開いて、

⑭［アカウント］をクリックし、

⑮［サインインオプション］をクリックします。

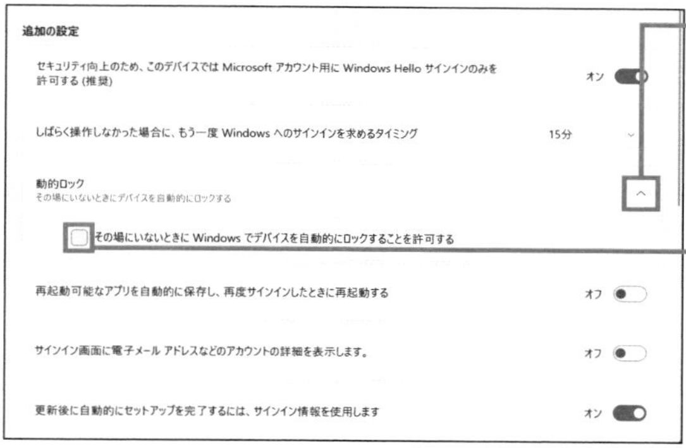

⑯［動的ロック］の項目を開くと、

⑰［その場にいないときに Windows でデバイスを自動的にロックすることを許可する］のチェックがあるのでそれを［オン］にします。

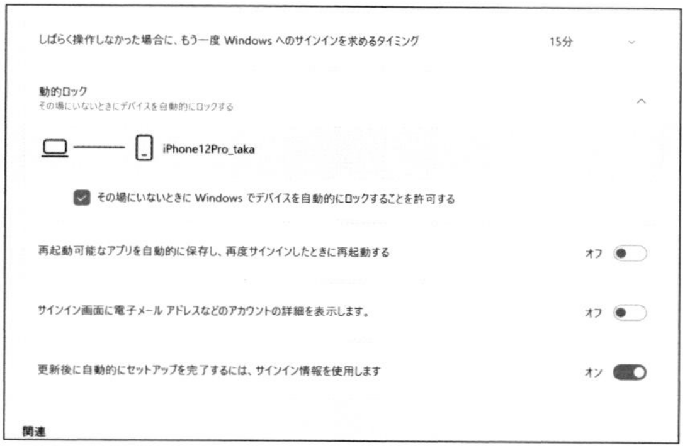

⑱先ほどペアリングした iPhone の名前が表示されて動的ロックの設定が完了します。

⑲これで離席時に自動的にロックするようになりました。

OnePoint　公共の場での作業

最近はカフェやコワーキングスペースなど公共の場で仕事することも増えてきました。ロック解除された状態は何でも操作できる状態となり大変危険なので、この設定はやっておいても損はないでしょう。

SECTION
138
セキュリティ

ウイルス対策を強化して安全に利用する

パソコンを使う上でセキュリティ対策は大変重要です。セキュリティ対策を怠っているとウイルスに感染して個人情報が流出する恐れもあります。ここではWindowsのセキュリティ機能を理解してウイルス対策する方法を解説します。

標準搭載されているセキュリティ機能をベストな状態にする

Windows 10 と Windows 11 には、ウイルス対策をしてくれる Windows セキュリティ機能が標準でインストールされています。
この Windows セキュリティでは、最新のウイルス対策更新プログラムを自動でインストールしたり、リアルタイム保護やネットワーク保護などの機能を有しています。
別途ウイルス対策アプリをインストールしてもよいですが、基本的にはこの標準でインストールされた Windows セキュリティでもウイルス対策として十分機能します。Windows セキュリティの機能群は、「設定」アプリの［Windows セキュリティ］の中にまとまっています。

❶「設定」アプリを開いて、
❷［プライバシーとセキュリティ］をクリックし、

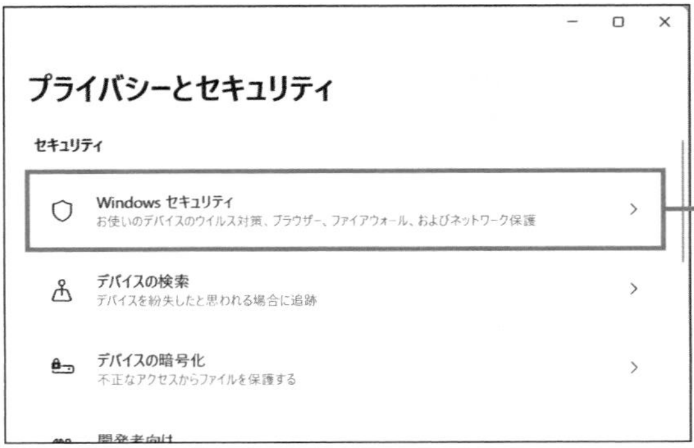

❸［Windows セキュリティ］をクリックします。

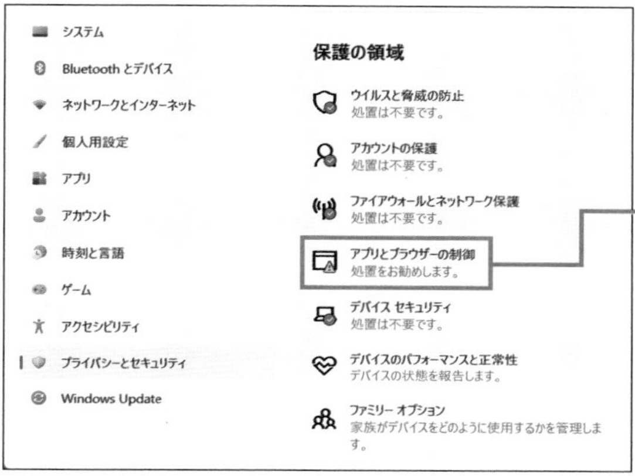

❹［保護の領域］の項目ごとに状態アイコンで安全性のレベルを表しています。これをすべて緑アイコンとなるようにしましょう。

❺初期状態だと、［アプリとブラウザーの制御］が黄色アイコンになっていることが多いのでこれを有効にします。［アプリとブラウザーの制御］をクリックします。

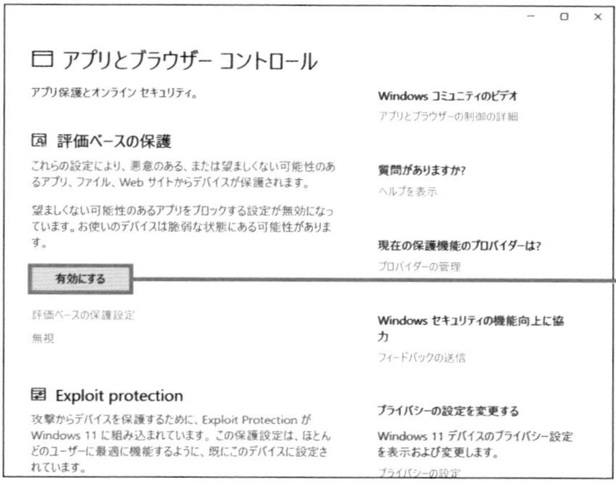

❻［アプリとブラウザーコントロール］の画面が開きます。

❼［評価ベースの保護］の項目の［有効にする］をクリックします。

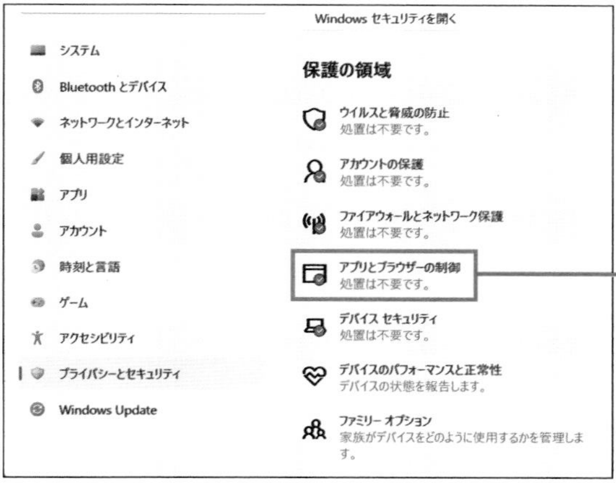

❽緑アイコンになりました。これでセキュリティ安全上のベストな状態となります。

パソコン内にウイルスがいないかスキャンする

Windows セキュリティでは、継続的にパソコン内にウイルスがいないか自動的にスキャンしていますが、自分からも任意のタイミングでウイルスチェックのスキャンをすることができます。

❶ 261 ページ手順❹の画面で［ウイルスと脅威の防止］をクリックします。

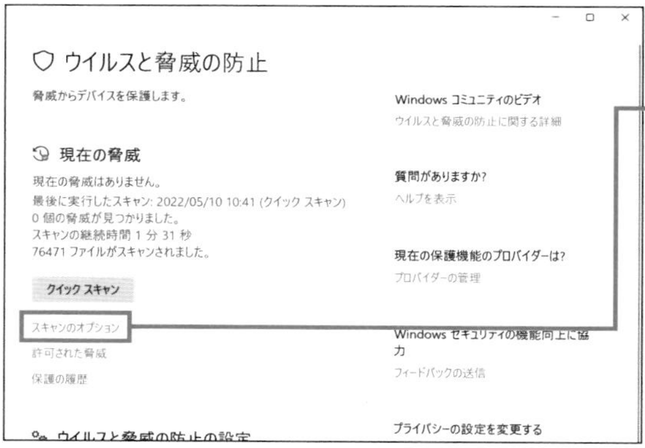

❷［ウイルスと脅威の防止］画面が表示されます。

❸ ここではより隅々までスキャンしてみましょう。［スキャンのオプション］をクリックします。

MEMO **S モード**

S モードの Windows 11 では、この機能は利用できません。

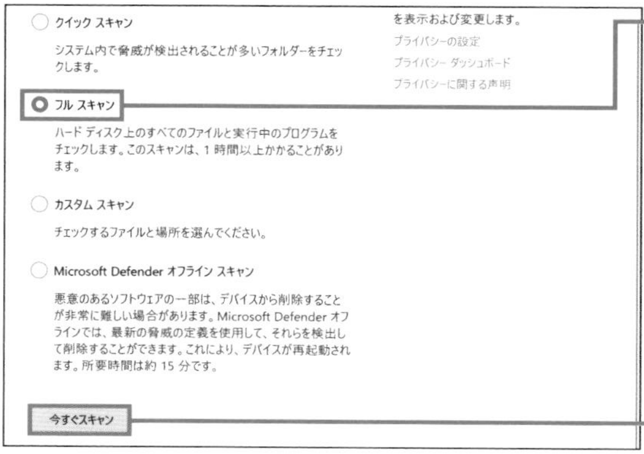

❹［フルスキャン］にチェックを入れて、

MEMO **フルスキャン**

フルスキャンはパソコン内のすべてのファイルと実行中のファイルをチェックしてくれます。

❺［今すぐスキャン］をクリックします。

❻ スキャンが実行されます。たまにこのフルスキャンを実行しておくとよいでしょう。

COLUMN　怪しいファイルには常に注意を払う

パソコンのセキュリティ対策にはウイルスソフトも大切ですが、日々のパソコン操作にも注意を払うべきです。パソコン操作において、以下の操作だけは特に気を付けましょう。

変なメールが届いたら無視する

メールを扱っているとたまに迷惑メールが届くことがあります。そのような怪しいメールは開かずに無視してください。
よくあるのは amazon などの正規サービスを装ってくるなりすましメールですが、こういうメールの見分け方は @ より後ろの文字のドメイン部分を確認することです。
amazon の正しいドメインは amazon.co.jp ですが、詐欺メールの場合は場合はこのドメイン部分を何文字か変えて送られてきます。
また、怪しいメールからの URL や添付ファイルは危険なのでこちらも不用意に開かないように注意しましょう。

得体の知れない .exe ファイルは開かない

拡張子が .exe のファイルは実行ファイルといわれるもので、これを開くとウイルスが実行される危険があります。
正規のサイトからダウンロードした exe ファイルは大丈夫ですが、よく知らないサイトからダウンロードした exe ファイルはウイルスが入っているかもしれないので特に注意してください。

よくわからないサイトが開いたらすぐに閉じる

Web 閲覧していて悪質な広告を開いてしまうと変なサイトを開いてしまうことがあります。そういう場合はすぐにそのページを閉じましょう。
たまに Web ブラウザーから取得できるだけの情報をそのページ内に表示して恐怖を覚えさせて金銭を要求するようなページもありますが、Web ページだけで何か個人情報がとられるということはありませんのですぐに閉じてしまうのがよいでしょう。
これらのことに注意しておけば基本的なセキュリティ対策は大丈夫でしょう。Windows のセキュリティ機能と使う人のセキュリティ意識の両方が重要です。

SECTION 139 セキュリティ

特定のWi-Fiに自動接続しないようにする

Wi-Fiを使っていると自分の意図しないアクセスポイントに接続することがあります。そのようなときは特定のWi-Fiのアクセスポイントには自動接続しないようにするとよいでしょう。

特定のWi-Fi に自動接続しないようにする

❶「設定」アプリを開いて、

❷［ネットワークとインターネット］をクリックし、

❸［Wi-Fi］をクリックします。

❹［既知のネットワークの管理］をクリックします。

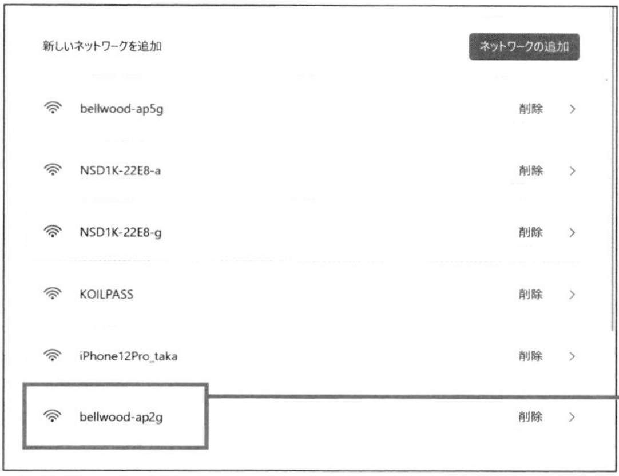

❺今まで接続したことのあるWi-Fiアクセスポイントの一覧が表示されます。

❻ここで自動的に接続したくないWi-Fiアクセスポイントをクリックします。

❼[範囲内の場合は自動的に接続する]のチェックをオフにします。

❽これでこのWi-Fiアクセスポイントには自動的に接続することはなくなります。

SECTION 140 セキュリティ

ユーザーアカウントを新しく追加する

Windowsは複数のユーザーで使うこともできます。ユーザーアカウントを追加すれば1台のパソコンを複数人の共用で使うことも可能です。ここではユーザーアカウントを追加する方法を解説します。

ユーザーアカウントを新しく追加する

Windows パソコンに新しくユーザーアカウントを追加するには、Microsoft アカウントが必要です。ここでは、すでにほかの Microsoft アカウントがあるものとして、ユーザーアカウントを追加する方法を解説します。

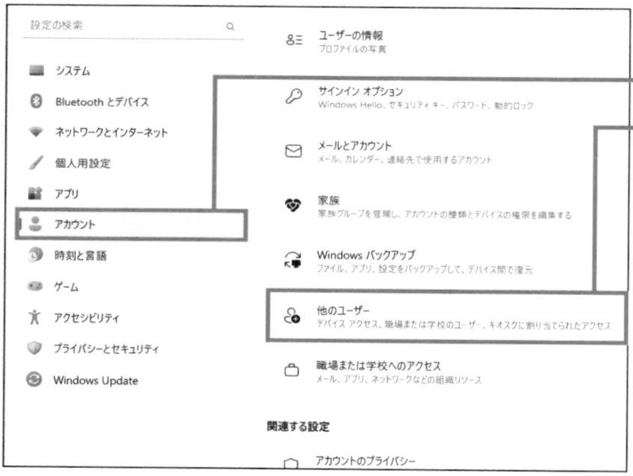

❶「設定」アプリを開いて、

❷［アカウント］をクリックし、

❸［他のユーザー］をクリックします。

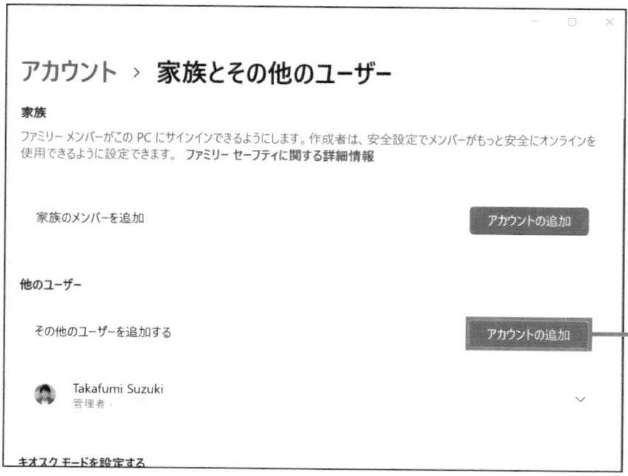

❹「その他のユーザーを追加する」の項目で［アカウントの追加］をクリックします。

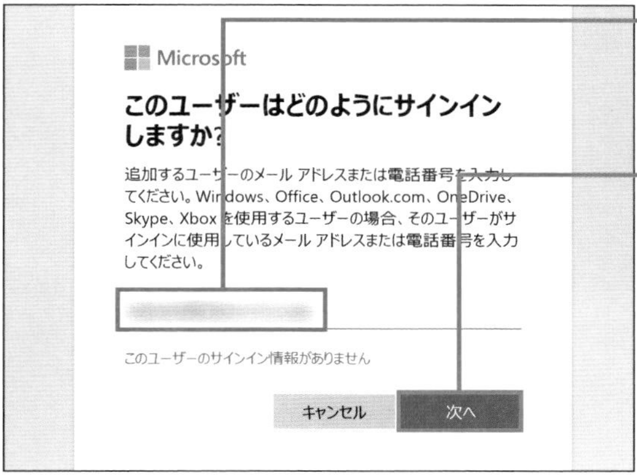

❺今からこのパソコンを使うことになるMicrosoft アカウントのメールアドレスを入力して、

❻[次へ] をクリックします。

MEMO 登録されていない場合

このときもしMicrosoft アカウントとして登録されていないメールアドレスの場合はエラー表示となります。その場合は新しくMicrosoft アカウントを登録してください。

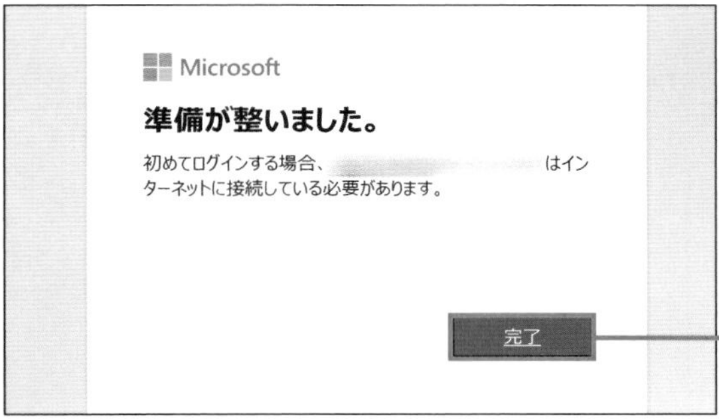

❼[完了] をクリックすると、Microsoft アカウントとして登録されている場合はこれでサインインできる準備は完了です。

ただし、追加したばかりの状態だとアカウントの種類は「標準ユーザー」となっています。「標準ユーザー」でもほとんどの操作は行えますが、新しくアプリをインストールすることができません。追加したユーザーアカウントでもアプリをインストールしたりする場合は「管理者ユーザー」に変更します。

❽今追加したユーザーの [アカウントのオプション] の項目で [アカウントの種類の変更] をクリックします。

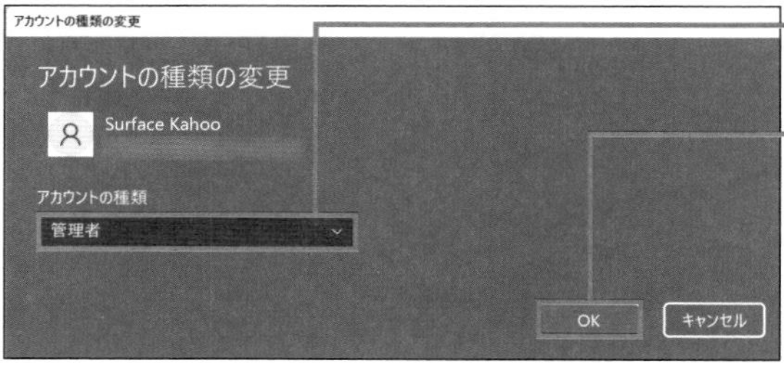

❾アカウントの種類を［管理者］に変更して、

❿［OK］をクリックします。

⓫サインインするには、タスクバーの［スタート］をクリックし、

⓬アカウントのアイコンをクリックして、

⓭追加したアカウントをクリックします。

⓮新しいユーザーアカウントでサインインできるようになりました。

⓯［サインイン］をクリックします。

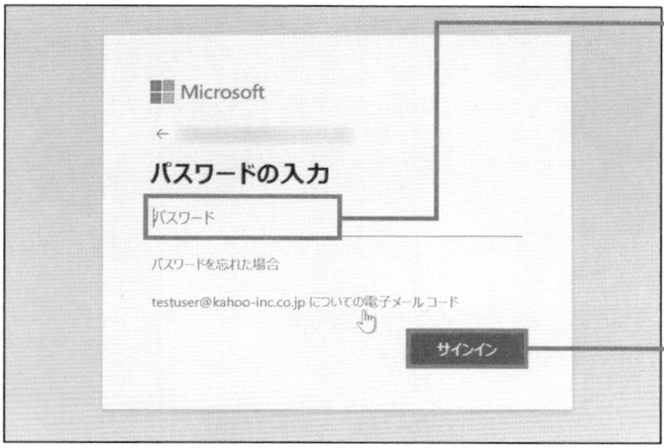

⑯ Microsoft アカウントのパスワードを入力して、

⑰ [サインイン] をクリックします。

⑱ そのパソコンで初めての Microsoft アカウントの場合は PIN の設定や、各種初期設定が最初に必要です。

⑲ すべての設定が完了するとサインインできてデスクトップ画面が表示されます。

OnePoint パソコンの共用

1 台の Surface を家族で使うことも可能です。

SECTION 141 セキュリティ

子供が安全に利用できるように設定する

子供が安全にパソコンを利用できるようにするには、Microsoftファミリーセーフティを活用しましょう。MicrosoftファミリーセーフティはMicrosoft謹製の無料サービスで、パソコンの使用時間やインターネットで閲覧できるサイトに制限をかけることができます。

Microsoftファミリーセーフティに子供用のアカウントを追加する

Microsoft ファミリーセーフティを使うには、まず子供用のアカウントを追加します。

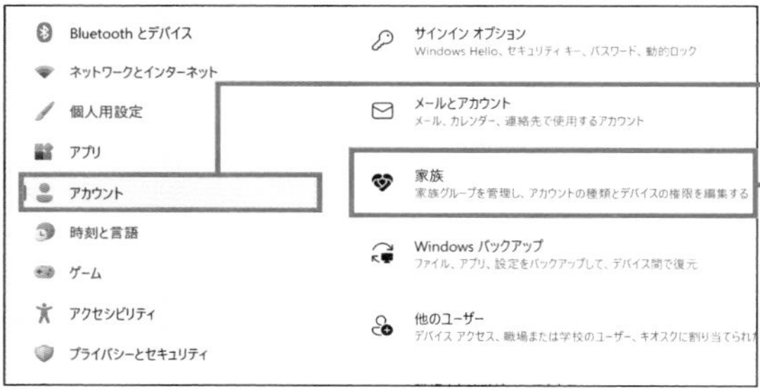

❶「設定」アプリを開いて、

❷［アカウント］をクリックし、

❸［家族］をクリックします。

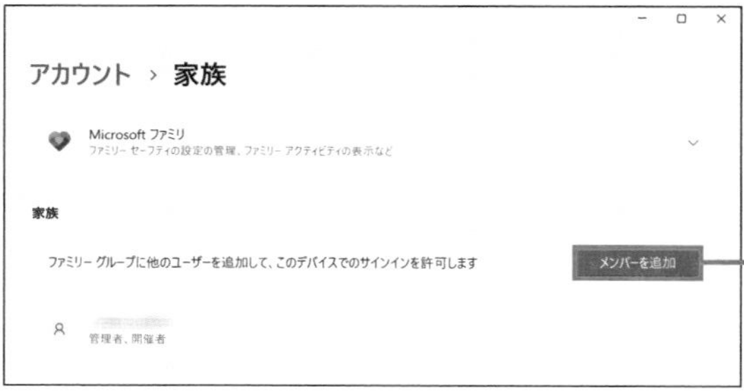

❹［家族］の項目の［メンバーを追加］をクリックします。

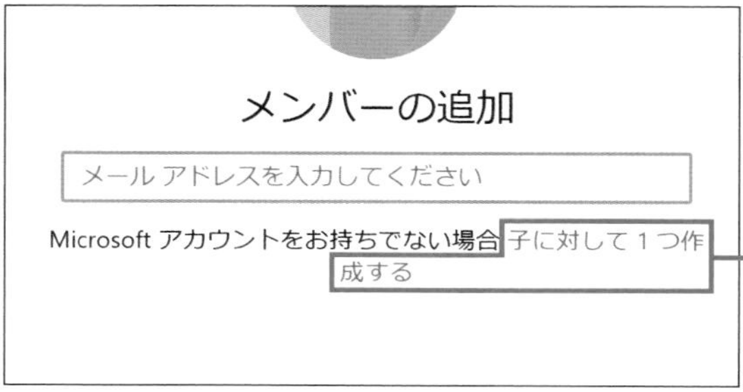

❺すでに子供用 Microsoft アカウントがある場合はここでメールアドレスを入力しますが、ここでは新しく子供用アカウントを作るものとします。［子に対して１つ作成する］をクリックします。

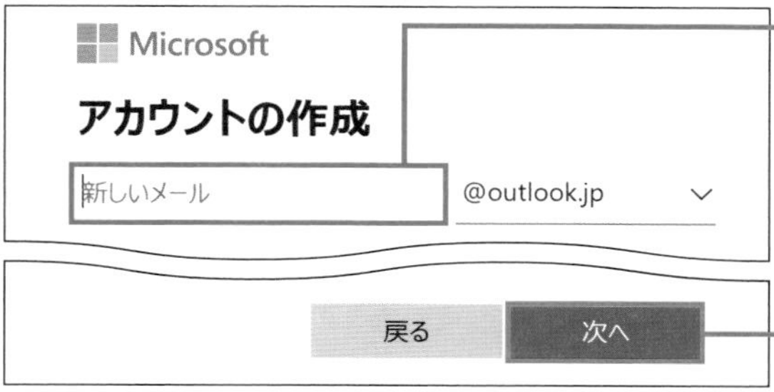

❻子供用アカウントとして任意のメールアドレスを入力します。ここでは、@よりも左側の文字を入力します。

❼[次へ] をクリックします。

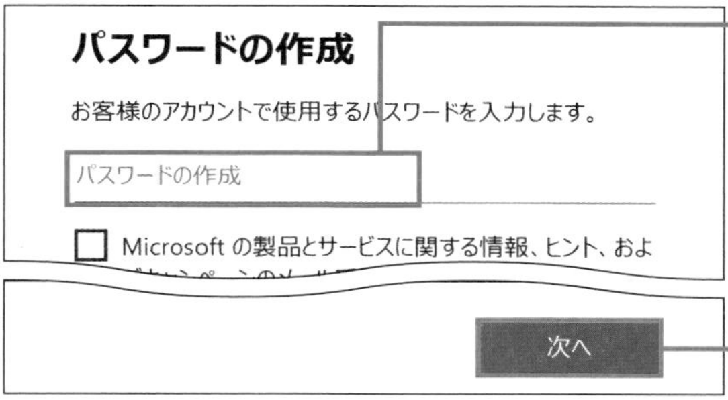

❽この子供用アカウントで使用するパスワードを入力して、

❾[次へ] をクリックします。

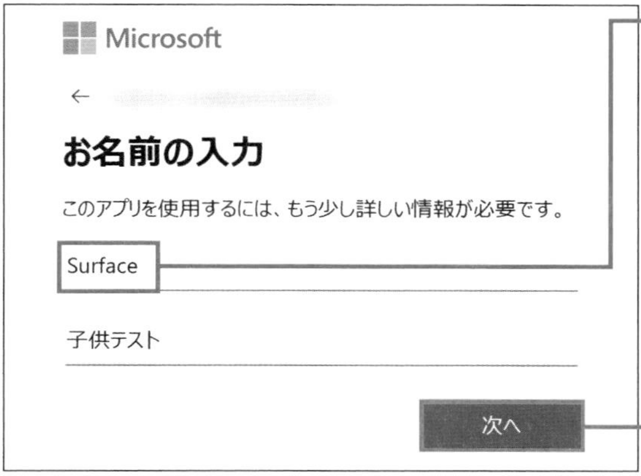

❿このアカウントを使う子供の名前を入力して、

⓫[次へ] をクリックします。

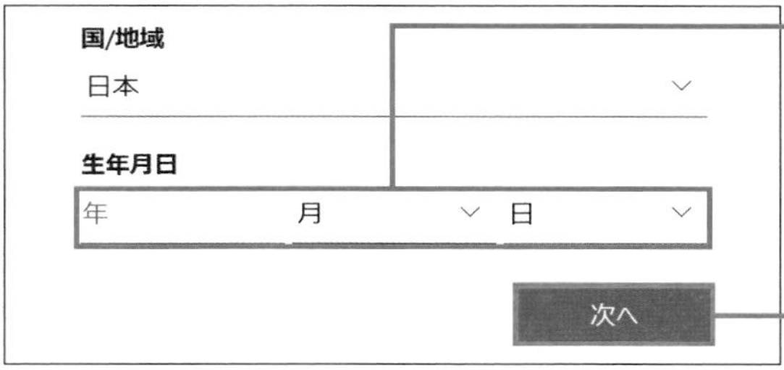

⓬生年月日を入力して、

⓭[次へ] をクリックします。

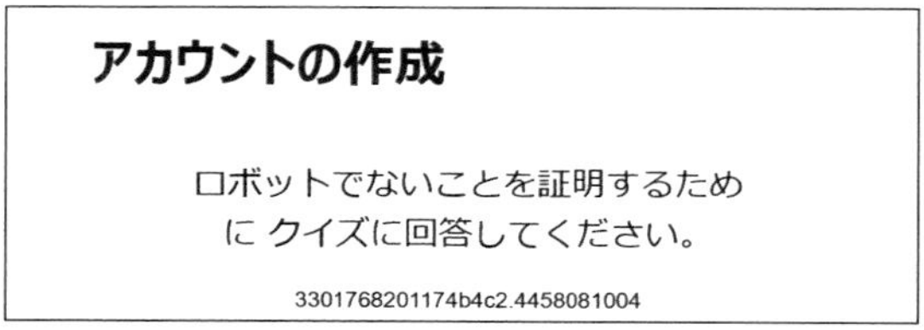
アカウントの作成
ロボットでないことを証明するため
に クイズに回答してください。
3301768201174b4c2.4458081004

⑭ロボットではないことを証明するためクイズに回答していきます。

サインイン
アカウントをお持ちでない場合、作成できます。
Windows Hello またはセキュリティ キーでサインイン
次へ

⑮サインインが求められるので今作成した子供用アカウントを入力し、

⑯[次へ] をクリックして、サインインします。

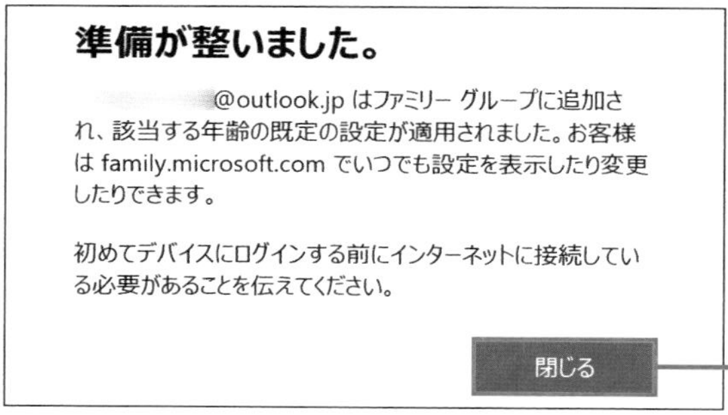
準備が整いました。
@outlook.jp はファミリー グループに追加され、該当する年齢の既定の設定が適用されました。お客様は family.microsoft.com でいつでも設定を表示したり変更したりできます。
初めてデバイスにログインする前にインターネットに接続している必要があることを伝えてください。
閉じる

⑰[閉じる] をクリックすると、子供用アカウントの作成が完了します。

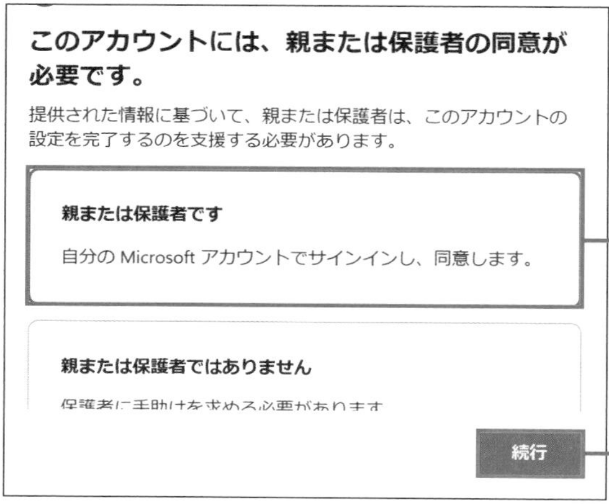
このアカウントには、親または保護者の同意が必要です。
提供された情報に基づいて、親または保護者は、このアカウントの設定を完了するのを支援する必要があります。
親または保護者です
自分の Microsoft アカウントでサインインし、同意します。
親または保護者ではありません
続行

⑱[親または保護者です] を選択して、

⑲[続行] をクリックします。

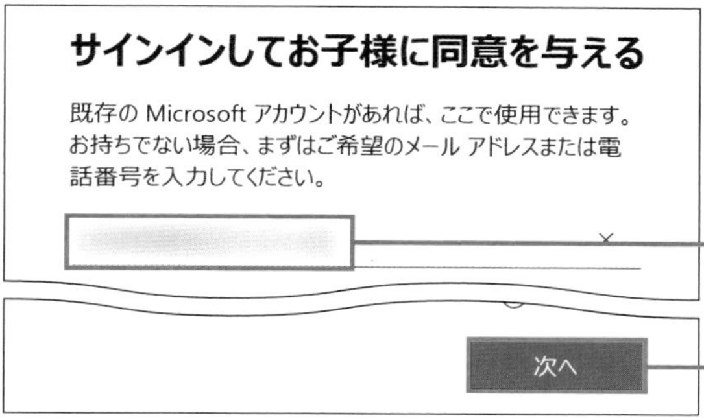
サインインしてお子様に同意を与える
既存の Microsoft アカウントがあれば、ここで使用できます。お持ちでない場合、まずはご希望のメール アドレスまたは電話番号を入力してください。
次へ

⑳次に親である自分のアカウントを入力し、

㉑［次へ］をクリックして、サインインをします。

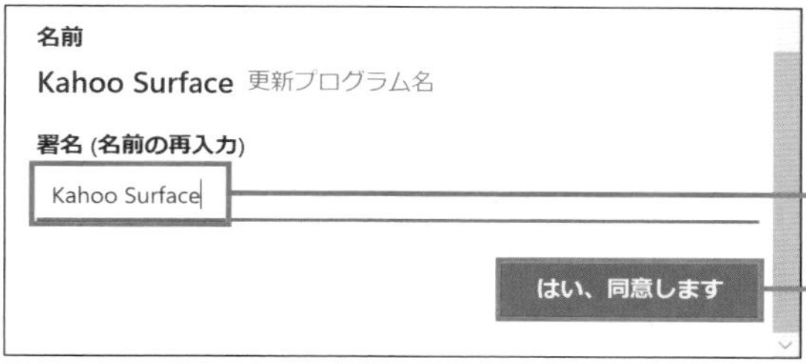
名前
Kahoo Surface 更新プログラム名
署名 (名前の再入力)
Kahoo Surface
はい、同意します

㉒新しい子供用アカウントに同意するか求められるので署名の欄に自分の名前を入力して、

㉓［はい、同意します］をクリックします。

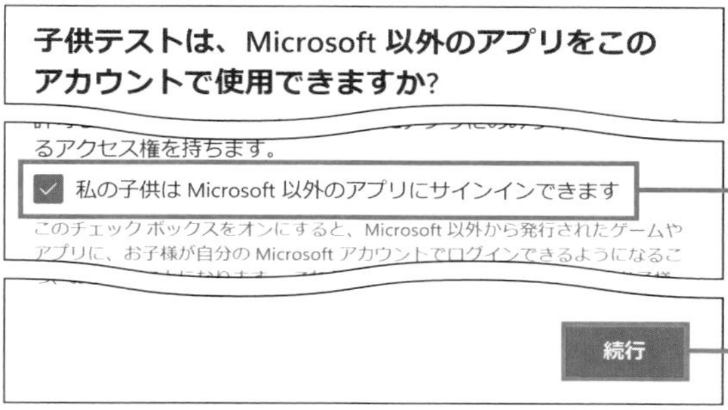
子供テストは、Microsoft 以外のアプリをこのアカウントで使用できますか?
るアクセス権を持ちます。
私の子供は Microsoft 以外のアプリにサインインできます
このチェックボックスをオンにすると、Microsoft 以外から発行されたゲームやアプリに、お子様が自分の Microsoft アカウントでログインできるようになるこ
続行

㉔子供用アカウントが Microsoft 以外のアプリでも Microsoft アカウントでサインインできるかどうかを選択して、

㉕［続行］をクリックします。

子供テスト さんの Microsoft アカウントが作成されました。
アカウントは、すべての Microsoft 製品、Web サイト、オンライン サービス、およびアプリで使用できます。
子供テスト がファミリ グループに参加しました
サインアウト
ファミリー セーフティ

㉖子供用アカウントの作成が完了しました。続いて［ファミリーセーフティ］をクリックします。

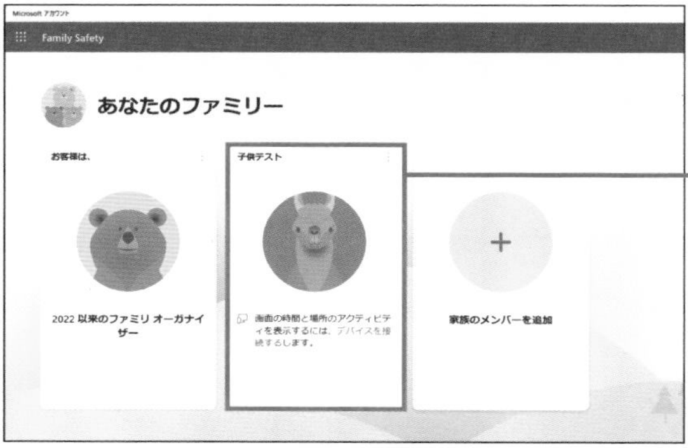
Family Safety
あなたのファミリー
お客様は、
子供テスト
2022 以来のファミリ オーガナイザー
家族のメンバーを追加

㉗制限を設定したいアカウントをクリックします。ファミリーセーフティの中で子供の各種設定などを変えることができます。

MEMO ファミリーセーフティの画面

ファミリーセーフティの画面は「設定」アプリの［アカウント］→［家族］→［Microsoft ファミリ］の順にクリックして、いつでも開けます。

使用時間に制限をかける

子供が 1 日のうちにパソコンを使える時間に制限をかけます。Microsoft ファミリーセーフティのページから制限をかけたい子供アカウントにアクセスします。

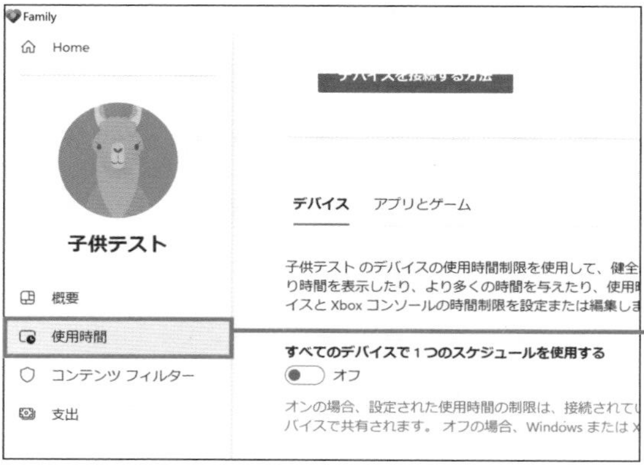
Family
Home
子供テスト
概要
使用時間
コンテンツ フィルター
支出
デバイス
アプリとゲーム
子供テスト のデバイスの使用時間制限を使用して、健全
り時間を表示したり、より多くの時間を与えたり、使用時
イスと Xbox コンソールの時間制限を設定または編集しま
すべてのデバイスで 1 つのスケジュールを使用する
オフ
オンの場合、設定された使用時間の制限は、接続されてい
バイスで共有されます。オフの場合、Windows または X

❶左メニューの［使用時間］をクリックします。

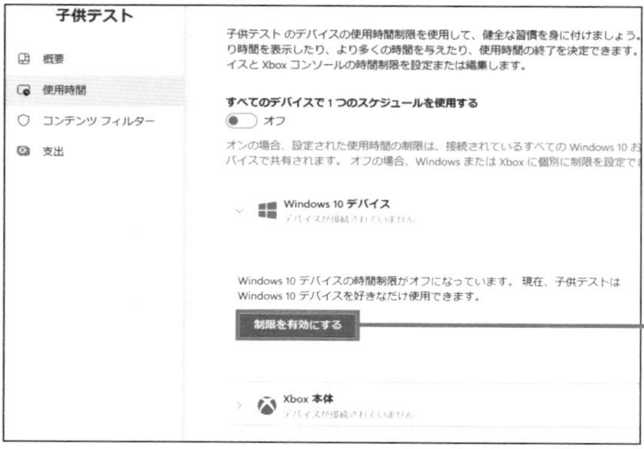
子供テスト
概要
使用時間
コンテンツ フィルター
支出
子供テスト のデバイスの使用時間制限を使用して、健全な習慣を身に付けましょう。
り時間を表示したり、より多くの時間を与えたり、使用時間の終了を決定できます。
イスと Xbox コンソールの時間制限を設定または編集します。
すべてのデバイスで 1 つのスケジュールを使用する
オフ
Windows 10 デバイス
Windows 10 デバイスの時間制限がオフになっています。現在、子供テストは
Windows 10 デバイスを好きなだけ使用できます。
制限を有効にする
Xbox 本体

❷ページ下部の Windows 10 デバイスの［制限を有効にする］をクリックします。

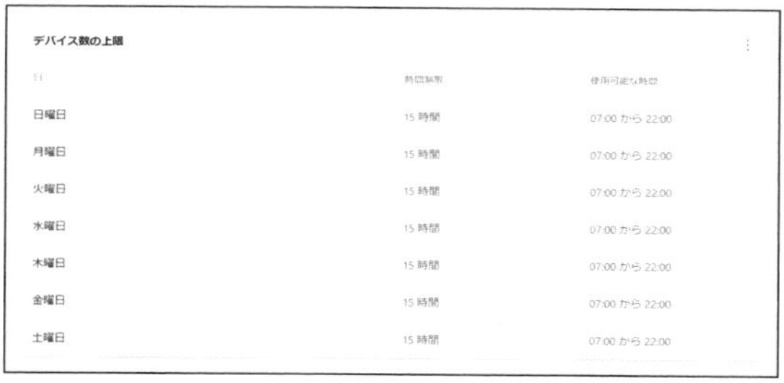

❸ここで曜日ごとに使用時間の制限をかけることができます。たとえば、平日は短めにして土日は長めのパソコン使用を許可するなどの設定が可能です。

コンテンツフィルターを設定する

子供がインターネットで閲覧するサイトに制限を設定します。1 点注意すべきなのは、これらの制限は Microsoft Edge の使用に限ります。Google Chrome などのほかの Web ブラウザーには適用されません。ただし、Google Chrome などのアプリをブロックして使用する Web ブラウザーを Microsoft Edge のみすれば制限としては有用となります。

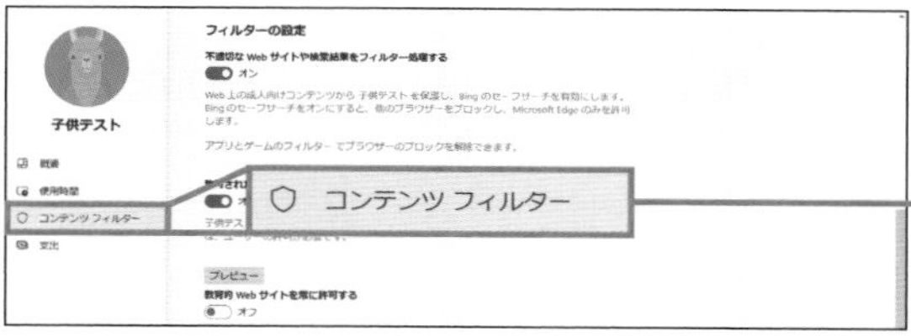

❶左メニューの［コンテンツフィルター］をクリックします。

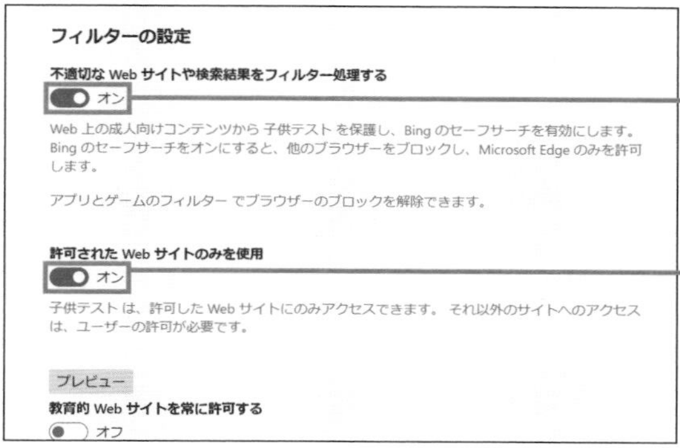

❷ページ下部のフィルターの設定にて、［不適切な Web サイトや検索結果をフィルター処理する］を［オン］にします。これで検索結果に不適切な結果は出てこなくなります。

❸次に［許可された Web サイトのみを使用］の［オン］か［オフ］を選びます。

OnePoint　許可する Web サイトの設定

［オン］にすると、その下の［許可された Web サイト］に追加した Web サイトのみアクセスできるようになります。［オフ］にすると、基本的にはすべてのサイトにアクセスできるようになりますが、その下の［ブロックされたサイト］に Web サイトを追加することでアクセス不可のサイトを設定することができます。ホワイトリスト方式かブラックリスト方式かでアクセスを制限します。

SECTION
142
セキュリティ

Surface診断ツールキットで問題を解決する

Surfaceの調子がおかしいときは、Surfaceの診断ツールキットで問題を見つけられる場合があります。サポートに連絡する前に一度このツールキットで診断してみるとよいでしょう。

Surface 診断ツールキットで問題を調査する

Surface 診断ツールキットでは以下の内容を診断することができます。

・Windows Update およびシステム修復
・電源アダプタとバッテリー
・タッチスクリーンとディスプレイの明るさ
・スピーカーとマイク
・ネットワーク接続
・メモリとストレージ

Surface 診断ツールキットは、Surface にあらかじめインストールされています。以下の手順で起動します。

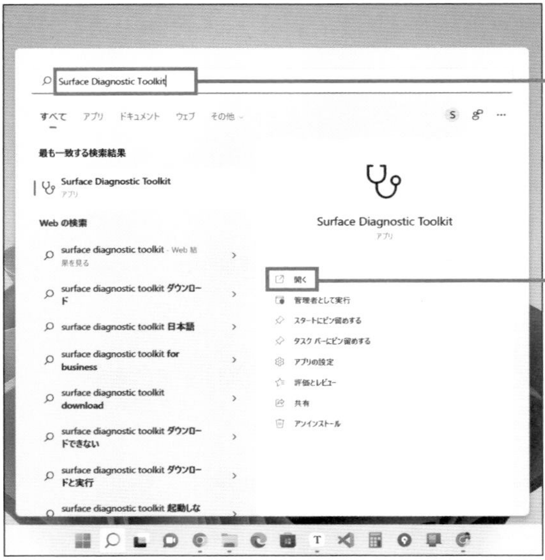

❶スタートメニューを開いて、

❷検索ボックスに「Surface Diagnostic Toolkit」と入力して、

❸検索結果の「Surface Diagnostic Toolkit」の［開く］をクリックします。

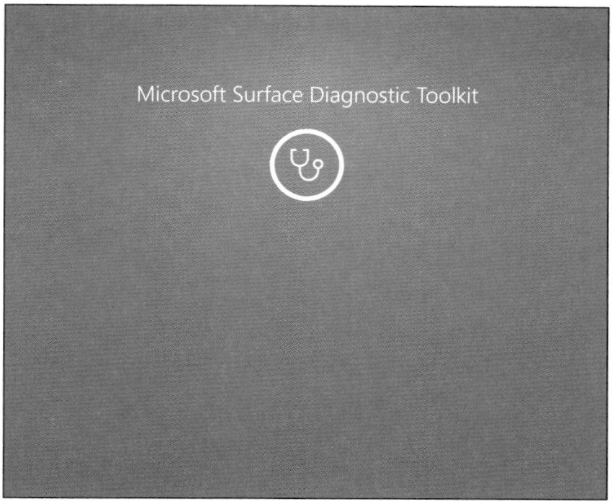
Microsoft Surface Diagnostic Toolkit

❹Surface 診断ツールキットの準備中画面となります。

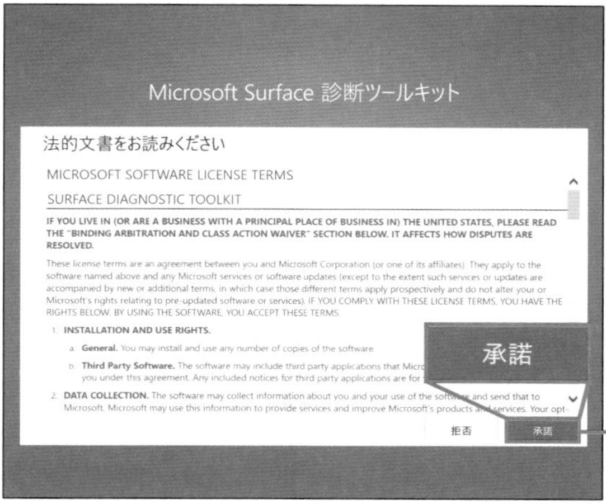
Microsoft Surface 診断ツールキット
法的文書をお読みください
MICROSOFT SOFTWARE LICENSE TERMS
SURFACE DIAGNOSTIC TOOLKIT
IF YOU LIVE IN (OR ARE A BUSINESS WITH A PRINCIPAL PLACE OF BUSINESS IN) THE UNITED STATES, PLEASE READ THE "BINDING ARBITRATION AND CLASS ACTION WAIVER" SECTION BELOW. IT AFFECTS HOW DISPUTES ARE RESOLVED.
These license terms are an agreement between you and Microsoft Corporation (or one of its affiliates). They apply to the software named above and any Microsoft services or software updates (except to the extent such services or updates are accompanied by new or additional terms, in which case those different terms apply prospectively and do not alter your or Microsoft's rights relating to pre-updated software or services). IF YOU COMPLY WITH THESE LICENSE TERMS, YOU HAVE THE RIGHTS BELOW. BY USING THE SOFTWARE, YOU ACCEPT THESE TERMS.
1. INSTALLATION AND USE RIGHTS.
a. General. You may install and use any number of copies of the software.
b. Third Party Software. The software may include third party applications that
you under this agreement. Any included notices for third party applications are for
2. DATA COLLECTION. The software may collect information about you and your use of the
Microsoft. Microsoft may use this information to provide services and improve Microsoft's products
承諾
拒否
承諾

❺［承諾］をクリックします。

Microsoft Surface 診断ツールキット
始めましょう。
Surface が予定どおりに動作しているかの判断をサポートするために、いくつかのテストを実行します。このアプリの性能を向上するために、この情報を使用します。
(オプション) 発生している問題について教えていただけますか。
続行
続行

❻ここから診断を始めます。発生している問題についてのテキストボックスは未記入でも進められます。［続行］をクリックします。

第5章
第6章
第7章 セキュリティ

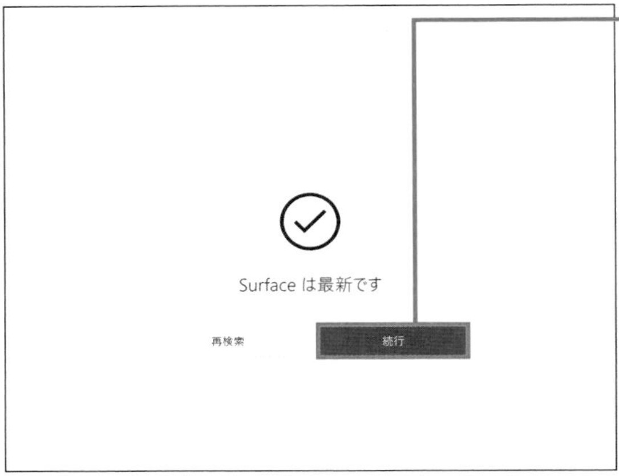

❼ Surface の Windows の状態が最新かどうかをチェックします。[続行] をクリックします。

MEMO **システム修復**

「システム修復がまもなく開始されます。」と表示されたら、[修正] をクリックして、[続行] をクリックします。

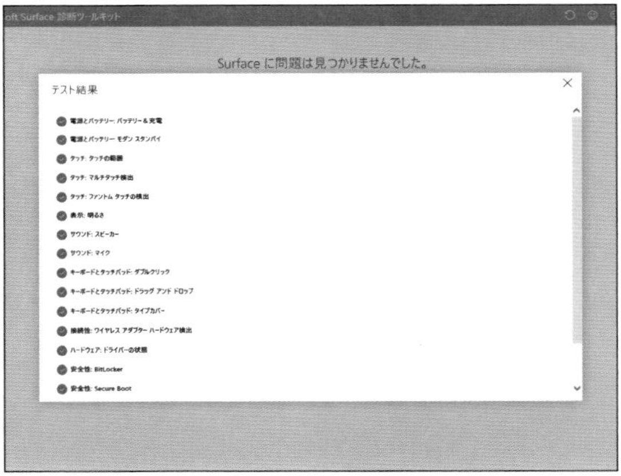

❽ 以降、画面の指示に従って、チェックを進めていきます。

❾ 最後までチェックを完了すると、テスト結果が表示されます。

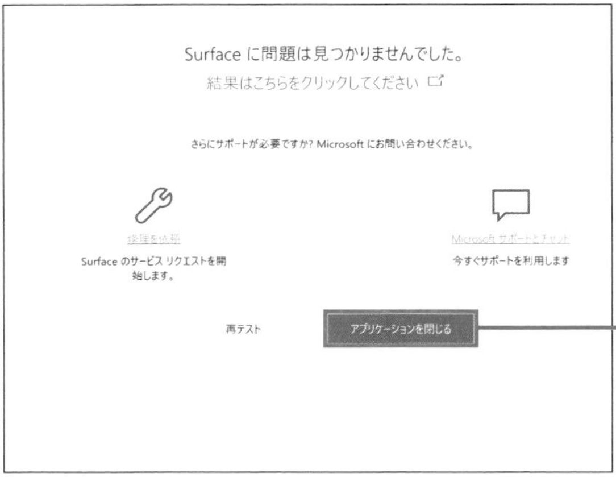

❿ [アプリケーションを閉じる] をクリックします。Surface の調子がおかしいときは、まずはこの Surface 診断ツールキットを実行してみるとよいでしょう。

SECTION 143 セキュリティ

Surfaceを初期化して問題を解決する

Surfaceの調子がおかしいときは、Surfaceを初期化すると問題が解決することがあります。長期間パソコンを使い続けると動作が遅くなることもありますが、そういった問題も初期化することで解決する場合があります。

Surfaceを初期化して問題を解決する

Surface を初期化する前に、事前に大切なファイルは外付け HDD やクラウドストレージに移してバックアップしてください。初期化してしまうとすべて削除となります。

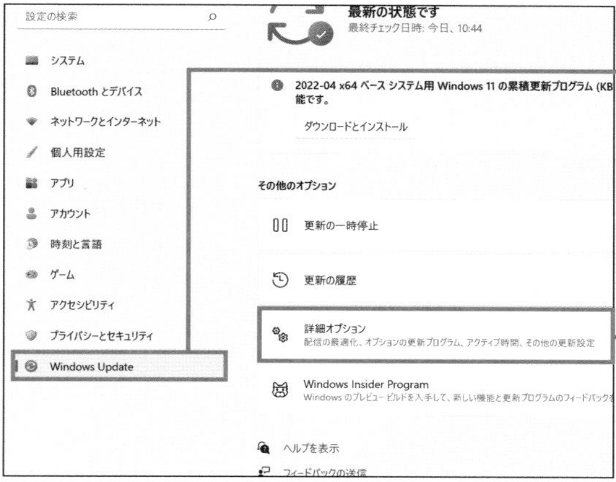

❶「設定」アプリを開いて、

❷［Windows Update］をクリックし、

❸［詳細オプション］をクリックします。

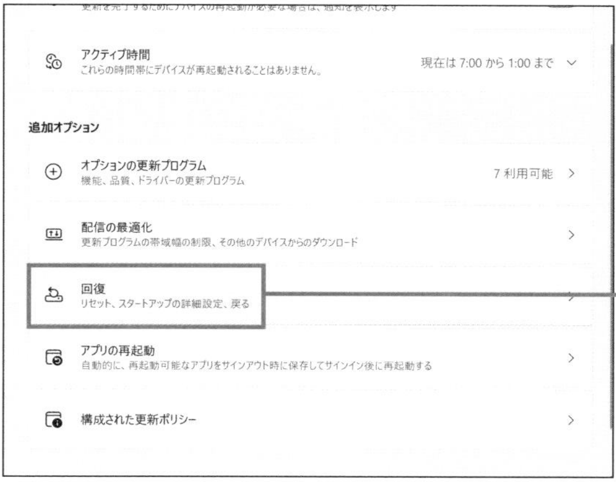

❹［回復］をクリックします。

システム › 回復
PC に問題がある場合、または PC をリセットする場合、これらの回復オプションが役立つ場合があります
PC をリセットせずに問題を解決
初期状態に戻すのに時間がかかることがあります。まずトラブルシューティングツールを実行して問題を解決してみてください
回復オプション
この PC をリセット
個人用ファイルの保持または削除を選んでから、Windows を再インストールします
PC をリセットする
PC の起動をカスタマイズする
デバイスを再起動してディスクから起動、または USB ドライブから起動するなど、スタートアップ設定を変更する
今すぐ再起動
ヘルプを表示
フィードバックの送信

❺［この PC をリセット］の項目の［PC をリセットする］をクリックします。

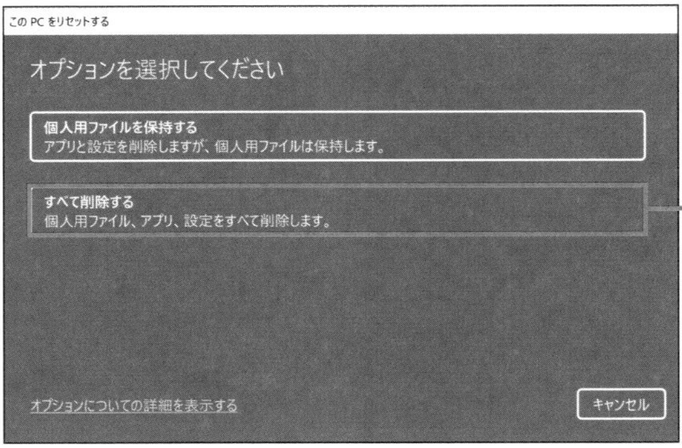
この PC をリセットする
オプションを選択してください
個人用ファイルを保持する
アプリと設定を削除しますが、個人用ファイルは保持します。
すべて削除する
個人用ファイル、アプリ、設定をすべて削除します。
オプションについての詳細を表示する
キャンセル

❻「この PC をリセットする」のダイアログが開きます。

❼完全に初期化するには［すべて削除する］をクリックします。

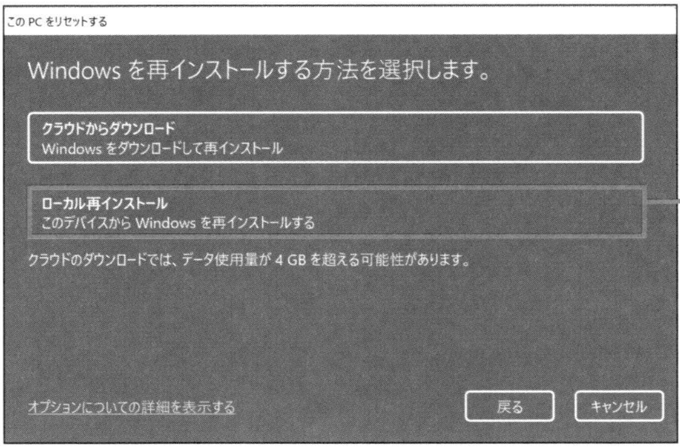
この PC をリセットする
Windows を再インストールする方法を選択します。
クラウドからダウンロード
Windows をダウンロードして再インストール
ローカル再インストール
このデバイスから Windows を再インストールする
クラウドのダウンロードでは、データ使用量が 4 GB を超える可能性があります。
オプションについての詳細を表示する
戻る
キャンセル

❽ Windows を再インストールする方法として［ローカル再インストール］をクリックします。

MEMO ローカル再インストール

Windows Update などで最新の Windows となっていれば「ローカル再インストール」でよいでしょう。「クラウドからダウンロード」だと時間がかかります。

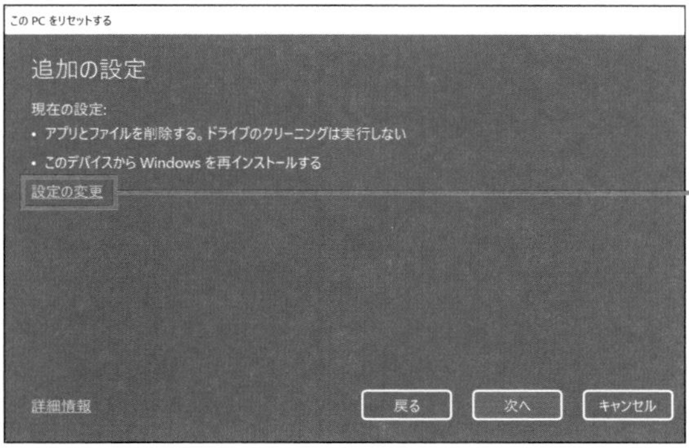
この PC をリセットする
追加の設定
現在の設定:
• アプリとファイルを削除する。ドライブのクリーニングは実行しない
• このデバイスから Windows を再インストールする
設定の変更
詳細情報
戻る
次へ
キャンセル

❾ 追加の設定を選べます。完全に内部ストレージを初期化したい場合は［設定の変更］をクリックします。

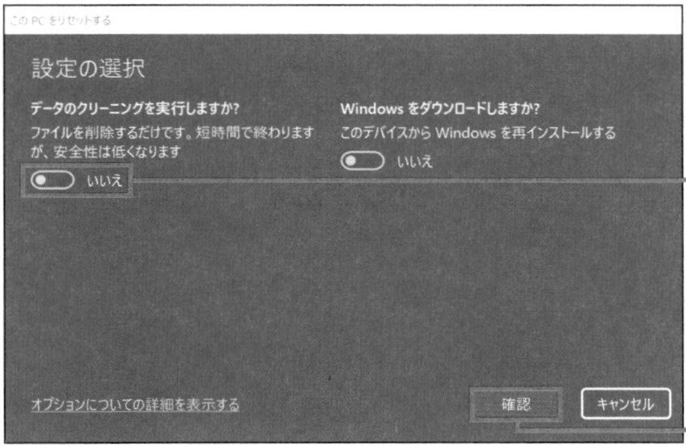
この PC をリセットする
設定の選択
データのクリーニングを実行しますか?
ファイルを削除するだけです。短時間で終わりますが、安全性は低くなります
いいえ
Windows をダウンロードしますか?
このデバイスから Windows を再インストールする
いいえ
オプションについての詳細を表示する
確認
キャンセル

❿ ドライブを完全クリーニングしたい場合は［データのクリーニングを実行しますか?］を［はい］にします。

MEMO データのクリーニング

他人に Surface を譲渡するときや破棄するときなどは完全クリーニングでよいですが、自分が再度使うときは［いいえ］で大丈夫です。

⓫ ［確認］をクリックすると、1つ前の画面に戻ります。

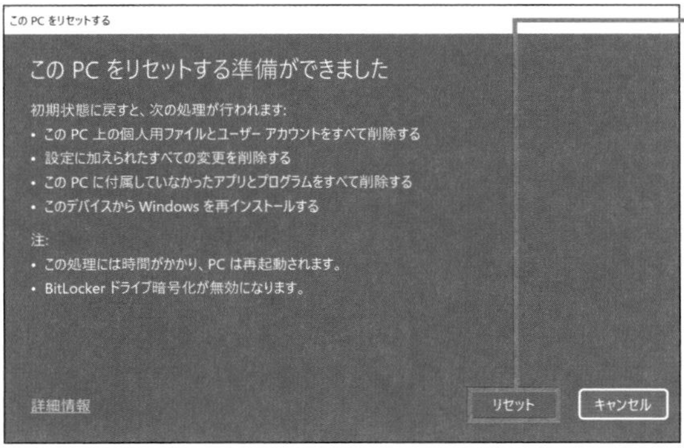
この PC をリセットする
この PC をリセットする準備ができました
初期状態に戻すと、次の処理が行われます:
• この PC 上の個人用ファイルとユーザー アカウントをすべて削除する
• 設定に加えられたすべての変更を削除する
• この PC に付属していなかったアプリとプログラムをすべて削除する
• このデバイスから Windows を再インストールする
注:
• この処理には時間がかかり、PC は再起動されます。
• BitLocker ドライブ暗号化が無効になります。
詳細情報
リセット
キャンセル

⓬ 最後に［リセット］をクリックすると、初期化処理が開始されます。

MEMO 初期化の時間

ここからだいたい1時間ほどで初期化が完了します。初期化が完了するとWindowsのセットアップからとなります。

SECTION 144 セキュリティ

カスタマーサポートに問い合わせる

Surfaceの調子が悪くどうしようもないときはカスタマーサポートに問い合わせしましょう。カスタマーサポートに相談することで解決できるかもしれません。Surfaceなどの Microsoft製品の問い合わせは、Microsoftサポートに連絡します。

カスタマーサポートに問い合わせる

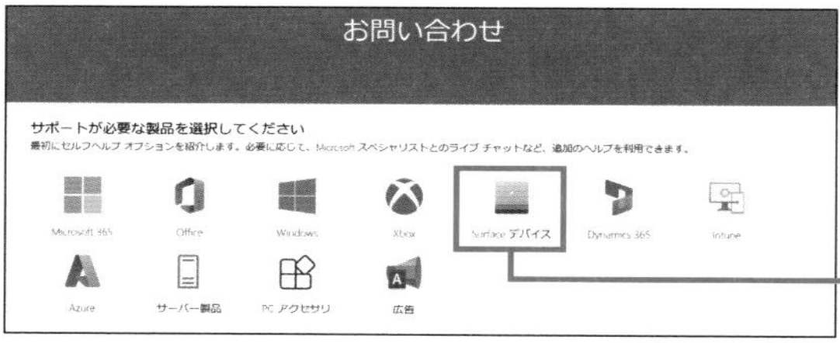
お問い合わせ
サポートが必要な製品を選択してください
最初にセルフヘルプ オプションを紹介します。必要に応じて、Microsoft スペシャリストとのライブ チャットなど、追加のヘルプを利用できます。
Microsoft 365
Office
Windows
Xbox
Surface デバイス
Dynamics 365
Intune
Azure
サーバー製品
PC アクセサリ
広告

❶ Microsoft サポートは以下の URL からアクセスします。

https://support.microsoft.com/contactus

❷ ［Surface デバイス］をクリックします。

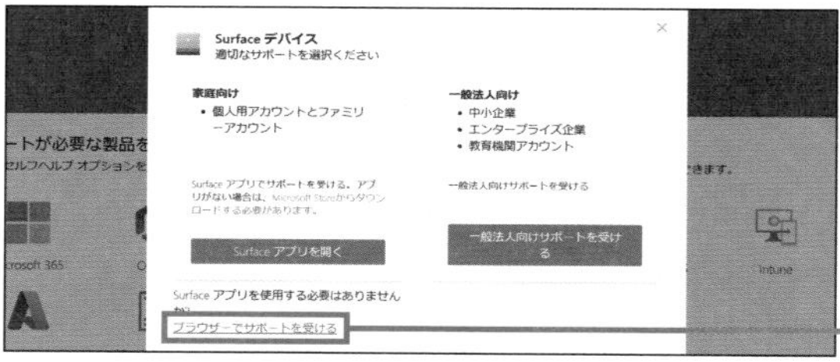
Surface デバイス
適切なサポートを選択ください
家庭向け
• 個人用アカウントとファミリーアカウント
一般法人向け
• 中小企業
• エンタープライズ企業
• 教育機関アカウント
Surface アプリでサポートを受ける。アプリがない場合は、Microsoft Storeからダウンロードする必要があります。
一般法人向けサポートを受ける
Surface アプリを開く
一般法人向けサポートを受ける
Surface アプリを使用する必要はありませんか?
ブラウザーでサポートを受ける

❸ ［ブラウザーでサポートを受ける］をクリックします。

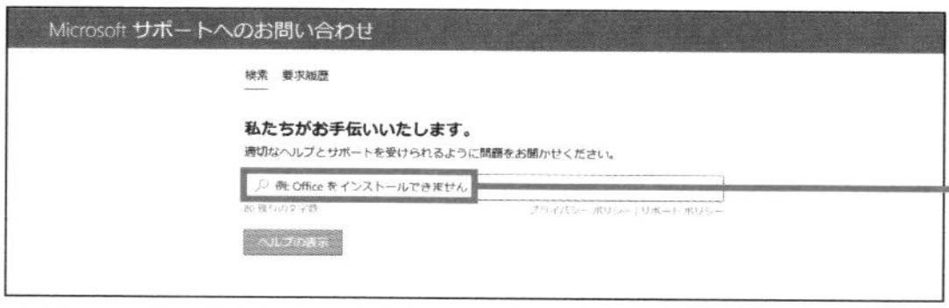
Microsoft サポートへのお問い合わせ
検索 要求履歴
私たちがお手伝いいたします。
適切なヘルプとサポートを受けられるように問題をお聞かせください。
例: Office をインストールできません
ヘルプの表示

❹ 問い合わせたい内容を入力します。

OnePoint Surface のヘルプとラーニングで事前解決

Surface サポートのトップページである「Surface のヘルプとラーニング」のページでは、デバイスごとのトラブルシューティング内容が掲載されているので、よくある問題の場合はここで事前解決することもあります。Microsoft サポートに問い合わせをする前に、一度確認するとよいでしょう。

https://support.microsoft.com/ja-jp/surface

SECTION 145 セキュリティ

故障したSurfaceを修理に出す

Surfaceの動作が遅いなどソフトウェア的なものなら初期化することで解決することもありますが、液晶が割れたなどのハードウェア起因の故障は修理依頼を検討しましょう。修理を依頼するには、Microsoftアカウントのデバイス一覧からリクエストします。

故障したSurfaceを修理に出す

❶以下のURLからアクセスします。Microsoftアカウントのサインインが必要です。

https://support.microsoft.com/devices

Microsoft アカウント
デバイス
SURFACE-PRO-8
登録

❷Microsoftアカウントのデバイス一覧のページが表示されます。

❸修理を受けるにはデバイスの登録が必要です。［情報＆サポート］の項目の［登録］をクリックします。

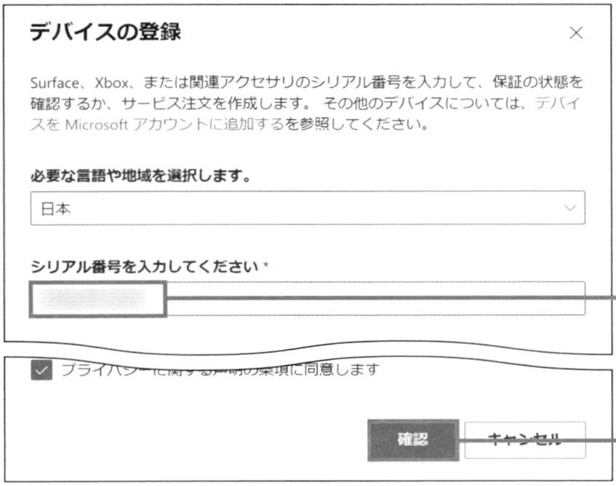
デバイスの登録
Surface、Xbox、または関連アクセサリのシリアル番号を入力して、保証の状態を確認するか、サービス注文を作成します。 その他のデバイスについては、デバイスを Microsoft アカウントに追加するを参照してください。
必要な言語や地域を選択します。
日本
シリアル番号を入力してください *
確認
キャンセル

❹シリアル番号を確認し、

❺［確認］をクリックします。

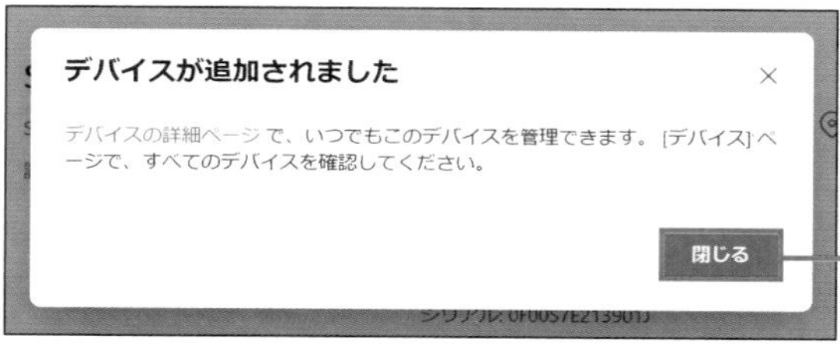
デバイスが追加されました
デバイスの詳細ページ で、いつでもこのデバイスを管理できます。[デバイス] ページで、すべてのデバイスを確認してください。
閉じる

❻デバイス登録が完了しました。[閉じる] をクリックします。

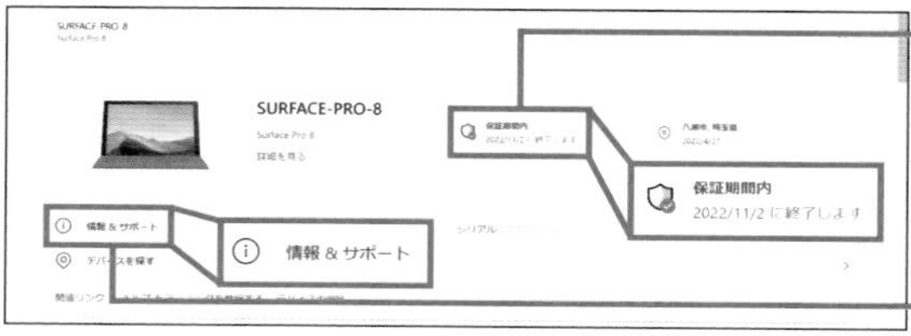
SURFACE-PRO-8
保証期間内
2022/11/2 に終了します
情報 & サポート

❼デバイス登録が完了すると「保証期間内」が表示されます。

❽このデバイスの修理を依頼するには、[情報&サポート] をクリックします。

SURFACE-PRO-8
注文を開始する

❾デバイスの詳細画面で、「デバイスを修理に出す」と書かれた場所の右にある [注文を開始する] をクリックします。

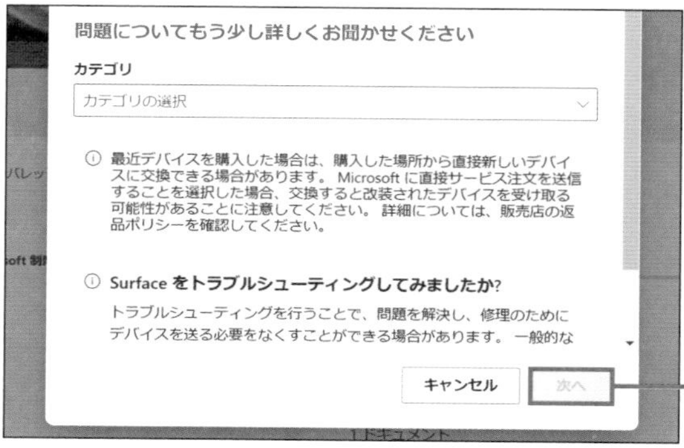
問題についてもう少し詳しくお聞かせください
カテゴリ
カテゴリの選択
最近デバイスを購入した場合は、購入した場所から直接新しいデバイスに交換できる場合があります。 Microsoft に直接サービス注文を送信することを選択した場合、交換すると改装されたデバイスを受け取る可能性があることに注意してください。 詳細については、販売店の返品ポリシーを確認してください。
Surface をトラブルシューティングしてみましたか?
トラブルシューティングを行うことで、問題を解決し、修理のためにデバイスを送る必要をなくすことができる場合があります。 一般的な
キャンセル
次へ

❿修理を受け付けるためのいくつかの質問が始まります。

⓫[次へ] をクリックし、画面の内容に従って進めていくと修理リクエストが完了します。

OnePoint 保証期間

Surface には標準で 1 年間のハードウェア保証が付いているので、きちんと保証が受けられるようにデバイスの登録はやっておいたほうがよいでしょう。

SECTION 146 セキュリティ

延長保証に加入して長く使えるようにする

SurfaceにはMicrosoft Completeという独自の延長保証があります。最大4年間まで保証することができて、落下・水こぼし・画面のひび割れなどでも保証の対象になります。Surfaceにより手厚い保証を付けたい場合はこの延長保証の加入を検討しましょう。

延長保証に加入して長く使えるようにする

Microsoft
ホーム
デバイス
ソフトウェア
表示を増やす
すべての Microsoft 製品
Microsoft Complete – Surface または Xbox に対する補償プランのご案内
Microsoft Complete は拡張されたハードウェアと偶発的な損傷1に加
無制限のテクニカル サポートをご利用いただけるので、作業やゲームに安心し
て集中することができます。
Microsoft Complete を購入すると、このような利点があります

Surfaceには、Microsoft Completeという独自の延長保証があり、大変手厚い保証内容となっています。

Surface Pro 8 の仕様を選ぶ
小計 (1): ¥193,380
5月2日 までに配達予定
カートに追加
Microsoft Complete 延長保証
(おすすめ製品)
Microsoft Complete 延長保証があれば、最大 4 年間保証されます。
なし
今回はデバイスに追加プロテクションを追加しません
Microsoft Complete for Surface Pro (2 年間の偶発的な損傷に対する保証付き)
最長 2 年間の不慮の損傷に対する補償を含む、デバイスの拡張保護とサポートにより、安心して作業やゲームができます。
¥16,280
Microsoft Complete for Surface Pro (3 年間の偶発的な損傷に対する保証付き)
最長 3 年間の不慮の損傷に対する補償を含む、デバイスの拡張保護とサポートにより、安心して作業やゲームができます。
¥25,080
Microsoft Complete for Surface Pro (4 年間の偶発的な損傷に対する保証付き)
最長 4 年間の不慮の損傷に対する補償を含む、デバイスの拡張保護

自らの過失で、落として壊した場合や、キーボードに水をこぼしてしまったりなどでも保証の対象となります。

最大4年まで延長できるのも魅力的です。Microsoftストアであれば、Surface購入時に一緒に加入することができます。

Microsoft
ホーム
デバイス
ソフトウェア
ゲーム & エンタメ
セール
法人向け TOP
表示を増やす
すべての Microsoft 製品
Microsoft Complete for Surface Pro (2 年間の偶発的な損傷に対する保証付き)
欲しい物リスト
最長 2 年間の不慮の損傷に対する補償を含む、デバイスの拡張保護とサポートにより、安心して作業やゲームができます。
Surface お買い得情報
最新のプロモーションや「Microsoft Store 公式サイト限定お買い得セット」からも本保証を同時にお買い求めいただけます。
Surface お買い得情報はこちら >
既に Surface 本体をご購入済みですか？
Surface 本体の購入から 45 日以内なら Microsoft Store から Microsoft Complete をお買い求めいただけます。購入する方法については Microsoft Complete のご案内ページにあるオプション 2を参照ください。または、Microsoft サポート (0120-00-8449) へお問い合わせください。
Microsoft Complete のご案内ページを見る>
¥16,280 (税込)
サインインして価格を確認する
カートに追加
Microsoft Complete をご購入される場合は、必ず Surface Pro 本体をカートに追加し、チェックアウトを行ってください。(本保証単品ではご購入いただけません。)

家電量販店で購入した場合でも、購入から45日以内ならサポートに連絡することで加入することができます。持ち運びが多い方、モノを壊しがちな方でしたら、この延長保証の加入を検討するとよいでしょう。

索引

お問い合わせについて

本書に関するご質問については、本書に記載されている内容に関するもののみとさせていただきます。本書の内容と関係のないご質問につきましては、一切お答えできませんので、あらかじめご了承ください。また、電話でのご質問は受け付けておりませんので、必ずFAXか書面にて下記までお送りください。
なお、ご質問の際には、必ず以下の項目を明記していただきますよう、お願いいたします。

① お名前
② 返信先の住所またはFAX番号
③ 書名（今すぐ使えるかんたんEx Surface プロ技BEST セレクション）
④ 本書の該当ページ
⑤ ご使用の機種とパソコンのOS
⑥ ご質問内容

なお、お送りいただいたご質問には、できる限り迅速にお答えできるよう努力いたしておりますが、場合によってはお答えするまでに時間がかかることがあります。また、回答の期日をご指定なさっても、ご希望にお応えできるとは限りません。あらかじめご了承くださいますよう、お願いいたします。

問い合わせ先

〒162-0846
東京都新宿区市谷左内町21-13
株式会社技術評論社　書籍編集部
「今すぐ使えるかんたんEx Surface プロ技BEST セレクション」質問係
FAX番号　03-3513-6167　URL：https://book.gihyo.jp/116

お問い合わせの例

FAX

①お名前
技術　太郎
②返信先の住所またはFAX番号
03-××××-××××
③書名
今すぐ使えるかんたんEx Surface プロ技 BEST セレクション
④本書の該当ページ
44ページ
⑤ご使用の機種とパソコンのOS
Surface Go 3、Windows 11
⑥ご質問内容
手順②が表示されない

※ご質問の際に記載いただきました個人情報は、回答後速やかに破棄させていただきます。

今《いま》すぐ使《つか》えるかんたんEx《イーエックス》
Surface《サーフェス》 プロ技《わざ》BEST《ベスト》セレクション

2023年8月5日　初版　第1刷発行

著者…………………………… 鈴木《すずき》　隆史《たかふみ》
発行者………………………… 片岡　巌
発行所………………………… 株式会社 技術評論社
東京都新宿区市谷左内町21-13
電話　03-3513-6150　販売促進部
03-3513-6160　書籍編集部
装丁デザイン………………… 菊池　祐（ライラック）
本文デザイン………………… リンクアップ
DTP　………………………… リンクアップ
編集…………………………… 矢野　俊博
製本／印刷…………………… 日経印刷株式会社

定価はカバーに表示してあります。

ISBN978-4-297-13589-8 C3055
Printed in Japan